Die Widerstandsfähigkeit von Dampfkesselwandungen

Sammlung von wissenschaftlichen Arbeiten deutscher Materialprüfungs-Anstalten

Herausgegeben von der

Vereinigung der Großkesselbesitzer E. V.

Erster Band

Stuttgarter Arbeiten bis 1920

mit einem Anhang neuerer Stuttgarter Arbeiten

Mit 176 Textabbildungen

Berlin
Verlag von Julius Springer
1927

ISBN-13:978-3-642-90609-1 e-ISBN-13:978-3-642-92467-5
DOI: 10.1007/978-3-642-92467-5

Softcover reprint of the hardcover 1st edition 1927

Dem unermüdlichen Förderer
des deutschen Dampfkesselwesens

Sr. Exzellenz Staatsrat Professor

DR.-ING. e. h. C. VON BACH

zum achtzigsten Geburtstage

in Dankbarkeit und Verehrung
gewidmet

Geleitwort.

Die an der Betriebssicherheit der Dampfkessel interessierten Kreise beschäftigen sich seit Anfang 1921 in ganz besonderem Maße mit gewissen Veränderungen an den Eigenschaften der Kesselbleche im Betriebe, die zur Entstehung von Nietlochrissen besonders an den beanspruchten Nietnähten der Kesseltrommeln und Kammerhälse führen. Wenn auch offenbar die Einflüsse des Krieges und der Nachkriegszeit durch die gleichzeitig gesteigerte Beanspruchung der Kessel dazu beigetragen haben, daß die nachteilige Beeinflussung des Kesselmaterials in so beunruhigendem Grade und so weit verbreitet aufgetreten ist, so waren doch diese Erscheinungen an sich auch vor 1921 durchaus nicht unbekannt; denn schon seit mehr als vier Jahrzehnten waren die Vorgänge im Kesselblech unter den Einflüssen der Herstellung, der Verarbeitung und des Betriebes Gegenstand von Arbeiten und Überlegungen, die zum überwiegenden Teil von Staatsrat von Bach und seinen Mitarbeitern an der Materialprüfungsanstalt der Technischen Hochschule, Stuttgart, geleistet worden waren. Es muß aber geradezu als ein Verhängnis bezeichnet werden, daß man die Tragweite dieser Forschungen nicht allgemein erkannt und sie daher zum großen Teil so gut wie vergessen hatte, zum Teil aber waren sie unberücksichtigt geblieben. Dies zeigte sich ganz deutlich, als Anfang 1921 die Vereinigung der Großkesselbesitzer sich gründete und die Klärung der schädigenden Vorgänge im Kesselblech und die Beseitigung ihrer Ursachen sich zur Aufgabe machte. Die bis 1921 erschienenen Stuttgarter Arbeiten erwiesen sich dabei als Fundstätte wertvollster Erkenntnis, die bei rechtzeitiger Verwertung manche bittere Lehre erspart hätte. Für weitere Forschungen gaben die Stuttgarter Arbeiten sehr brauchbare Richtlinien ab.

Die bis 1921 vorliegenden Stuttgarter Arbeiten sind im Auftrage und unter Mitwirkung der Vereinigung und anderer Forschungsstellen durch eine große Anzahl weiterer Gutachten und Untersuchungen ergänzt worden. Die Beobachtungen, die hierbei gemacht wurden, und die daraus zu ziehenden Schlußfolgerungen sind für alle anderen an der Betriebssicherheit der Dampfkessel interessierten Kreise von solchem Wert, daß es durchaus notwendig erscheint, sie in zweckmäßiger Form zu sammeln und der Öffentlichkeit zugänglich zu machen. Die Vereinigung der Großkesselbesitzer beschloß daher in ihrer Hauptversammlung in Kiel am 12. September 1924, sich dieser Aufgabe im Interesse der Allgemeinheit zu unterziehen. Die einzelnen Arbeiten mußten zu diesem Zwecke naturgemäß einer besonderen Bearbeitung unterzogen werden, die zeitraubend und nicht einfach war, da sie bei möglichst kleinem Umfang doch das Wesentliche enthalten sollte. So ist es zu erklären, daß erst heute mit der Veröffentlichung des Sammelwerks begonnen werden kann. Herr Prof. Dr.-Ing. e. h. R. Baumann, der Mitarbeiter Bachs, hat in überaus dankenswerter Weise die Bearbeitung durchgeführt.

Die Vereinigung der Großkesselbesitzer wählte mit Vorbedacht den 8. März für die Herausgabe des Werkes. Es ist der 80. Geburtstag Sr. Exc. des Herrn Staatsrat Prof. Dr.-Ing. e. h. C. von Bach. Der Inhalt des Sammelwerks bedeutet einen großen Teil der Lebensarbeit Bachs. Die Vereinigung glaubt durch Sammlung und Neuherausgabe seiner Forschungen und der durch ihn beeinflußten Arbeiten eine Dankespflicht ihrem langjährigen Berater und Freunde gegenüber erfüllen zu müssen und spricht bei der Übergabe des Buches an die Fachwelt den Wunsch aus, daß es im Sinne Bachs gelingen möge, dadurch zur Vertiefung unserer Erkenntnisse vom Wesen und den Eigenschaften des Kesselbaumaterials und zur Förderung der Sicherheit des Dampfkesselbetriebes und der Güte der deutschen Erzeugnisse beizutragen.

Charlottenburg, den 8. März 1927.

Vereinigung der Großkesselbesitzer E. V.

Inhaltsverzeichnis.

Fortsetzung siehe Anhang.

Fortsetzung siehe Anhang.

Fortsetzung siehe Anhang.

VIIIb. Baustoffeigenschaften und deren Ermittlung bei höherer Temperatur.

Fortsetzung siehe Anhang.

IX. Einfluß des Betriebes.

Wärmestauung, Wärmespannung, Wasserumlauf usw.

X. Rißbildung in Kesselblechen usw.

B. Anhang neuerer Stuttgarter Arbeiten.

A. Stuttgarter Arbeiten von 1878 bis 1920.

I. Nietverbindungen und Nieten.

1. C. Bach: Versuche über den Widerstand von Nietverbindungen gegen Gleiten. (VDI. 1892, S. 1141. Abh. u. Ber., S. 142ff.)

„Wie in der ersten Lieferung der 2. Aufl. meiner Maschinenelemente 1891, S. 116ff. des näheren dargelegt, halte ich den Widerstand, welcher einer durch warm eingezogene Nieten hergestellten Verbindung gegen Gleiten innewohnt, für die eigentliche Lebensbedingung einer solchen Verbindung, wenigstens in den meisten und in den wichtigsten Fällen ihrer Verwendung. In der seither üblichen Berechnungsweise auf Schubfestigkeit unter vollständiger Außerachtlassung des soeben bezeichneten Widerstandes, d. h. der Hauptsache — und in der hieraus fließenden Gleichgültigkeit des Konstrukteurs wie der Werkstatt gegenüber der Größe dieses Gleitungswiderstandes dürfte meines Erachtens — ganz abgesehen von anderem — ein Hauptgrund für die ungenügende Haltbarkeit mancher Eisenkonstruktionen (jedenfalls für das Lockerwerden von Nieten und dessen Folgen) liegen. Demgemäß sind auch Nietverbindungen in erster Linie in bezug auf ihren Widerstand gegen Gleiten zu untersuchen. Die Ermittlung der Bruchbelastung an Nietverbindungen nach vorheriger meist ziemlich weitgegangener Formänderung kommt — trotz ihrer fast ausschließlichen Üblichkeit — erst in zweiter Linie.

Von diesem Standpunkt mußte ich es mit Freuden begrüßen, als der Bau der neuen Neckarbrücke zwischen Stuttgart und Cannstadt, dank des verständnisvollen Eingehens des mit der Bauleitung betrautenRegierungsdirektors von Leibbrand, Gelegenheit bot, eine größere Anzahl von Versuchen hinsichtlich des Gleitwiderstandes anzustellen, über die im nachstehenden berichtet werden soll.“

Die ausführliche Wiedergabe dieser Mitteilung erschien angezeigt, nachdem in den deutschen Bauvorschriften für Land- und Schiffsdampfkessel vom Jahre 1908 die Berechnung wieder unter Zugrundelegung der Schubfestigkeit bestimmt worden ist, während die Hamburger Normen des Internationalen Verbandes der Dampfkessel-Überwachungsvereine in richtiger Würdigung des segensreichen Einflusses in bezug auf die Werkstattarbeit, die Berechnung des Gleitwiderstandes — bei an sich genau denselben Beanspruchungswerten — zugrunde gelegt hatten.

Vorbildlich erscheint auch das bezeichnete Vorgehen der Bauleitung, die die Grundlagen für die Berechnung des neuen Werkes durch besondere Versuche ermitteln ließ und damit gleichzeitig die Wissenschaft zum Vorteil der Allgemeinheit zu fördern verstanden hat.

Untersucht wurden 190 Verbindungen (Platten und Nieten aus Schweißeisen), die in verschiedener Weise (s. u.) hergestellt waren und zwar in vier verschiedenen Werkstätten, mit Hand- und Maschinennietung. Jede Verbindung enthielt mehrere Nieten, so daß Durchschnittswerte zu erwarten standen.

Ermittelt wurde bei stufenweiser Belastung um je 1000 kg die Kraft, die das Gleiten noch nicht und diejenige, die es erstmals hervorbrachte.

Versuchsreihe 1 bis 6 (einfache Überlappung, Löcher gebohrt, Handnietung) diente zur Untersuchung des Einflusses der Stauchtemperatur, der Länge des Nietschaftes und der Sorgfalt der Nietarbeit. Die Verbindungen (Abb. 1) bestanden aus rund 13 mm dicken Blechen, die durch je drei Nieten von 19 mm Stärke in 20 mm weiten Löchern verbunden waren (bei Versuchsreihe 4 20 bzw. 21,5 mm). Bei zwei Versuchsreihen waren unter die Nietköpfe oben und unten 13 mm dicke Streifen gelegt, um längere Nietschäfte zu erreichen (Abb. 2).

Versuchsergebnisse: Die Angaben betreffen die auf 1 qcm des Nietquerschnittes bezogene Belastung.

Versuchsreihe	Abb.	Zahl der Proben	Gleitet noch nicht			Gleiten hat begonnen			Bemerkungen
			von	bis	Durchschnitt	von	bis	Durchschnitt	
1		7	939	1291	1140	1056	1643	1359	Brückenbauanstalt A; Niete kirschrot
2	1	6	939	1174	1056	1056	1643	1311	Brückenbauanstalt A; Niete lichtrot
3		5	704	1174	962	822	1409	1151	Kesselschm. A
4		5	743	849	807	849	1167	987	B
5	2	8	939	1409	1245	1056	2230	1504	wie 1; längere Nieten
6		7	1526	1878	1710	1643	2113	1887	wie 2; längere Nieten

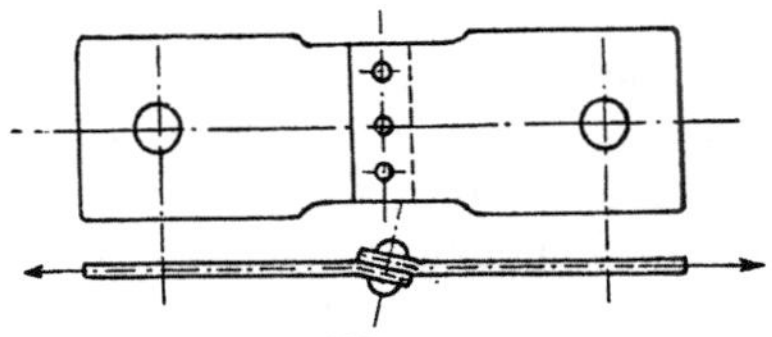

Abb. 1.

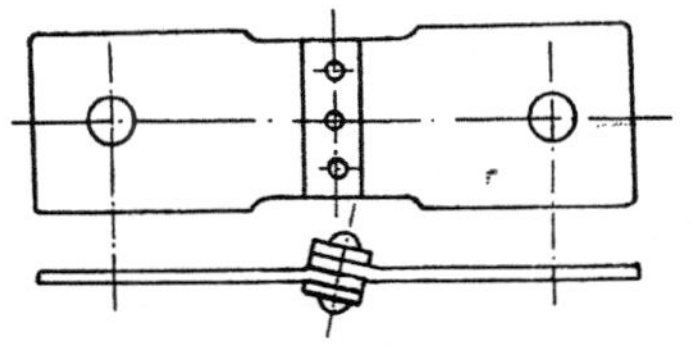

Abb. 2.

Schlußfolgerungen:

Niedrigere Stauchtemperatur (Reihe 1) liefert bei kurzen Nieten etwas größeren Gleitwiderstand (gegenüber Reihe 2). Die Anstrengung der Arbeiter und damit die Gefahr ungleichmäßiger Arbeit wächst jedoch bedeutend:

bei längeren Nieten (Versuchsreihe 5 u. 6) verhält sich der Gleitwiderstand umgekehrt; die Ergebnisse sprechen gegen die niedere Stauchtemperatur (bei Handnietung).

Größere Nietlänge liefert größeren Gleitwiderstand (Reihe 5, 6 gegenüber 1, 2):

Verschiedenes Arbeiten beeinflußt das Ergebnis bedeutend: Reihe 4 gibt die geringsten, Reihe 1 die höchsten Werte.

Bemerkenswert erscheint noch die Feststellung, daß die Stauchung des Nietschaftes nicht weit unter den Schließkopf reicht, so daß bei den längeren Nieten das Loch unter dem Setzkopf 0,5 bis 1 mm weiter blieb als der Nietschaft.

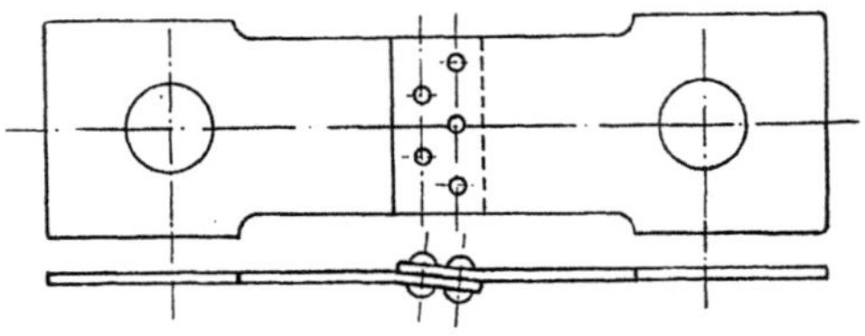

Abb. 3.

Versuchsreihe	Abb.	Zahl	Gleitet noch nicht			Gleiten hat begonnen			Nietzahl	Bemerkungen
			von	bis	Durchschnitt	von	bis	Durchschnitt		
14	4	5	469	646	587	528	822	675	6	wie bei 2; zweireihig

Versuchsreihe 7 bis 9. (Einfluß der Blech- und Nietstärke, einreihige Überlappungsnietung, Handnietung.)

Versuchsreihe	Abb.	Zahl	Gleitet noch nicht			Gleiten hat begonnen			Blechstärke	Nietstärke	Bemerkungen
			von	bis	Durchschnitt	von	bis	Durchschnitt			
7		5	663	829	763	829	995	929	7,5	16	wie bei 2
8	1	5	1056	1174	1127	1174	1526	1327	12,5	19	„ „ 2
9		5	407	611	516	475	950	666	18	25	„ „ 2

Hiernach ergab sich der größte Gleitwiderstand bei Reihe 8. Bei Reihe 7 erscheint der Einfluß der geringen Schaftlänge (infolge der geringen Blechdicke), bei Reihe 9 die Schwierigkeit, starke Nieten von Hand zu schlagen, maßgebend. Dicke Bleche (Reihe 9) werden zudem weniger satt gegeneinander gepreßt als dünnere.

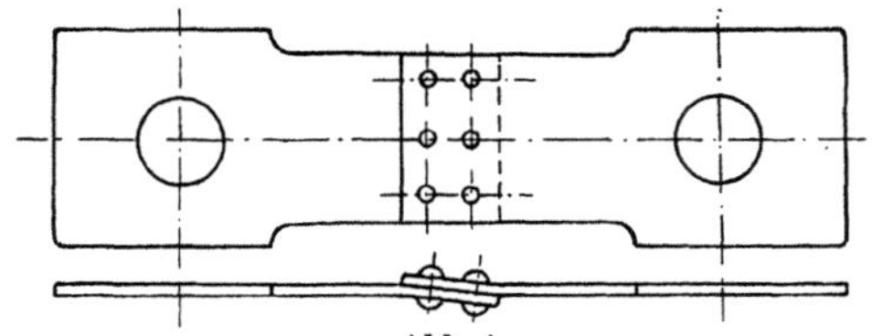

Abb. 4.

Versuchsreihe 10 bis 12. (Einfluß der Nietlänge; die Verlängerung der Nieten ist durch Unterlagen von Blechstreifen — Dicke gleich der der Platten — erreicht.

Versuchsreihe	Abb.	Zahl	Gleitet noch nicht			Gleiten hat begonnen			Blechstärke	Nietstärke	Bemerkungen
			von	bis	Durchschnitt	von	bis	Durchschnitt			
10		5	995	1161	1028	1161	1658	1327	7,5	16	wie bei 2
11	2	5	1056	1526	1385	1174	1878	1572	12,5	19	„ „ 2
12		5	883	1154	1032	950	1358	1168	18	25	„ „ 2

Der Vergleich mit Reihe 7 bis 9 zeigt deutlich die bedeutende Steigerung des Gleitwiderstandes bei der größeren Nietlänge. Dabei ist jedoch im Auge zu behalten, daß im letzten Fall das Gleiten, wenn es einmal begonnen hat, weit rascher fortschreitet als im ersteren.

Ein anschauliches Bild darüber erhält man durch Darstellung des Linienzuges aus den Belastungen als senkrechten Abszissen und den beobachteten zugehörigen Verschiebungen als wagerechten Ordinaten. So zeigt Abb. 11 diesen Linienzug für die Verbindung der Verzugsreihe 1 Nr. 2, während dieselbe Abb. 11 für Verbindung Nr. 1 der Versuchreihe 6 infolge der doppelten Länge des Nietschaftes ein wesentlich anderes Bild gibt.

Versuchsreihe 13 bis 15 (zwei- und dreireihige Überlappungsnietung, verschiedene Nietbilder, Bleche 12 mm, Nieten 19 mm stark) Abb. 3, 4, 5.

Versuchsreihe	Abb.	Zahl	Gleitet noch nicht			Gleiten hat begonnen			Nietzahl	Bemerkungen
			von	bis	Durchschnitt	von	bis	Durchschnitt		
13	3	5	493	563	535	563	986	676	5	wie bei 2; zweireihig

Versuchsreihe	Abb.	Zahl	Gleitet noch nicht			Gleiten hat begonnen			Nietzahl	Bemerkungen
			von	bis	Durchschnitt	von	bis	Durchschnitt		
15	5	5	528	968	722	616	1056	898	4	wie bei 2; dreireihig

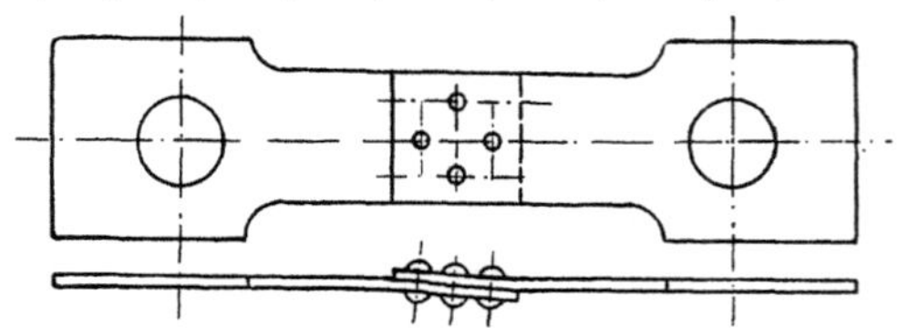

Abb. 5.

Die zweireihige Überlappung gewährt also auf 1 qcm Nietquerschnitt weit geringeren Gleitwiderstand als die einreihige (vgl. Reihe 2, 8). Der Grund hierfür dürfte vorzugsweise in dem Umstand zu suchen sein, daß bei mehrreihigen Vernietungen eine gleichmäßige Übertragung der Kraft durch die im Sinne der Kraftrichtung hintereinander liegenden Nietstellen infolge der Elastizität des Materials der Bleche oder Stäbe nicht möglich ist. Um dies zu veranschaulichen, wurde eine Überlappungsnietung mit 6 hintereinander liegenden Nieten (12 mm Bleche, 19 mm Nieten) hergestellt (Abb. 10). Gleiten begann:

an den äußersten Nieten (1 und 6) bei (insgesamt) 6000 kg,
an den folgenden Nieten (2 und 5) bei (insgesamt) 8000 kg,
an den zwei inneren Nieten (3 und 4) bei (insgesamt) 11000 kg.

Unter $P = 30000$ kg betrug die Verschiebung:

an der ersten Stelle . . . . 0,5 mm,
„ „ zweiten „ . . . . 0,2 mm,
„ „ dritten „ . . . . 0,1 mm.

Diese Verhältnisse sprechen klar für die Unzulässigkeit, bei mehrreihigen Vernietungen die von der einzelnen Niete zu übertragende Kraft gleich dem Quotienten: Gesamtbelastung dividiert durch die Anzahl der Nieten zu setzen.

Versuchsreihe 16 bis 19 (ein- bis dreireihige Laschenverbindung; Bleche rund 14 mm, Laschen je rund 9 mm, Nieten 19 mm).

Versuchs-reihe	Abb.	Zahl	Gleitet noch nicht			Gleiten hat begonnen			Bemerkungen
			von	bis	Durch-schnitt	von	bis	Durch-schnitt	
16	6	5	792	968	862	880	1144	1003	wie bei 2; einreih.

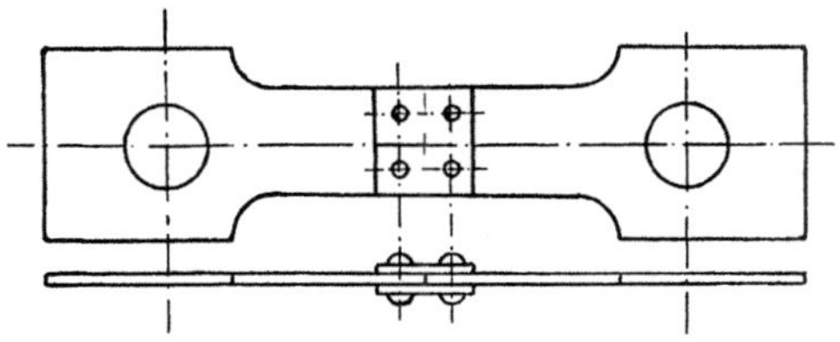

Abb. 6.

17	7	5	704	822	775	763	1174	939	wie bei 2; zweireih.

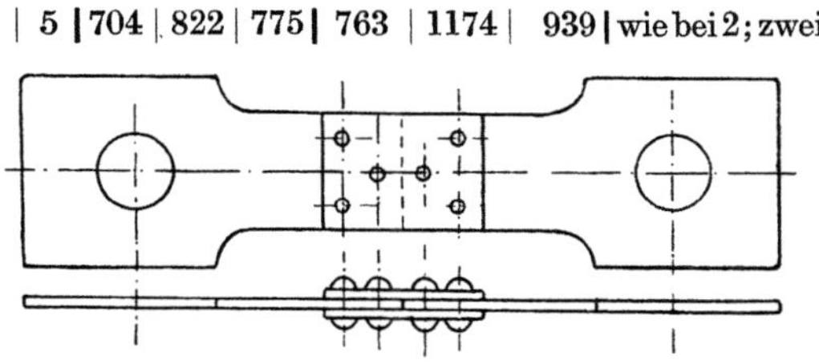

Abb. 7.

Versuchs-reihe	Abb.	Zahl	Gleitet noch nicht			Gleiten hat begonnen			Bemerkungen
			von	bis	Durch-schnitt	von	bis	Durch-schnitt	
18	8	5	660	748	678	704	968	792	wie bei 2; zweireih.

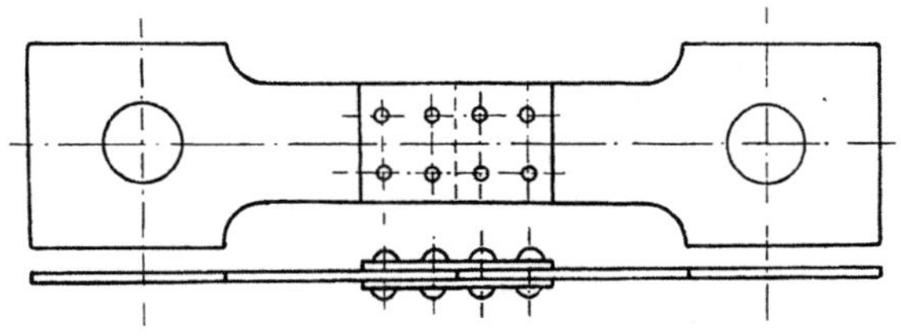

Abb. 8.

19	9	5	704	836	739	836	1056	924	wie bei 2; dreireih.

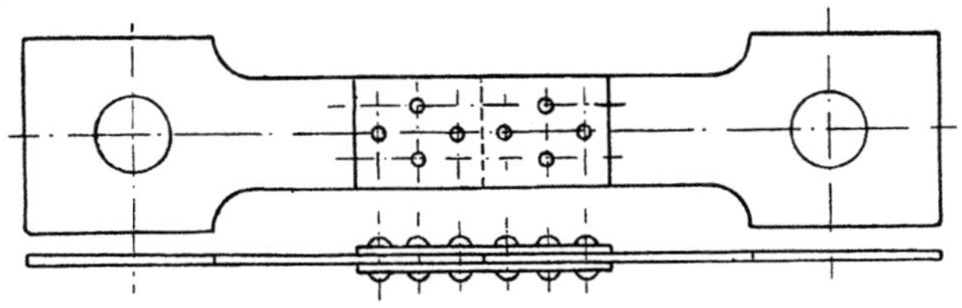

Abb. 9.

Durch Vergleich mit Reihe 2 (1311 kg/qcm) ergibt sich die geringere Größe des Gleitwiderstandes der einreihigen Laschenverbindung (1003 kg/qcm)[1]) gegenüber der Überlappungsnietung: eine Folge der Verschiedenheit der Dicke der beiden durch die Laschen zu verbindenden Bleche sowie des Umstandes, daß bei der Laschenverbindung die Nietstelle weit weniger auf Biegung beansprucht erscheint, so daß das bei der Überlappungsnietung auftretende, auf Klemmen der Bleche hinwirkende Kräftepaar fehlt. Daß die geringere Biegungsbeanspruchung der Bleche als ein sehr hoch zu schätzender Vorzug der Laschenverbindung zu bezeichnen ist, bedarf kaum der Erwähnung mehr. Trotzdem ist aus den erörterten Gründen die zulässige Beanspruchung bei Laschennietung etwas geringer zu wählen als bei Überlappung (um etwa $^1/_6$ bis $^1/_5$ ist üblich).

Versuchsreihe 20 bis 24 (Maschinennietung).

Versuchs-reihe	Abb.	Zahl	Gleitet noch nicht			Gleiten hat begonnen			Bemerkungen
			von	bis	Durch-schnitt	von	bis	Durch-schnitt	
20	1	5	425	531	510	531	1061	701	Überlappung Blech 12 mm, Nieten 20 mm
21	6	5	955	1194	1083	1035	1592	1286	Doppellaschen Blech 13 mm, Laschen 9 mm, Nieten 20 mm
22	6	5	955	1194	1083	1035	1513	1240	Doppellaschen Blech 13 mm, Laschen 13 mm, Nieten 20 mm
23	1	3	543	875	656	611	950	758	Überlappung Blech 18 mm, Nieten 25 mm
24	2	3	433	541	469	487	758	586	Überlappung Blech 18 mm, Nieten 28 mm

Gleitflächen erweisen sich als fettig.

[1]) Das Gleiten beginnt auf der einen Seite weit früher als auf der anderen.

Zum Vergleich stehen für die Überlappungsnietung die Versuchsreihen 1, 2, 3, 8 (Handnietung) und 20 (Maschinennietung) zur Verfügung. Letztere erweist sich als bei weitem die schlechteste. Der Gleitwiderstand beträgt etwa die Hälfte.

Bei Doppellaschennietung — Versuchsreihen 16, 21, und 22; 9 und 23; 12 und 24 — ergibt der Vergleich das einemal Überlegenheit der Handnietung, das anderemal Überlegenheit der Maschinennietung. Klarstellung dieses scheinbaren Widerspruches erfolgt bei Nr. I, 2 und Nr. I, 5.

geführt hatten. Die Versuchsreihen 33 bis 39 deuten darauf hin, daß stärkere Nieten größeren Gleitwiderstand liefern, doch kommt hierbei auch in Betracht, daß die Werkstätten in Kenntnis der früheren Ergebnisse bei Herstellung der neuen Verbindungen wahrscheinlich mit Erfolg auf Erzeugung eines größeren Gleitwiderstandes bedacht gewesen sind.

2. C. Bach: Der Gleitwiderstand bei Maschinen- und Handnietung. (Abh. u. Ber., S. 220. VDI. 1894, S. 1231.)

Versuchsreihe 25 bis 39.

Versuchsreihe	Abb.	Zahl.	Gleitet noch nicht			Gleiten hat begonnen			Bemerkungen
			von	bis	Durchschnitt	von	bis	Durchschnitt	
25	1	5	498	498	498	663	995	746	Bleche von Nr. 7,
(7)			(663	829	763	829	995	929)	Nieten 16 mm (16)
26	1	5	679	747	706	747	950	822	Bleche von Nr. 9,
(9)			(407	611	516	475	950	666)	Nieten 25 mm (25)
27	2	5	829	995	954	995	1658	1265	Bleche von Nr. 10,
(10)			(995	1161	1028	1161	1658	1327)	Nieten 16 mm (16)
28	2	5	875	1154	978	883	1222	1073	Bleche von Nr. 12,
(12)			(883	1154	1032	950	1358	1168)	Nieten 25 mm (25)
29	1	4	587	822	734	704	1056	875	Bleche v. Nr. 25 s. o.
(25)			(498	498	498	663	995	746)	Nieten 19 mm (16)
30	1	5	877	1140	1017	965	1491	1193	Bleche von Nr. 8,
(8)			(1056	1174	1127	1174	1526	1327)	Nieten 22 mm (19)
31	2	4	704	939	851	822	1409	1101	Bleche v. Nr. 27 s. o.
(27)			(829	995	954	995	1658	1265)	Nieten 19 mm (16)
32	2	5	1140	1579	1421	1228	1842	1614	Bleche von Nr. 11,
(11)			(1056	1526	1385	1174	1878	1572)	Nieten 22 mm (19)
33	3	4	579	737	632	632	947	763	Bleche von Nr. 13,
(13)			(493	563	535	563	986	676	Nieten 22 mm (19)
34	4	5	833	1009	921	877	1096	1000	Bleche von Nr. 14,
(14)			(469	646	587	528	822	675)	Nieten 22 mm (19)
35	5	5	592	1119	882	658	1250	1020	Bleche von Nr. 15,
(15)			(528	968	722	616	1056	898)	Nieten 22 mm (19)
36	6	3	987	987	987	1053	1579	1157	Bleche von Nr. 16,
(16)			(792	968	862	880	1144	1003)	Nieten 22 mm (19)
37	7	3	746	877	833	789	1272	980	Bleche von Nr. 17,
(17)			(704	822	775	763	1174	939	Nieten 22 mm (19)
38	8	5	658	987	789	724	1053	921	Bleche von Nr. 18,
(18)			(660	748	678	704	968	792)	Nieten 22 mm (19)
39	9	5	592	855	750	625	1118	893	Bleche von Nr. 19,
(19)			(704	836	739	836	1056	924)	Nieten 22 mm (19)

Bei Beurteilung der Ergebnisse ist im Auge zu behalten, daß die Bleche bei der ersten Prüfung schon einmal unter Druck gegeneinander Gleitbewegung aus-

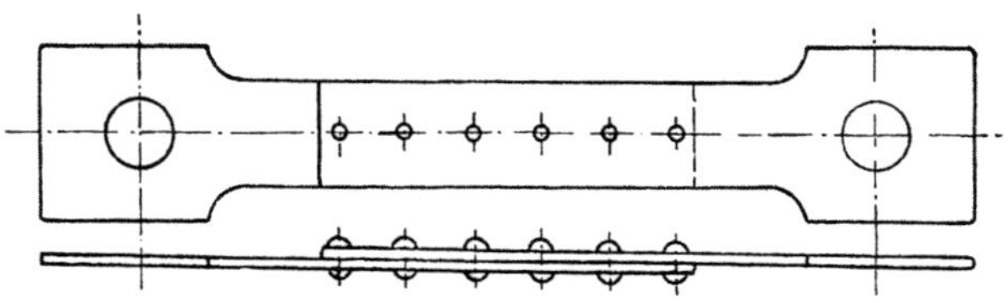

Abb. 10.

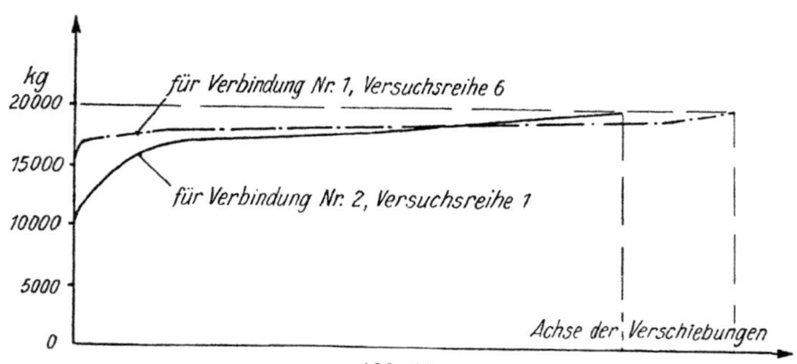

Abb. 11.

In der vorstehenden Abhandlung ist erörtert, daß der Gleitwiderstand bei Nietverbindungen das Maßgebende ist. Die dort besprochenen Versuche hatten beim Vergleich von Hand- und Maschinennietung für überlappte Verbindungen im Durchschnitt folgende Werte ergeben.

Versuchsreihen	Blechstärke mm	Nietstärke mm	Gleitwiderstand kg/qcm	Hergestellt durch
1	13	19	1359	Handnietung
2	13	19	1311	
3	13	19	1151	
8	12,5	19	1327	
20	12	20	701	Maschinennietung

Dieses mit der bisherigen Wertschätzung der Maschinennietung nicht übereinstimmende Ergebnis gab Anlaß, unmittelbar im Anschluß an diese Versuche in einer der herangezogenen Brückenbauanstalten weitere Versuchskörper mit hydraulischer Nietung herstellen zu lassen, entsprechend Abb. 1 u. 2. Die Blechstärken betrugen 7 bis 18 mm, die Nietstärken 16 bis 25 mm, die Nietschaftlängen 14 bis 96 mm. Ihre Prüfung ergab folgende Durchschnittswerte des Gleitwiderstandes, die noch kleiner sind als oben angeführt.

316 489 567 419 249 125

Weitere Versuchskörper wurden in einer Kesselschmiede genietet, in der beobachtet wurde, daß man den Preßstempel der hydraulischen Nietmaschine länger als sonst auf den Schließkopf drücken ließ (Überlappungsnietung mit 3 Nieten). Nieten weißwarm.

Versuchsreihe	Zahl	Blechstärke	Nietstärke	Gleitet noch nicht			Gleiten hat begonnen			verstemmt
				von	bis	Durchschnitt	von	bis	Durchschnitt	
46	4	12	20	1274	1380	1354	1380	1805	1593	nein
46	1	12	20	—	—	1805	—	—	1911	ja
47	4	18,5	25,5	1109	1239	1174	1174	1566	1305	nein
47	1	18,5	25,5	—	—	1239	1305	1631	1468	ja

Bei Versuchsreihe 46 bleibt der Druck beim Nieten je 15, bei Nr. 47 je 20 Sekunden lang aufrecht erhalten.

Bemerkenswert ist zunächst der sehr bedeutende Wert des Gleitwiderstandes, der sich sogar größer erweist, als bei den guten Handnietungen (s. o.). Sodann sind die beiden Verbindungen mit verstemmten Nieten denjenigen mit unverstemmten Nieten überlegen.

Hieraus, sowie aus späteren Versuchen war zu schließen, daß der Gleitwiderstand maschinengenieteter Verbindungen, bei deren Herstellung der Stempel genügend lange auf den Schließkopf preßt, größer ist als derjenige gleicher handgenieteter Verbindungen, namentlich dann, wenn es sich um dickere Bleche, also auch um stärkere Nieten handelt. Erheblich und sicher ist der Unterschied zugunsten der Maschinennietung allerdings nur unter den zuletzt bezeichneten Verhältnissen.

Der außerordentlich geringe Gleitwiderstand, welcher ziemlich häufig für maschinengenietete Verbindungen sich ergibt, spricht dafür, daß der Stempel der Nietmaschine — diese sonst als genügend vorausgesetzt — häufig zu rasch den Schließkopf verläßt. Das Bestreben, in kurzer Zeit möglichst viel Nietarbeit mit Maschine herzustellen, leistet diesem Fehler Vorschub. Wenn nun auch bei Nietverbindungen, die später verstemmt werden, wie das z. B. bei Dampfkesselnietungen der Fall ist, eine Erhöhung des Gleitwiderstandes durch das Verstemmen herbeigeführt wird, so empfiehlt es sich doch auch bei solchen Nietungen, streng darauf zu achten, daß der Stempel ausreichend lange auf den Schließkopf drückt.

Auf diese Schlußfolgerung mit allem Nachdruck hinzuweisen, liegt auch heute noch Veranlassung vor: nicht selten kann beobachtet werden, daß die Nietköpfe noch rotwarm sind oder doch rotwarme Teile enthalten, wenn schon die nächste oder gar die übernächste Niete eingezogen wird.

„Mit dem gleichen Rechte, mit welchem verlangt wird, daß jede gut eingerichtete Kesselschmiede oder Brückenbauanstalt das von ihr zu verarbeitende Material in bezug auf seine Güte prüft, ist zu fordern, daß sie ebenfalls ihre Nietarbeit hinsichtlich der Güte untersucht."

Am Schluß der Abhandlung werden die Werte angegeben und begründet, die Verfasser als zulässige Inanspruchnahme des Gleitwiderstandes erachtet. Sie sind größtenteils Allgemeingut geworden, auch in die behördlichen Vorschriften übergegangen (dort allerdings stellenweise unter der irreführenden Bezeichnung als Schubfestigkeit).

Zulässige Belastung für 1 qcm Nietquerschnitt bei Dampfkesseln:

einreihige Überlappungsnietung	. . . .	600 kg
zweireihige „	. . . .	550 „
dreireihige „	. . . .	500 „
einreihige Doppellaschennietung	(2 Gleitflächen) . .	1000 „
zweireihige „	(2 „) . .	950 „
dreireihige „	(2 „) . .	900 „

3. C. Bach: Versuche über den Einfluß des Verstemmens der Bleche und der Nietköpfe auf die Größe des Gleitwiderstandes von Nietverbindungen. (VDI. 1895, S. 301. Abh. u. Ber., S. 228.)

Geprüft wurden gemäß Abb. 1 auf Veranlassung des Besitzers einer größeren Maschinenfabrik und Kesselschmiede 25 Überlappungsnietungen (Blechstärke 12 mm, Nieten 19,5 mm), die sich nur durch das Verstemmen unterschieden.

Nr.	Zahl	Gleitet noch nicht			Gleiten hat begonnen			Verstemmen der	
		von	bis	Durchschnitt	von	bis	Durchschnitt	Bleche	Nietköpfe
48	5	780	1003	825	892	1449	1048	nicht	nicht
49	5	1003	1338	1182	1115	2007	1461	beiderseits	nicht
50	5	1115	1449	1271	1226	2341	1572	einerseits	einerseits
51	5	1338	1672	1516	1449	2118	1728	beiderseits	einerseits
52	5	1449	1672	1561	1561	2118	1773	beiderseits	beiderseits

Deutlich erhellt hieraus der große Einfluß des Verstemmens auf die Größe des Gleitwiderstandes.

Die Gepflogenheit einzelner Kesselschmieden, die Verstemmung auf beiden Seiten sorgfältig vorzunehmen, findet durch diese Versuchsergebnisse eine gute Begründung.

Ferner deuten die letzteren den Weg an, den man bei Vernietung schwacher Bleche, welche infolge der geringen Nietlänge einen kleineren Gleitwiderstand liefern, einzuschlagen hat, um diesen zu erhöhen.

Von Bedeutung erscheint die Steigerungsfähigkeit des Gleitwiderstandes durch Verstemmen nicht bloß für Dampfkessel und dergleichen, sondern auch für Eisenkonstruktionen, namentlich solchen Nieten gegenüber, welche infolge ihrer Lage einer guten Vernietung Schwierigkeiten entgegensetzen. Daß man sich hierbei auf das Verstemmen der Nietköpfe beschränken und doch eine erhebliche Vermehrung des Gleitwiederstandes erzielen kann, folgt sowohl aus den vorstehenden Zahlen, als auch aus dem in den anderen Arbeiten (vgl. z. B. Nr. I, 2) bemerkten. Insoweit hierin eine Empfehlung des Verstemmens liegt, ist selbstverständlich vorausgesetzt, daß dasselbe sachgemäß und sorgfältig ausgeführt wird.

Die Arbeit enthält ferner eine große Anzahl von Schaubildern, die die Abhängigkeit der wirkenden Kraft von dem Verschiebungsweg erkennen lassen (vgl. Abb. 11), die in mehrfacher Hinsicht von Interesse erscheinen.

Beachtung verdient sodann die folgende Zusammenstellung der durchschnittlichen Bruchfestigkeit für die fünf Versuchsreihen, die hinsichtlich des Gleitwiderstandes Unterschiede zwischen 1048 und 1773 kg/qcm ergeben hatten.

Versuchsreihe	48	49	50	51	52
Bruchfestigkeit kg/qcm .	3397	3413	3311	3178	3258

Die Bruchfestigkeit gestattet hiernach kein Urteil hinsichtlich der Güte einer Nietverbindung.

4. R. Baumann: Versuche über den Gleitwiderstand von Nietverbindungen. (Metallurgie 1909, S. 680ff.)

Neue Versuche mit Flußeisenblechen und Nickelstahlnieten, die von anderer Seite (Dr.-Ing. Preuß, Darmstadt) durchgeführt waren, werden besprochen. Da aus den Versuchsberichten nur die Bruchfestigkeiten hervorgehen, war daran zu erinnern, daß die Beurteilung auf Grund derselben (die immer wieder erfolgt, weil sie am nächsten liegt) von ganz geringer Bedeutung sein muß, weil der Bruch erst nach weitgehenden Formänderungen erfolgt, also unter Verhältnissen, die für den Betrieb überhaupt belanglos sind.

5. C. Bach: Zur Frage der Überlegenheit der Maschinennietung. (Z. bayr. Rev.-V. 1910, S. 33. VDI. 1916, S. 362.)

Zur Aufklärung über die Ursache der Bildung von Rissen, die in Dampfkesseln von Seeschiffen aufgetreten sind, war von anderer Seite auf die schädliche Wirkung zu hohen Nietdruckes hingewiesen worden. Diese Möglichkeit war in vertraulichen Verhandlungen von Stuttgart aus erwähnt, ihre Bekanntgabe aber bisher unterblieben, um Beunruhigung zu vermeiden, ehe ausreichende Klarstellung stattgefunden hatte. Nachdem nun die Sache an die Öffentlichkeit gelangt war, erschien eine gewisse weitere Klarstellung geboten. Vornehmlich wurden Beobachtungen erwähnt, die dafür sprachen, daß insbesondere der Entstehung radial verlaufender Nietlochrisse durch Anwendung starken Druckes in der Nietmaschine Vorschub geleistet werden könne. Das glühende Material des Nietschaftes verhält sich ähnlich wie eine Flüssigkeit und pflanzt den in axialer Richtung auf die Niete ausgeübten Druck in radialer Richtung fort, wodurch das Material der Lochwand überanstrengt werden kann und dabei an Zähigkeit bedeutend einbüßen muß. Dazu tritt noch der Einfluß der Erwärmung des Lochwandmaterials auf des letzteren Festigkeitseigenschaften und auf die Hervorrufung von Spannungen. Erwähnt wurde, daß hoher Druck nicht selten gewählt wird, um möglichst vollkommene Ausfüllung des Nietloches durch den Nietschaft zu erzielen, wobei meist der Gedanke maßgebend sein wird, durch volle Ausfüllung des Loches nicht auf den Gleitwiderstand angewiesen zu sein. Weiteres siehe bei Nr. I, 7.

6. C. Bach: Ist das Verstemmen der Dampfkessel-Nietnähte innen allgemein vorzuschreiben? (VDI. 1912, S. 2071.)

Es wird an Hand der Abb. 12 darauf hingewiesen, daß unsachgemäßes Verstemmen in den Blechen bei *a*, *b*, *c*, *d* gegenüberliegende Kerben verursachen kann, die schädlich zu wirken imstande sind.

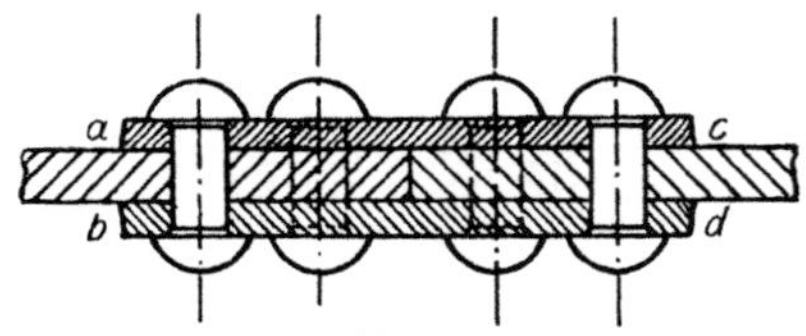

Abb. 12.

Darüber hinaus wird im Auge zu behalten sein, daß bei gleicher Länge beider Laschen an den Stemmkanten örtliche Formänderungen und Wärmeunterschiede auftreten können.

7. C. Bach und R. Baumann: Versuche zur Klarstellung des Einflusses der Spannungen, welche durch das Nieten im Material hervorgerufen werden und die der Entstehung von Nietlochrissen Vorschub leisten können. (VDI. 1912, S. 1890ff.)

Seit Anfang 1907 waren Beobachtungen gemacht worden, die dafür sprachen, daß zu kräftige Nietmaschinen die Bleche schädigen und dem Entstehen von Nietlochrissen Vorschub leisten (vgl. Abb. 13 u. 14).

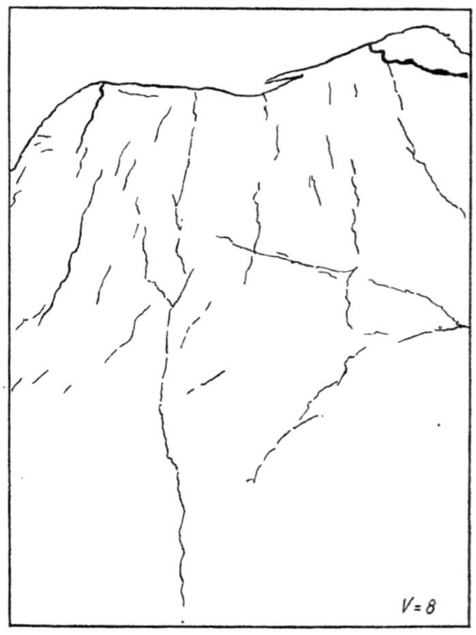

Abb. 13. Risse bei Anwendung zu großer Schließkräfte.

Das glühende Metall des Nietschaftes verhält sich ähnlich wie eine Flüssigkeit und pflanzt den in axialer Richtung auf die Niete ausgeübten Druck in radialer Richtung fort; wodurch das Material der Lochwand überanstrengt werden kann und dabei an Zähigkeit bedeutend

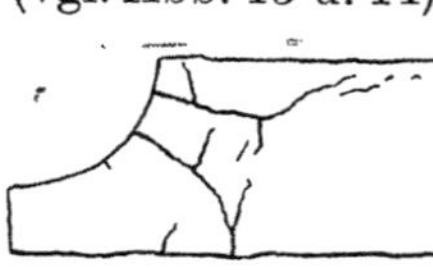
Abb. 14.

einbüßen muß. Dazu tritt der Einfluß der Erwärmung des Lochwandmaterials auf des letzteren Festigkeitseigenschaften und auf die Hervorrufung von Spannungen. Der erste Teil der Untersuchungen beschäftigte sich mit der Ermittlung der Kräfte, die in den Nietschäften wirksam sind. Sie wurden dadurch bestimmt, daß die Längenänderung des Nietschaftes gemessen wurde, die eintritt, wenn die verbundenen und durch die Nieten zusammengepreßten Bleche entfernt werden. Mit ausreichender Annäherung darf angenommen werden, daß diese Längenänderung λ in der Achse der Niete (Strecke l der Abb. 15) fast ausschließlich von der Dehnung des als zylindrisch angenommenen Schaftes von der Länge l_1 herrührt, so daß aus ihr die im Schaft herrschende Spannung leicht umgerechnet werden kann zu

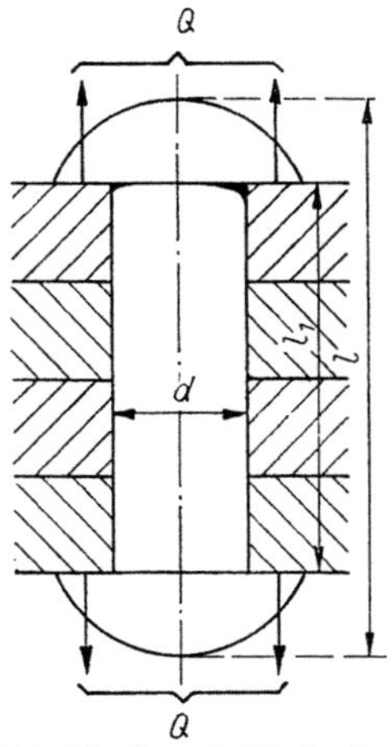

Abb. 15. Querschnitt durch die Nietverbindungen.

$$\sigma = \frac{\lambda}{\alpha \cdot l_1} \text{ kg/qcm.}$$

Die Nieten hatten 28 mm Schaftdurchmesser und verschiedene Länge. Von den Versuchsergebnissen seien folgende Durchschnittswerte angeführt.

A. Einfluß der Höhe des Schließdruckes.

Schließkraft kg	Spannung im Nietschaft kg/qcm	Schaftlänge cm
15000	2554	4
30000	2136	4
43000	2310	4
70000	1754	4
140000	2200	4

Höhere Maschinenkraft ergibt also eher eine Minderung der Kraft, mit der die fertige Niete auf die Bleche drückt: eine Folge der Überanstrengung der letzteren beim Nieten.

Am günstigsten verhielt sich eine rotwarm eingebrachte Schraube, die als Niete angesehen werden kann, eingezogen mit der Kraft 0 kg. Sie ergab eine Schaftspannung von 3450 kg/qcm, d. h. die Spannung an der Streckgrenze für das Schaftmaterial in dem Zustand, wie es sich in der (ziemlich rasch) abgekühlten Niete befindet[1]).

B. Einfluß der Schließzeit.

Die Ergebnisse bestätigen die Feststellungen in Nr. I, 2, daß die Niete ausreichend erkaltet sein muß, ehe der Maschinendruck aufhört, sofern die Bleche das Bestreben haben, aufzufedern, was im Kessel fast immer der Fall sein wird, um so mehr, je weniger vollkommen sie angerichtet sind.

[1]) Damit dürfte ein Konstruktionsgedanke entwickelt sein, der beim Ersatz nachträglich entfernter Nieten von erheblichem Wert sein kann. Die Spannung entsteht in dieser Schraube ohne Schädigung der Bleche.

C. Einfluß der Länge des Nietschaftes.

Die Schaftspannung nahm bis 8 cm Schaftlänge l_1 zu bis zu der durch die Spannung an der Streckgrenze bedingten Grenze.

Bei nur teilweiser Anwärmung der Schäfte vor dem Nieten erfolgte an längeren Nieten Abspringen des Setzkopfes, was näher erörtert wird. Nieten müssen also gleichförmig angewärmt werden (vgl. Nr. I, 8).

Von besonderer Bedeutung war die Feststellung, daß die Bleche beim Nieten über die Streckgrenze beansprucht werden und sich bei unnötig hoher Maschinenkraft wölben (vgl. Abb. 16), was beim Kessel Stemmarbeit und Mißhandlung der Bleche nötig macht. Hierfür werden Beispiele von untersuchten Kesseln angeführt, die im Betrieb Risse erhalten hatten.

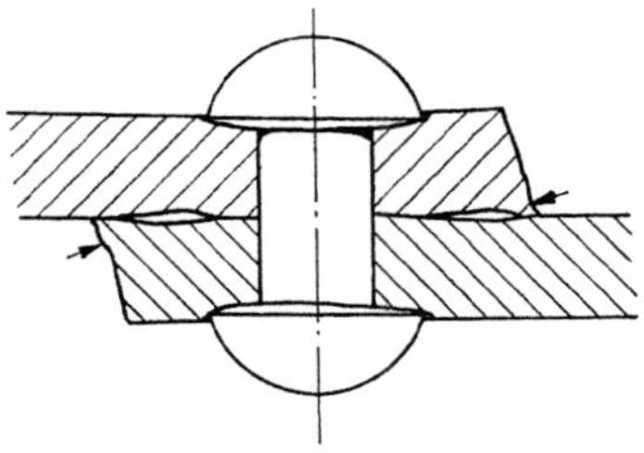
Abb. 16.

Nietmaschinenkräfte, die stärker sind als zur Bildung gut verstemmbarer Köpfe nötig ist, das sind 6500 bis 8000 kg auf 1 qcm Schaftquerschnitt, schädigen die Bleche und sind daher zu vermeiden (vgl. auch Nr. I, 6).

8. **C. Bach und R. Baumann: Mitteilungen über die bisherigen Ergebnisse der Versuche zur Klarstellung des Einflusses der Spannungen, welche durch das Nieten im Material hervorgerufen werden und die der Entstehung von Nietlochrissen Vorschub leisten können.** (Prot. d. int. Verb. d. D.-Ü.-V. zu München 1912, S. 70ff.)

Nach Schilderung der Vorgeschichte der Arbeit wird über die Versuche berichtet, die hier unter Nr. I, 7 eingehend besprochen sind.

In der Erörterung werden dann noch Versuche über das Verhalten von Nietköpfen bei Zugbeanspruchung in höherer Temperatur angeführt, die zeigen, daß jedenfalls bei Dampfkesselnieten für ausreichende Rundung zwischen Kopf und Schaft zu sorgen ist und daß teilweises Anwärmen des Schaftes zu sehr großer Zähigkeitsverminderung führen kann. Insbesondere war das Arbeitsvermögen nach ungeeigneter Herstellung des Nietkopfes sehr bedeutend gesunken (vgl. Abb. 17 bis 20). Diese Feststellungen erscheinen um so wesentlicher, als von anderer Seite — allerdings für Eisenbaunieten — ausgesprochen ist, daß die bezeichnete Rundung ohne Einfluß auf das Verhalten der Nietköpfe sei (VDI. 1909, S. 1019ff.).

Zugversuche mit Vernietungen bei 300° C.

Abb. 17. Nietschaft mit Übergang am Kopf.
Beim Nieten die ganze Niete warm gemacht.
Höchstlast: 20110 kg.
Dehnung: *AB*.
Bruch erfolgte im Schaft.

Abb. 18. Nietschaft mit Übergang am Kopf.
Beim Nieten nur das Schaftstück warm gemacht, das zur Bildung des Schließkopfes erforderlich ist.
Bruch erfolgte im Schaft.

Abb. 19. Nietschaft ohne Übergang am Kopf (d. h. scharfe Ecke).

Beim Nieten die ganze Niete warm gemacht.

Bruch erfolgte durch Abspringen des Kopfes.

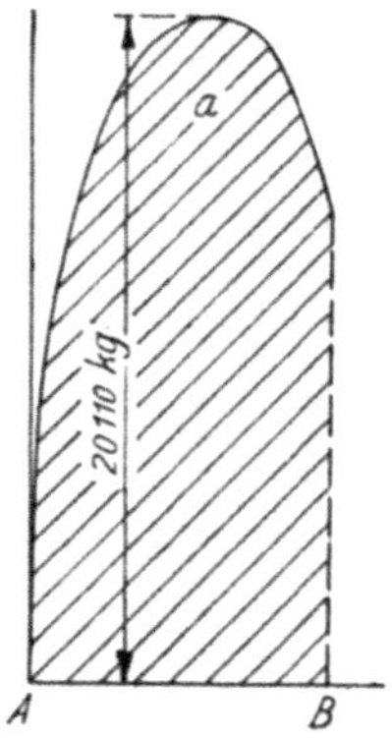

Abb. 17.

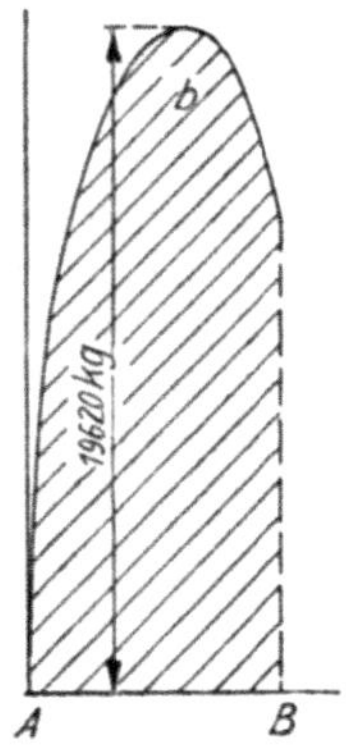

Abb. 18.

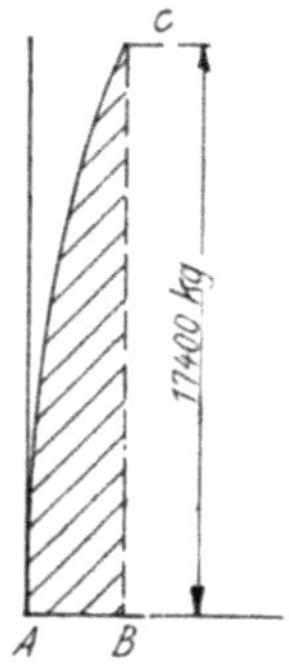

Abb. 19.

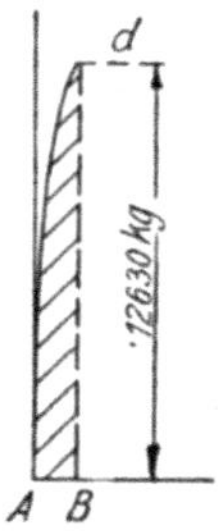

Abb. 20.

Abb. 20. Nietschaft ohne Übergang am Kopf.

Beim Nieten wurde nur das zur Bildung des Schließkopfes erforderliche Schaftstück glühend gemacht.

Bruch erfolgte durch Abspringen des Kopfes.

Prüfung bei gewöhnlicher Temperatur würde geringere Unterschiede im Verhalten der hier untersuchten Nieten ergeben haben.

9. R. Baumann: Einfluß von Nietlöchern auf die Widerstandsfähigkeit von Eisenkonstruktionen. (Stahl-eisen 1913, S. 889.)

Amerikanische Forscher hatten Dauerversuche mit Flachstäben ausgeführt, die (Niet)löcher enthielten, aber keine Nietverbindungen darstellten, so daß alle Folgerungen mit Vorbehalt aufzunehmen sind. Die nach Rechnung und Feinmessung am Rande von Löchern auftretende Spannungserhöhung scheint bei Dauerbeanspruchung mit zähem Flußeisen nicht die entscheidende Rolle zu spielen, die von mehreren Seiten befürchtet wird. Doch ist zu berücksichtigen, daß die Versuche bei gewöhnlicher Temperatur stattfanden (vgl. hierzu den Schluß von Nr. I, 8).

10. R. Baumann: Über Spannung und Formänderung beim Nieten, namentlich im Hinblick auf das Entstehen von Nietlochrissen. (Jahrb. Schiffsbaut. Ges. 1915, S. 479ff.)

Nach kurzem Eingehen auf die Versuche unter Nr. I, 7 wird auf den zusätzlichen Einfluß der Erwär-

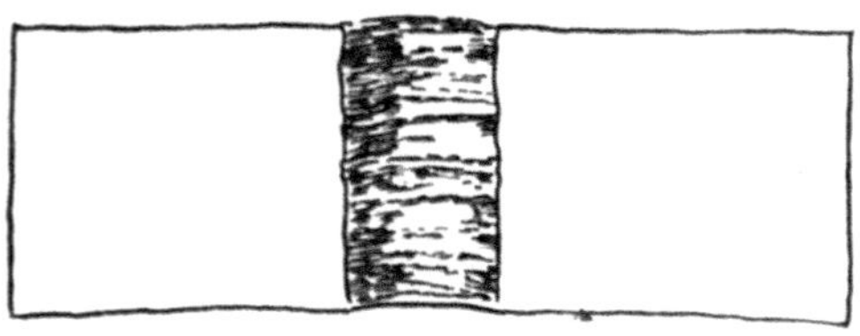
Abb. 21a.

mung auf das Verhalten des überanstrengten Lochwandmaterials hingewiesen und an Beispielen gezeigt, welche verhängnisvolle Wirkung z. B. die Verwendung stumpfer Werkzeuge beim Ausreiben von Löchern auszuüben vermag. Ein starkes Schiffskesselblech war infolgedessen im Betrieb durch zahlreiche Nietlochrisse unbrauchbar geworden.

Abb. 21a zeigt die Innenansicht eines Nietlochs, Abb. 21b das Gefüge in einem Schnitt parallel zur Walzhaut, Abb. 21c kleine Biegestäbe, die am Lochrand entnommen sind und die starke Verminderung der Zähigkeit des infolge der stumpfen Reibahle unter Mitwirkung der Vorgänge beim Nieten (und im Betrieb) geschädigten Blechmaterials veranschaulichen.

Abb. 21b.

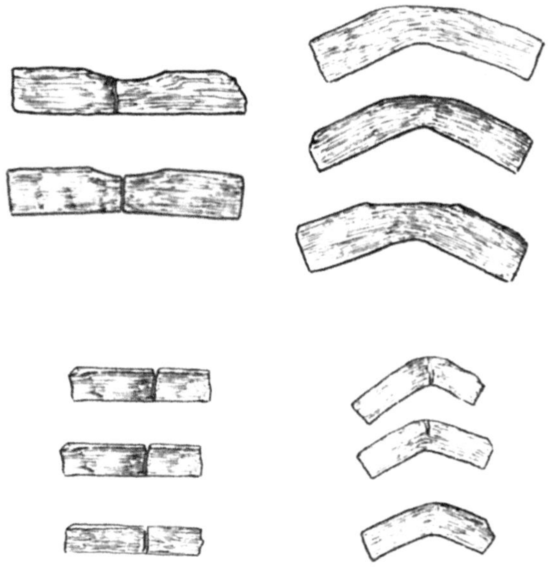
Einlieferungszustand ausgeglüht

Abb. 21c.

11. R. Baumann: Versuche mit Stiftnietungen nach dem Schuchschen Verfahren. (VDI. 1919, S. 555ff.)

Nach kurzem Eingehen auf die Bedeutung gleichförmiger Erwärmung von Setz- und Schließkopf für die Güte der Nietung wird die Eigenart des neuen Verfahrens (vgl. Abb. 22) beschrieben und sodann über die Ergebnisse der Untersuchung einer größeren Probenietung berichtet. Die Nietköpfe waren wenig versetzt. Die Bleche zeigten eine gewisse Wölbung, nach dem Nieten aber keine bedeutenden Quetschungen an den Lochrändern. Die Spannungen im Nietschaft, von denen die Größe des Gleitwiderstandes, d. h. Güte der Nietung, abhängt, waren ebenso groß wie früher an gewöhnlichen Nieten ermittelt.

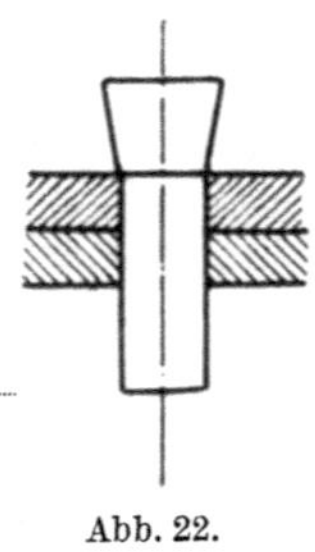
Abb. 22.

II. Schweißung.

1. C. Bach: Bericht über die Versuche mit autogen geschweißten Blechstücken und Kesselteilen. (Prot. d. 38. D.- u. I.-Vers. d. int. Verb. d. D.-Ü.-V. zu Wiesbaden 1908, S. 20ff.)

Der Inhalt und die Schlußfolgerungen des Berichtes sind in Nr. II, 3 enthalten.

2. C. Bach und R. Baumann: Bericht über die Untersuchung autogen geschweißter Blechstücke und Kesselteile. (Prot. d. 39. D.- u. I.-Vers. d. int. Verb. d. D.-Ü.-V. zu Lille 1909, S. 122.)

Das Wesentliche des Berichtes ist in Nr. II, 3 enthalten.

3. C. Bach und R. Baumann: Bericht über Versuche mit autogen geschweißten Blechen und Kesselteilen, ausgeführt in der Materialprüfungsanstalt an der Technischen Hochschule Stuttgart im Auftrage des Internationalen Verbandes der Dampfkessel-Überwachungsvereine und des Vereines deutscher Ingenieure. (Mitt. über Forsch., H. 83/84.)

Der Internationale Verband der Dampfkessel-Überwachungsvereine hatte auf seiner Danziger Versammlung 1907 beschlossen, Versuche über die Zulässigkeit der autogenen Schweißung zur Herstellung und Ausbesserung von Dampfkesseln in Stuttgart durchführen zu lassen, weil das damals neue Verfahren seine Anwendungsgebiete mit Nachdruck auszudehnen strebte. Der erste Versuchsbericht konnte 1908 in Wiesbaden erstattet werden. Er hatte die Fortsetzung der Versuche zur Folge, über die zunächst 1909 in Lille berichtet wurde und die dann bis zum Beginn des Weltkrieges ohne Unterbrechung weiterzuführen waren. 1909 schloß sich der Verein deutscher Ingenieure, der damit einer Anregung des Herrn Dr. C. v. Linde folgte, dem genannten Verbande an, so daß neue Versuche auf breiterer Grundlage ermöglicht wurden. Der Bericht enthält die Ergebnisse der bis Ende 1909 durchgeführten Versuche und gliedert sich in vier Teile, nämlich I. den erwähnten Wiesbadener Bericht, II. den erwähnten Liller Bericht — für diese Untersuchungen waren meist Stücke eingeliefert worden, die zu Beanstandungen Anlaß gegeben hatten —, III. Bericht über Versuche, die im Auftrage des Vereines deutscher Ingenieure ausgeführt worden sind und für welche die Stücke sämtlich besonders angefertigt worden waren und zwar von fünf Firmen, die sich auf Grund des in der Zeitschrift des Vereines deutscher Ingenieure und in Fachzeitschriften ergangenen Ausschreibens hierzu bereit erklärt hatten.

Bei der Untersuchung hatte sich gezeigt, daß außer der mechanischen Prüfung und der chemischen Analyse insbesondere die metallographischen Verfahren Einblick gewähren. Da diese damals noch als neu anzusehen waren, erschien es geboten, IV. einen Anhang anzuführen, der als kurze Einführung in die Metallographie der Kesselbleche auch als besonderer Aufsatz (vgl. Nr. VIIIa, 12) erschienen ist. Diese 4 Teile sind im folgenden einzeln besprochen.

I. Wiesbadener Bericht (1908).

Der Bayerische Revisionsverein hatte 14 Stücke eingeliefert, die mit verschiedenen Heizgasen (Wasserstoff, Azetylen und Blaugas) verschmolzen waren und verschiedene Dicke besaßen. Die Mehrzahl derselben erwies sich als sehr schlecht verbunden und ließ all die Fehler erkennen, die seither von vielen Beobachtern erkannt worden sind (Grobkörnigkeit, Verbrennen, Schlackeneinschlüsse, Ungleichförmigkeit). Besonders bemerkenswert erscheint, daß die Stücke, die sich als gut erwiesen, wenn Prüfung bei gewöhnlicher Temperatur stattfand, Minderwertigkeit aufwiesen, wenn sie bei 200 ° C zerrissen wurden: So brachen z. B. bei einem 5 mm dicken Blech in gewöhnlicher Temperatur die beiden geprüften Stäbe außerhalb der (stark verdickten) Schweißstelle, während bei 200 ° C einer der Stäbe an der Verbindungsstelle brach. Die Bruchdehnung ergab sich als wenig brauchbares Maß für die Zähigkeit (vgl. hierüber Nr. II, 10).

Abb. 23.

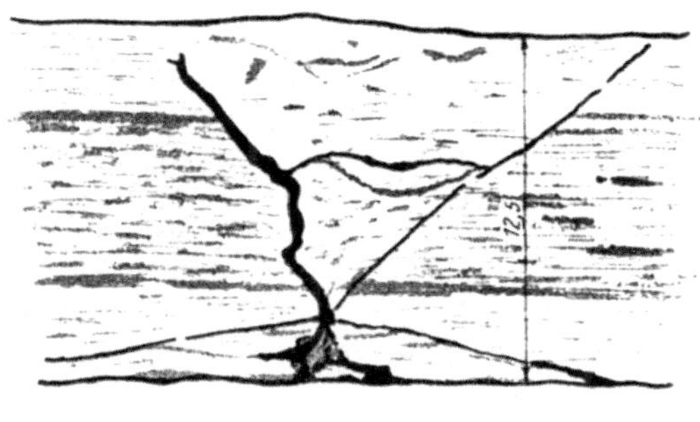

Abb. 24.

Als Beispiel für den Zusammenhang zwischen Gefügebild und Verhalten beim Biegungsversuch seien Abb. 23 und 24 angeführt, die nach den photographischen Bildern gezeichnet sind.

Die Badische Gesellschaft zur Überwachung von Dampfkesseln hatte einen durch Absprengen des Deckels explodierten Henzedämpfer eingeliefert, der nur acht Betriebstage ausgehalten hatte. Der Deckel war in der aus Abb. 25 ersichtlichen fehlerhaften, auch heute noch üblichen Weise aufgesetzt.

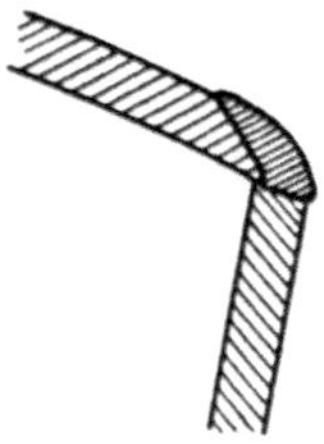

Abb. 25.

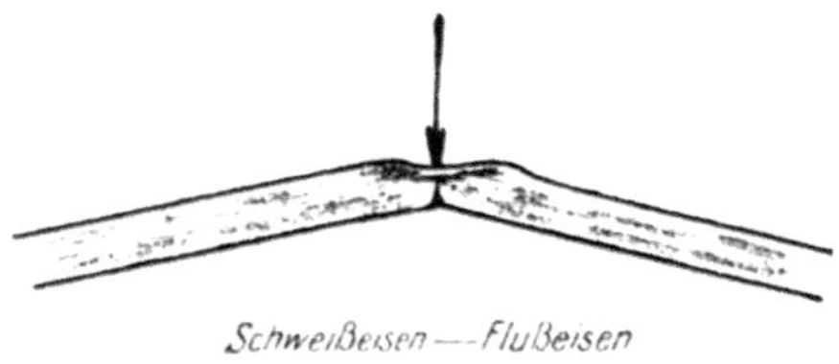

Abb. 26.

Abb. 26 zeigt eine andere Verbindungsstelle, die beim Biegen gebrochen ist.

Der Norddeutsche Verein zur Überwachung von Dampfkesseln in Altona sandte ein elektrisch verschmolzenes Stück von der Rückwand der Feuerbüchse eines

Abb. 27.

Schiffskessels, der nach der Ausbesserung $^3/_4$ Jahre Dienst getan hatte. Abb. 27 zeigt einen Querschnitt durch die Flickstelle und spricht für sich selbst.

Weiteres Material lieferten Druckluftkessel für 11 Atm., die im Betrieb Schaden erlitten hatten. Konstruktion und Ausführung erscheinen gleich mangelhaft, weshalb als warnende Beispiele Abb. 28—30 angeführt seien. Einer der Kessel explodierte und tötete einen Mann.

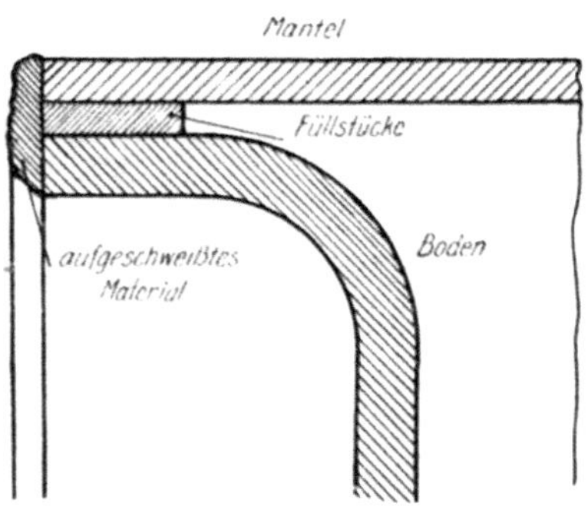

Abb. 28.

Dieser Bericht führte zu dem einstimmig gefaßten und seither aufrecht erhaltenen Beschluß:

„Bei dem heutigen Stande empfiehlt es sich, in bezug auf die Herstellung und die Ausbesserung

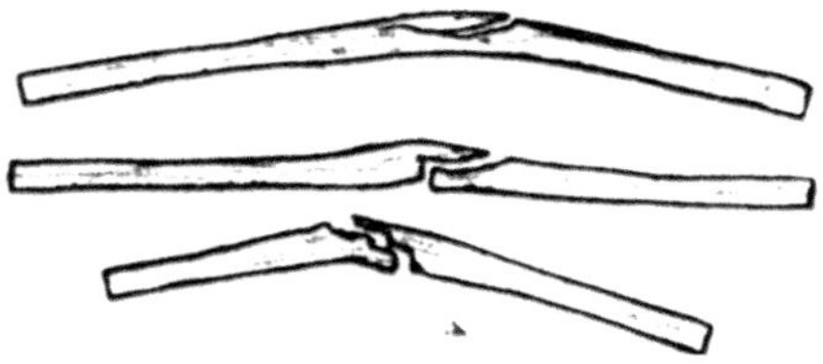

Abb. 29.

von Dampfkesseln und Dampfgefäßen durch autogene Schweißung die größte Vorsicht walten und solche Arbeiten nur zuverlässig arbeitende Firmen unter Überwachung des in Betracht kommenden Revisionsvereins ausführen zu lassen. Dabei ist namentlich dem Umstande Beachtung zu schenken, daß durch die mit dem Schweißen verbundene örtliche Erhitzung der Ränder und durch die Zusammenziehung des flüssig gewesenen Füllmaterials (ohne nachfolgendes Ausglühen des Stükkes) im Flußeisen Spannungen in Wirksamkeit treten können, die mehr oder minder schwere Unfälle herbeizuführen imstande sind.“

Abb. 30.

II. Liller Bericht.

Eingeliefert wurde zunächst eine Blechtafel, welche von der als besonders leistungsfähig bekannten Sté de l'acétylène dissous in Marseille hergestellt war und von der angenommen werden durfte, daß bei ihr besondere Sorgfalt angewendet worden sei.

Bemerkenswert erscheint, daß der Bruch der Zerreißstäbe mit einer Ausnahme außerhalb der Verbindungsstelle erfolgte, wenn diese ihre Verdickung behielt, daß dagegen der Bruch an ihr erfolgte, wenn Abarbeiten auf Blechdicke vorgenommen worden war. Die Beanspruchung des vollen Bleches beim Bruch der Verbindungsstelle sank dann

von 3555 auf 3278 bei 20° C,
„ 4879 „ 4726 „ 200° C.

Die Bruchdehnung weist erheblich größere Unterschiede auf, die jedoch nicht bewertbar erscheinen (vgl. Nr. II, 10).

Ganz anders verhielt sich die Verbindungsstelle bei der Kerbschlagprobe nach folgender Zahlentafel

	Volles Blech mkg/qcm	Verbindungsstelle mkg/qcm
bei 20° C	21,6	3,2
„ 200° C	23,3	12,2

Schon die gewöhnliche Biegeprobe hatte erkennen lassen, daß die Zähigkeit des vollen Bleches an der Verbindungsstelle bei weitem nicht erreicht sei, wie aus Abb. 31 hervorgeht.

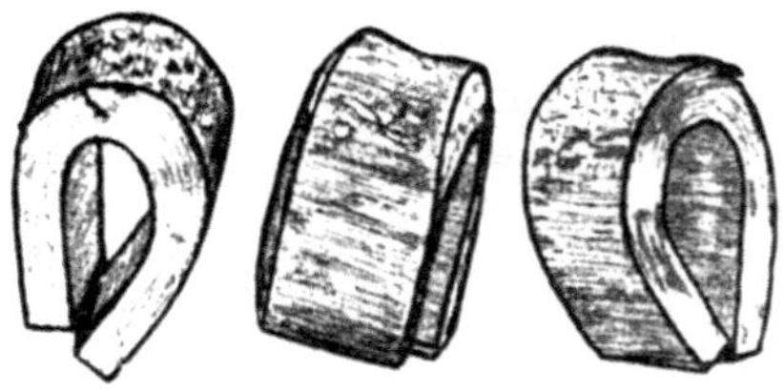

Abb. 31.

Auf die interessanten Gefügebilder sei hier nicht eingegangen.

Die Dampfkesselrevisionsvereine zu Kaiserslautern, Halle a/S., Magdeburg und Braunschweig hatten wertvolle Ausbesserungsversuchsstücke eingeliefert, die erkennen ließen, wie sorglos von den ausbessernden Firmen manchmal gearbeitet worden war.

Besondere Bedeutung kam drei Blechstücken zu, die der Vorsitzende der Technischen Kommission des Internationalen Verbandes eingeliefert hatte, weil sie in den beiden Flammrohren eines Schiffskessels im Beisein eines Ingenieurs der Materialprüfungsanstalt Stuttgart von Leuten (davon ein Franzose) ausgeführt worden waren, die eine besondere Ausbildung in Marseille (s. o.) erfahren hatten.

Auf die Erörterungen über die beim Verschmelzen eintretenden Dehnungen und Spannungen darf hier verwiesen werden, weil diese Erkenntnisse in der Zwischenzeit Allgemeingut geworden sind, doch dürfte Abb. 32, die zeigt, daß beim Schließen des Risses *R* Spannungen entstanden sind, die bei *St* Streckfiguren wachgerufen haben, so daß der Nachweis vorliegt, daß große Teile des Flammrohres über die Streckgrenze beansprucht worden sind, auch heute noch Bedeutung haben.

Abb. 32.

Im übrigen war die Arbeit der Leute, die sich durchaus als Herren der Situation fühlten, außerordentlich schlecht, wofür Abb. 33 angeführt sei. Biegeproben lieferten auch hier wieder einfach zu erlangenden Einblick.

Diese Untersuchung hatte besondere Bedeutung, weil sie einwandfrei nachweist, welch ausschlaggebender Einfluß der Aufmerksamkeit des Arbeiters und der Sachkenntnis des Ingenieurs zukommt, der die Arbeit anordnet und überwacht.

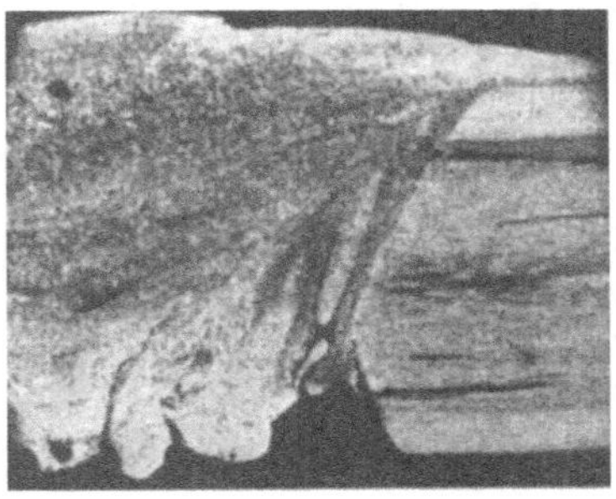

Abb. 33.

Als letztes Stück gelangte eine vorzügliche Wassergasschweißung zur Untersuchung. Die Kerbschlagprobe ließ aber auch hier Verminderung der Kerbzähigkeit bei gewöhnlicher Temperatur deutlich erkennen (12,0 mkg/qcm gegenüber 19,2 beim vollen Blech).

III. Bericht über die Versuche, die im Auftrage des Vereines deutscher Ingenieure durchgeführt worden sind.

Zunächst führten zwei Firmen im Beisein eines Ingenieurs der Materialprüfungsanstalt Stuttgart Schweißarbeiten durch, die verschiedene Beobachtungen ermöglichten, die kurz besprochen seien.

Die erste Firma schweißte mit Azetylen bei Entnahme aus Flaschen (Dissous) und aus einem Apparat. Sie beabsichtigte, besondere Sorgfalt anzuwenden, weshalb die Schweißzeiten beobachtet worden sind. Die Blechdicken liegen zwischen 5 und 25 mm. Für die Verschmelzung einer je 40 cm langen Fuge wurden folgende Zeiten gebraucht.

Blechdicke mm	Arbeitszeit Std.	Blechdicke mm	Arbeitszeit Std.
5	$1^1/_2$, $1^1/_2$ und $^3/_4$	20	3
10	$1^1/_2$, 1	22	$3^3/_4$, 3
15	$2^1/_4$, 3, 2, $^3/_4$	25	$3^3/_4$

Das verwendete Gas wurde chemisch untersucht; es enthielt 0,002 bis 0,005 Vol.-% Phosphorwasserstoff und 0,026 bis 0,036 Vol.-% Schwefelwasserstoff. Der Sauerstoff war 99,2 proz. Der obere Heizwert des Entwicklungsgases schwankte zwischen 11754 und 12887 WE/cbm.

Die hergestellten Verbindungen erwiesen sich bei der Prüfung als recht verschiedenwertig; in der Regel verhielten sich die dünneren Bleche besser. Von 25 zerrissenen Stäben sind nur 4 außerhalb der Verbindungsstelle gebrochen.

Die metallographische Untersuchung gewährt auch lehrreichen Einblick in das Verhalten der Schmelze bei Vorhandensein von zuviel Sauerstoff oder zu viel Azetylen in der Flamme, was besonders nachteilig war.

Ferner wurde der Einfluß des Brennerschnittes untersucht und hervorgehoben, daß hierbei die Geschwindigkeit und Stetigkeit der Arbeit eine Rolle spielt.

Die Arbeiten einer zweiten Firma wurden mit zwei Apparaten verschiedener Größe ausgeführt. Verarbeitet wurden 20 Bleche, wobei die Ränder teils von beiden Seiten, teils einseitig Verschmelzung erfuhren und die Verbindungsstelle teils gehämmert, teils ohne mechanische Bearbeitung gelassen wurde.

Während des Schweißens fand Messung der Temperatur des geschmolzenen Eisens statt, die sich zu 1474 bis 1655 °C ergab, unabhängig von der Blechdicke, also jedenfalls tief unter der Temperatur der Azetylenflamme und nur wenig über der Schmelztemperatur des Eisens liegt.

Die Schweißzeiten fielen erheblich geringer aus, als bei der Firma A.

Das Azetylen enthielt geringere Verunreinigungen als dort, dagegen war der Sauerstoff nur 97,9 proz. Der Heizwert war ungefähr gleich groß wie oben angegeben.

Die Ergebnisse der mechanischen Prüfung sind eher noch schlechter als bei den Arbeiten der Firma A.

Eine dritte Firma lieferte doppelseitig verschmolzene und gehämmerte Blechplatten ein, deren Dicke rund 6 bis 25 mm betrug. Diese Arbeiten zeigten, daß bei Aufwendung der gebotenen Sorgfalt wirklich gute Ergebnisse erzielbar sind. Die Querschnitte ließen teilweise die Verbindungsstelle kaum erkennen. Als Beispiel des Verhaltens beim Biegungsversuch sei Abb. 34 u. 35 angeführt.

Weniger günstig verhielten sich zwölf von einem Revisionsverein eingelieferte Stäbe.

Abb. 34.

Abb. 35.

Zwei Blechtafeln mit Wassergasschweißung zeigten, daß auch bei diesen an sich bewährten Verfahren weniger gute Ausführungen möglich sind.

IV. Anhang.

Kurze Einführung in die Metallographie von Kesselblechen (vgl. VIIIa, 12.).

An Hand zahlreicher Abbildungen sind diejenigen Ergebnisse der metallographischen Untersuchung erläutert, die für den Leser der vorangegangenen drei Berichte und für das Verständnis anderer Untersuchungen, insbesondere an Kesselblechen, notwendig erschienen. Auch sollte das Verständnis für die zweckmäßige Wärmebehandlung des Flußeisens verbreitet werden, wie es sich auf Grund der neuen Anschauungen ergeben hatte.

4. C. Bach: Versuche mit autogen geschweißten Blechen und Kesselteilen. (VDI. 1910, S. 831ff.)

Ausführlicher wird auf diese Versuche unter Nr. II, 3 eingegangen.

5. R. Baumann: Versuche mit Aluminium, geschweißt und ungeschweißt, bei gewöhnlicher und höherer Temperatur. (VDI. 1911, S. 2016.)

Die Versuche tragen den Bedürfnissen der chemischen Industrie Rechnung, welche Dampfgefäße aus Aluminium verwendet, und betreffen vor allem Schweißungen nach dem Verfahren Heraeus und Bleche (Dicke 4 bis 17 mm), die sowohl in ausgeglühtem, als auch mechanisch bearbeitetem Zustand („abgepritscht“) zur Prüfung gelangten. Die Zugfestigkeit erwies sich mit der Temperatur stark veränderlich, wie die Abb. 36 zeigt. Von den geschweißten Stäben brachen die weitaus meisten außerhalb der Schweißungen.

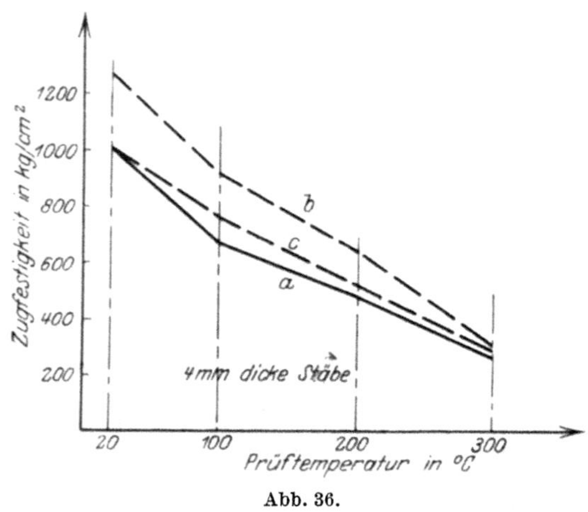

Abb. 36.

a = Stäbe: ausgeglüht und abgepritscht; *b* = Stäbe: nicht ausgeglüht; *c* = Stäbe: geschweißt, ausgeglüht und abgepritscht.

Auf die Ergebnisse der Kugeldruck- und Kerbschlagprobe, sowie der metallographischen Untersuchung sei hier nur verwiesen.

6. R. Baumann: Über den Stand der Untersuchung autogen geschweißter Bleche und Kesselteile. (Prot. d. 41. D.- u. I.-Vers. d. int. Verb. d. D.-Ü.-V. zu Konstanz 1911, S. 28ff.)

Untersucht wurden Ausbesserungen durch Schmelzen mittels Gasflamme und elektrischem Strom, die als recht mangelhaft zu bezeichnen waren und sich auch nicht bewährt hatten; auch eine im Feuer stumpf geschweißte Wasserkammer war zu prüfen. Sie hatte im Betrieb Aufreißen erfahren.

7. P. Zwiauer: Versuche mit überlappt geschweißten Kesselblechen. (VDI. 1912, S. 877ff.)

Untersucht wurden zwei Bleche (1300 × 2000 mm, 15 mm dick), von denen das eine mit der üblichen Sorgfalt, das andere bei absichtlich zu hoher Temperatur im Koksfeuer geschweißt war, vor und nach nochmaligem Ausglühen durch Prüfung von 56 Zugstäben. Von den Ergebnissen sei folgendes angeführt.

1. Ausglühen vermindert die Zugfestigkeit aller Stäbe, die Schweißung hatte also bedeutende mechanische Bearbeitung erfahren.
2. Das zu stark erhitzte Blech zeigt erheblich kleinere Bruchdehnung (vgl. jedoch Nr. II, 10).
3. Das Verhältnis der Zugfestigkeiten der geschweißten und der ungeschweißten Stäbe liegt zwischen 0,92 und 0,99 (gegenüber dem in den deutschen Material- und Bauvorschriften vom Jahre 1908 enthaltenen Wert von 0,70).

8. R. Baumann: Bericht über die Versuche auf dem Gebiet der autogenen Schweißung. (Prot. d. int. Verb. d. D.-Ü.-V. zu München 1912, S. 47ff.)

Die Versuche erstreckten sich auf sechs Einsendungen aus dem Kesselbetrieb. Die bei Nr. II, 1 zu ziehenden Folgerungen waren unverändert beizubehalten.

Abb. 37.

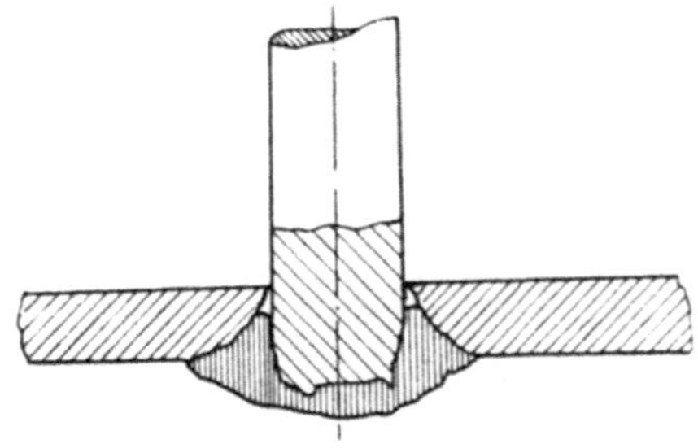

Abb. 38.

Als besonders bedenklich waren elektrische Nietschweißungen nach Abb. 37 u. 38 zu bezeichnen.

9. R. Baumann: Bericht über die Versuche auf dem Gebiet der autogenen Schweißung. (Prot. d. 44. D.- u. I.-Vers. d. int. Verb. d. D.-Ü.-V. 1914, S. 50ff.)

Mehrere Arbeiten, insbesondere auch eine solche, bei der das Schmelzen durch den elektrischen Strom bewirkt war, werden untersucht. Sie bestätigen, daß sich hinsichtlich der angeratenen Vorsicht nichts geändert hat.

10. R. Baumann: Die Bruchdehnung als Maß der Zähigkeit bei geschweißten Stäben. (VDI. 1920, S. 136ff.)

Ist die Schweißstelle dicker als das Blech, so erfahren die dünneren Stabteile größere Beanspruchung und deshalb Streckung. Auch bei großer Zähigkeit der Schmelzstelle findet sich daher geringe Bruchdehnung des ganzen Stabes. Dasselbe tritt bei mangelhafter Verbindung ein, ohne daß die Zähigkeit gering zu sein braucht.

Ist die Schweißstelle schwächer als das Blech, so wird die Festigkeit klein, die Dehnung deshalb ebenfalls klein ausfallen, ohne daß das Material spröde zu sein braucht.

Bei gleichmäßiger Dicke hängt die Dehnung von der Festigkeit der Verbindungsstelle ab. Nur wenn der Stab unter gleicher Beanspruchung bricht, wie ohne Verbindung, kann bei gleichmäßiger Stabdicke ein Unterschied der Bruchdehnung auf die Beeinflussung der Zähigkeit durch das Schweißen selbst zurückgeführt werden.

Auf die Wirkung des Ausglühens, das mit dem Schweißen verbunden ist (die bei kalt bearbeiteten Blechen zu einer Steigerung der Bruchdehnung nach dem Schweißen führen kann), sowie auf diejenige von Biegungsbeanspruchung bei Verkrümmung der Verbindungsstelle wird hingewiesen.

Als Zähigkeitsprüfung wird die Biegeprobe empfohlen, weil nur bei dieser (im Gegensatz zur Zug- und zur Verdrehungsprobe) die größte Formänderung an der Verbindungsstelle erzwungen werden kann, auch wenn sie verdickt ist.

III. Widerstandsfähigkeit zylindrischer Kesselwandungen bei innerem und äußerem Überdruck.

1. C. Bach: Die Berechnung der Stärke zylindrischer Gefäße. (VDI. 1880, S. 283ff.)

Die bis dahin üblichen Gleichungen werden durch Berücksichtigung der von dem Druck auf die Böden herrührenden Axialkraft ergänzt und berichtigt.

Dabei ist Gelegenheit geboten, die Wirkung der Hinderung der Querdehnung auf das Ergebnis von Zerreißversuchen zu besprechen und zu zeigen, daß auf diese Weise zu erklären ist, weshalb z. B. Blechstreifen, die Nietlöcher enthalten, bei Verwendung der üblichen Gleichungen scheinbar eine viel höhere Zugfestigkeit ergeben als prismatische Probekörper.

2. C. Bach: Eine schwache Stelle an manchen unserer Dampfkessel. (Abh. u. Ber., S. 216, VDI. 1894, S. 808.)

Vorkommnisse an Dampfkesseln gaben Veranlassung, die Frage der Widerstandsfähigkeit der Kesselwandung an den Stellen, an denen Stutzen anschließen, also größere Ausschnitte im Blech erfolgen, eingehend zu erörtern.

Wird zunächst von dem Einflusse, den die Verbindung des Stutzenbordes mit der Rohrwandung auf die Widerstandsfähigkeit des letzteren äußert, abgesehen, so lehrt ein Blick auf Abb. 39, die den Grundriß des Rohres darstellt, daß die Verteilung der Zugspannungen über den Längsquerschnitt *A A* infolge des Ausschnittes keine gleichmäßige sein kann, daß

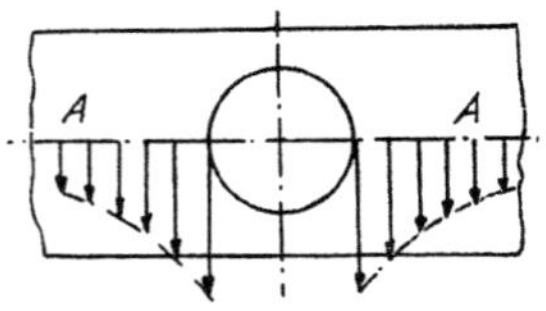

Abb. 39.

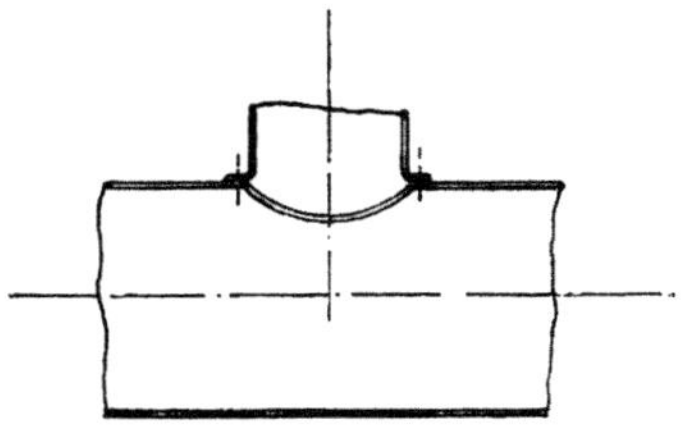
Abb. 40.

die Spannung vielmehr an den Rändern der Lochwandung am größten sein muß und um so mehr sich derjenigen nähert, die im vollen Blech herrscht, je weiter das betreffende Querschnittselement von dem Ausschnitt absteht (etwa so, wie Abb. 39 andeutet). Daß an dieser Ungleichmäßigkeit die übliche Verbindung zwischen Stutzen und Rohr (Abb. 40) nicht viel ändern wird, erkennt man schon aus der Erwägung, daß nach den Sätzen über die Beanspruchung von dickwandigen Hohlzylindern die inneren Fasern am meisten angestrengt sind und daß die Teilnahme der nach außen gelegenen Fasern an der Übertragung mit wachsendem Abstande von der Achse des Zylinders sehr rasch abnimmt. Dazu treten nun hier die Verschwächung durch die Nietlöcher und der weitere Umstand, daß der Stutzen eben doch nur aufgenietet ist, also kein Ganzes mit dem Mantel bildet.

Da die rechnerische Verfolgung der Aufgabe sehr bedeutenden Schwierigkeiten begegnet, wurde der Weg des Versuches beschritten.

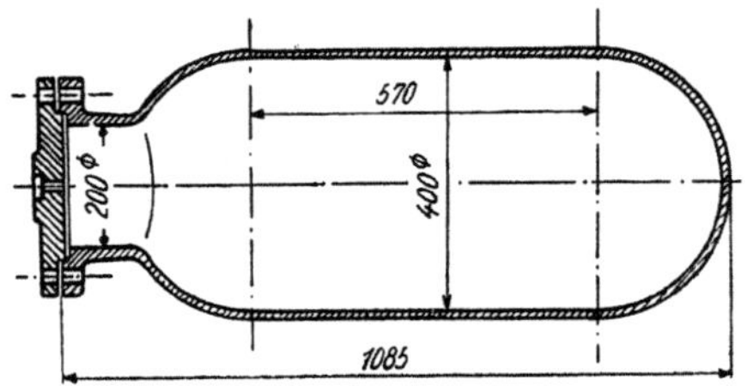

Abb. 41.

Aus dem gleichen zähen Gußeisen wurden zwei Körper hergestellt, einer gemäß Abb. 41 und einer

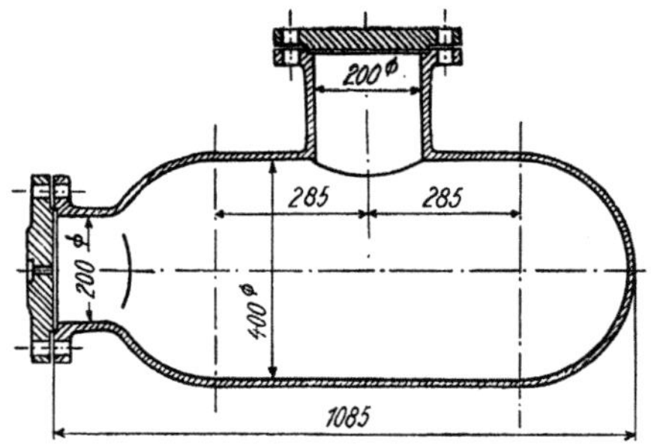

Abb. 42.

gemäß Abb. 42, die sich also nur durch den Stutzen unterscheiden.

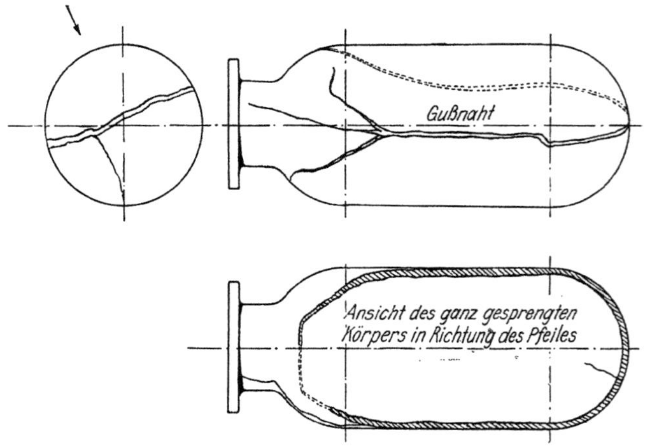

Abb. 43.

Beide wurden durch Wasserdruck gesprengt, die Bruchlinien sind in Abb. 43 u. 44 eingezeichnet. Der hierzu erforderliche Druck betrug im ersten Falle

83 Atm., im letzten Fall 34,5 Atm. Werden diese Drücke im Verhältnis der etwas verschiedenen durchschnittlichen Wandstärken (1,32 und 1,50 cm) umgerechnet, so ergibt sich die Widerstandsfähigkeit des Versuchskörpers ohne Stutzen $\frac{83}{34,5} \cdot \frac{1,5}{1,32} = 2,73$ mal so groß wie die des Körpers mit Stutzen. Die Biegungsfestigkeit des Gußeisens war in beiden Fällen ungefähr gleich groß (2994 und 2942 kg/qcm). Dagegen war die Zugfestigkeit etwas verschieden (1380 und 1438 kg/qcm).

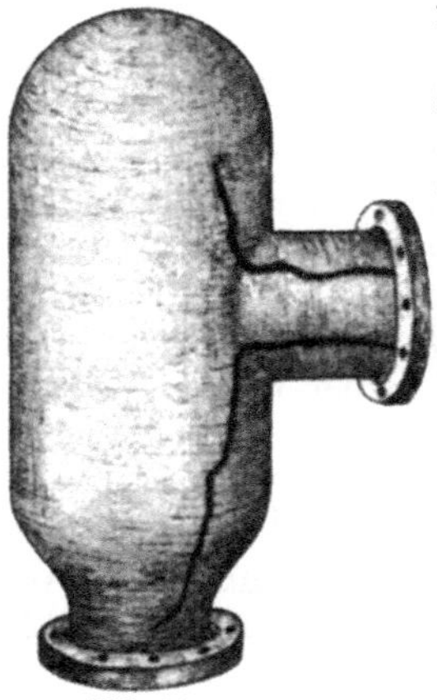

Abb. 44.

Bei einem Ventilkasten mit kurzem, weiten Stutzen dürfte eine Verminderung der Widerstandsfähigkeit infolge des letzteren im Verhältnis 3 bis 4 zu erwarten sein.

Zu der besprochenen Schwächung der Widerstandsfähigkeit durch den Stutzen treten nun unter Umständen weitere Einflüsse.

So zeigt z. B. Abb. 45, daß durch die Anordnung des Stutzenausschnittes bedeutende Kräfte auftreten, die die beiden Kesselschüsse auseinanderdrücken und damit eine starke Biegungsbeanspruchung der Kesselwand nahe der Krempe hervorrufen. Liegen die beiden Kessel übereinander, so kann z. B. infolge Senkung der Lagerung des Unterkessels weitere Beanspruchung durch das Eigengewicht hinzutreten.

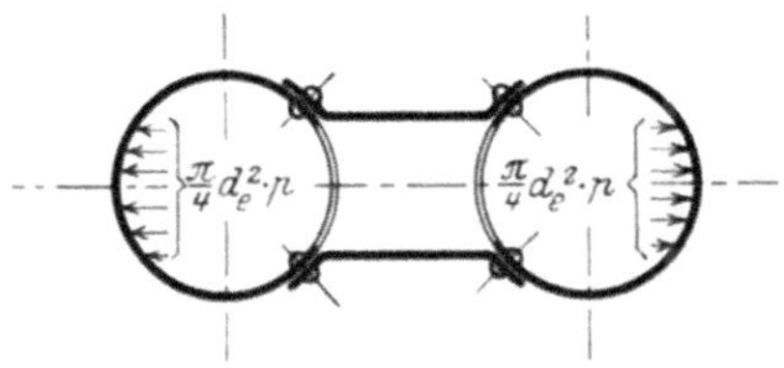

Abb. 45.

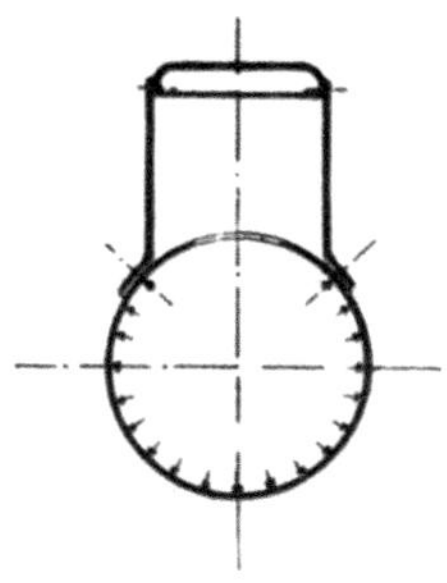

Abb. 46.

Schließlich wird gezeigt, daß das Blech innerhalb von Domen usf., wenn der Ausschnitt kleiner ist als deren Durchmesser (Abb. 46), so daß es von beiden Seiten her dem Flüssigkeitsdruck ausgesetzt ist, unter der Wirkung der in der Kesselwand herrschenden Umfangsspannung Neigung erfährt, sich flach zu ziehen, was Biegungsbeanspruchung hervorbringt: Würde der Kesseldruck auf solche Blechteile nur von einer Seite her wirken, so würden die Umfangskräfte die Aufrechterhaltung der kreiszylindrischen Form sicherstellen.

3. C. Bach: Zwei Versuche zur Klarstellung der Verschwächung zylindrischer Gefäße durch den Mannlochausschnitt. (Mitt. über Forsch. H. 9, S. 78ff. VDI. 1903, S. 25ff.)

Im August 1902 explodierte ein kleiner Dampfkessel unter Erzeugung bedeutenden Materialschadens, ausgehend von dem unverstärkten und mit der langen Achse parallel zur Kesselachse gerichteten Mannloch. Das geringwertige Schweißeisenblech war 25 Jahre alt. Trotzdem wurde der Anlaß benützt, um zur Klarstellung der Beanspruchungsverhältnisse beizutragen durch Prüfung von zwei gußeisernen Körpern nach Abb. 47 u. 48.

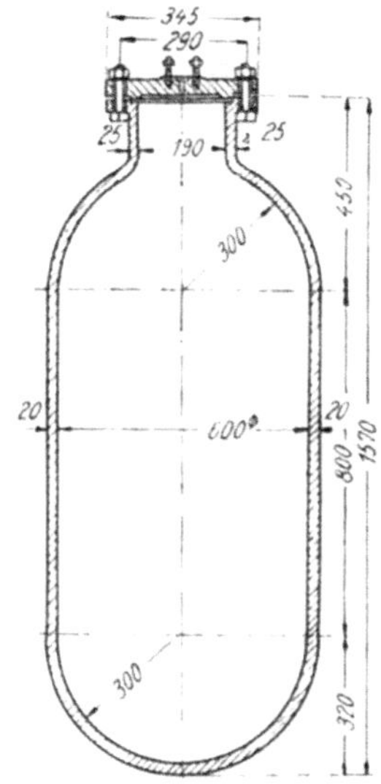

Abb. 47.

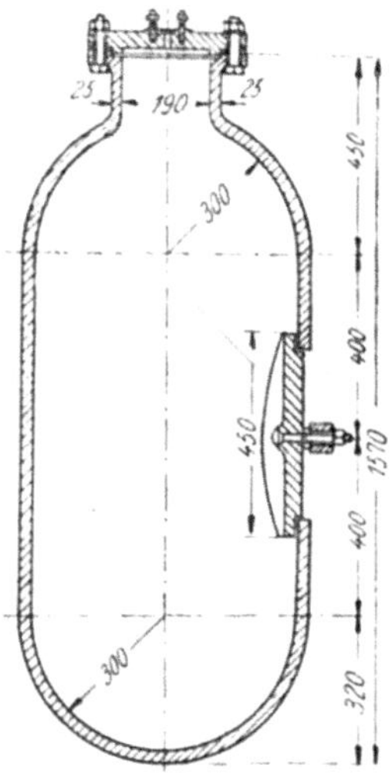

Abb. 48.

Zum Aufsprengen nach Abb. 49 u. 50 waren erforderlich 67,4 Atm., für den Körper mit Mannloch 22,4 Atm. Nach Berücksichtigung der Ungleich-

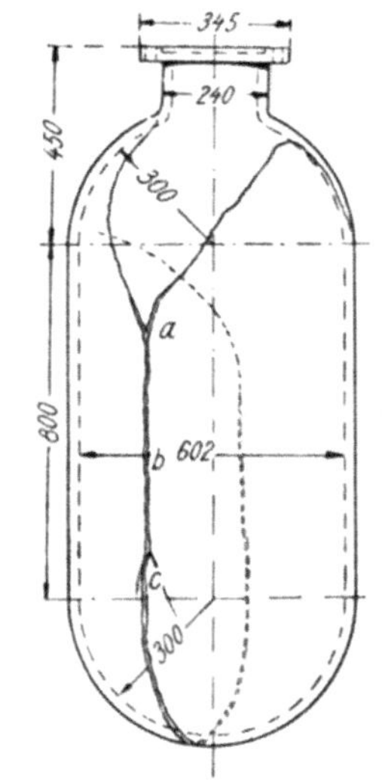

Abb. 49.

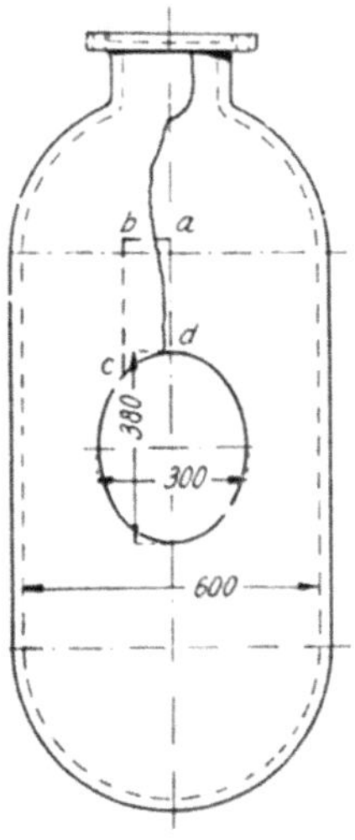

Abb. 50.

förmigkeit der Wandstärken, der Fehlstellen und der Verschiedenheit des Gußeisens ergibt sich eine Verminderung der Widerstandsfähigkeit als Folge des Mannlochausschnittes im Verhältnis von

1 : 3,27

Bei den Versuchen, über die unter Nr. III, 2 berichtet ist, fand sich die Verminderung von

1 : 2,73

Der Grund ist wieder die ungleichmäßige Verteilung der Zugspannungen über den Querschnitt, wozu die Inanspruchnahme des Lochrandes auf Biegung durch den Druck tritt, mit dem der Mannlochdeckel beim Anziehen des Bügels sowie durch den Überdruck gegen die Wandung gepreßt wird.

4. C. Bach: Erörterung der Frage der Widerstandsfähigkeit von Flammrohren gegenüber äußerem Überdruck. (Vgl. C. Bach: „Die Maschinenelemente" [XV].)

Diese wichtige Frage ist zwar nicht in einer besonderen Abhandlung bearbeitet worden, sondern erstmals in der zweiten Auflage der „Maschinenelemente". Doch erschien es in der vorliegenden Übersicht angezeigt, die ersten Darlegungen zu kennzeichnen.

Die Frage der Widerstandsfähigkeit der Flammrohre war schon vorher von verschiedenen Seiten in Angriff genommen worden (preußische Vorschrift, Fairbairn, Grashof, Richards, Love, Hütte, Wehage u. a.), doch entsprechen alle aufgestellten Gleichungen nicht den zu stellenden Anforderungen. Diese verlangen:

1. daß die Druckbeanspruchung das zulässige Maß nicht übersteigt,

2. daß die Widerstandsfähigkeit gegen Einbeulen durch das Verhältnis $l:d$ (freie Länge l des Rohres zwischen etwaigen Verstärkungen: Durchmesser d) beeinflußt wird; sehr kurze Rohre können also im Grenzfall nicht eingebeult werden, sondern bei ihnen wird die zulässige Druckbeanspruchung überwunden, dasselbe gilt für Wellrohre,

3. daß die verschiedenen Verhältnisse der Formgebung (Vollkommenheit der Kreisform, Schweißnaht oder Fehlen einer solchen) sowie des Erwärmungszustandes (wagrechte oder senkrechte Anordnung usf.) zum Ausdruck gelangen.

Dem entspricht die Beziehung

$$s = \frac{p \cdot d}{4 \cdot k}\left(1 + \sqrt{1 + \frac{a}{p} \frac{1}{1 + \left(\frac{d}{l}\right)^x}}\right) + c$$

in der bis auf weiteres $x = 1$ gesetzt werden darf und bedeuten

p den äußeren Überdruck in kg/qcm,
s die Wandstärke des Rohres in cm,
d dessen Durchmesser in cm (strenggenommen den äußeren),
l die Länge des Rohres in cm bzw. den Abstand der wirksamen Rohrversteifungen,
c einen Zuschlag,
k die zulässige Druckbeanspruchung des Rohrmaterials,
a eine Zahl, die gewählt werden kann, zwischen 100 bei überlappter Längsnaht und liegenden Kesseln, bis etwa 50 für geschweißte Rohre stehender Kessel.

Die Brauchbarkeit der Gleichung ist an Hand der vorliegenden Versuche geprüft worden. Sie ist in die Hamburger Normen des Internationalen Verbandes der Dampfkessel-Überwachungsvereine sowie in die Deutschen Bauvorschriften für Landdampfkessel übergegangen (vgl. auch Nr. III, 5, 6). Wesentlich, und inzwischen Allgemeingut geworden, sind die Erörterungen über die Wirkung der Betriebseinflüsse auf die Widerstandsfähigkeit der Flammrohre und auf die Wechselwirkung zwischen Flammrohren und Böden (deren Größe auch von der Elastizität der Rohre abhängt), hinsichtlich welcher auf die Maschinenelemente verwiesen werden muß, da sie zu mannigfaltig sind, um kurze Kennzeichnung angezeigt erscheinen zu lassen. Über die Elastizität verschiedener Flammrohre vgl. Nr. III, 8 und III, 9).

5. C. Bach: Die auf der Kaiserlichen Werft in Danzig von 1887 bis 1892 ausgeführten **Versuche über die Widerstandsfähigkeit von Flammrohren.** (Abh. u. Ber., S. 207. VDI. 1894, S. 689. Versuche über die Widerstandsfähigkeit von Kesselwandungen.)

Nach eingehender Würdigung der Versuche wird die vom Verfasser aufgestellte Gleichung zur Berechnung der Flammrohre, d. h. der Pressung, die bei wirkendem äußerem Überdruck Einbeulung des Flammrohres bewirkt, an Hand der Versuchsergebnisse geprüft und ihre Brauchbarkeit nachgewiesen.

Damit war gegenüber der zuvor bestehenden weitgehenden Unsicherheit — die bis dahin für zutreffend erachteten Gleichungen erwiesen sich bei genauerer Verfolgung als ganz unhaltbar, sie berücksichtigten die tatsächlichen Verhältnisse in keiner Weise — Klarstellung erfolgt und die Möglichkeit geschaffen, auch versteifte Rohre sowie Wellrohre zuverlässig zu berechnen. Über die Gleichung siehe Nr. III, 4.

6. C. Bach: Zur Berechnung der Wandstärke von Feuerbüchsen und Feuerrohren stehender Kessel. (VDI. 1895, S. 845.)

Es wird dargelegt, daß bei stehenden Kesseln der Erfahrungswert a der vom Verfasser aufgestellten Gleichung (s. Nr. III, 4) zur Berechnung von Flammrohren kleiner gewählt werden darf als bei liegenden Flammrohren, weil die Einseitigkeit der Inanspruchnahme, insbesondere der Erwärmung durch die Heizgase, entfällt. Eine Verminderung dieses Wertes von 100 auf 70 bei überlappt genieteter Längsnaht und von 80 auf 50 bei geschweißter Längsnaht wird für zulässig erachtet.

Die Regel, daß die zu wählende Blechdicke ein gewisses Mindestmaß nicht unterschreiten darf, bleibt unberührt. Versteifende Querrohre können in der üblichen Weise berücksichtigt werden.

7. C. Bach: Unfälle an Dampfgefäßen und die Beanspruchung der Zylinderwandungen solcher Gefäße auf Biegung durch die Flanschenverbindung. (Z. bayr. Rev.-V. 1901, Nr. 1.)

Veranlassung zu der Arbeit ergab der Bruch des in Abb. 51 dargestellten, doppelwandigen Dampf-

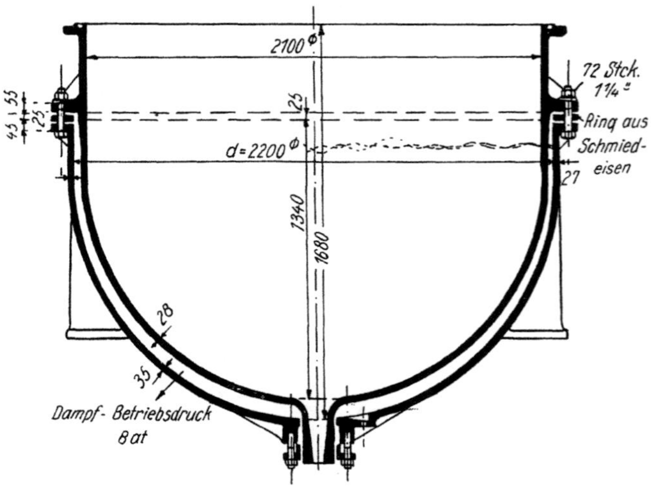

Abb. 51.

gefäßes bei der amtlichen Wasserdruckprobe unter $p = 12$ Atm. (Betriebsdruck 8 Atm.). Der Bruch erfolgte an der schwächsten Stelle der Wand (Stärke daselbst rund 27 mm gegen 35 mm an der gegenüberliegenden Seite). Die Bruchfläche war im ganzen gesund. Bedeutende Gußspannungen waren nicht vorhanden, da die Bruchlinie nicht klaffte. Abb. 52 zeigt die Abwicklung der Bruchlinie; sie nähert sich der Flansche immer zwischen zwei Rippen und entfernt sich von derselben an den Rippenstellen.

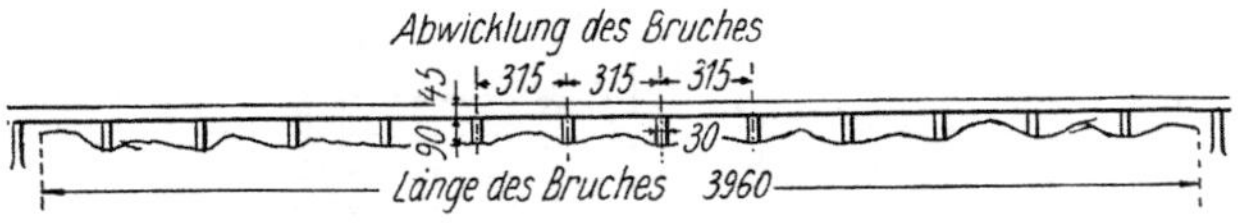

Abb. 52.

Der genauen Berechnung der Inanspruchnahme des Gefäßes an der Bruchstelle setzen sich bedeutende Schwierigkeiten entgegen, wie sich aus dem späteren noch näher ergeben wird. Der Verfasser pflegte seit etwa drei Jahrzehnten folgenden Annäherungsweg einzuschlagen, wobei vorausgesetzt wird, daß die Mitte des Dichtungsdruckes ungefähr in die Mittelfläche der zylindrischen Gefäßwand fällt, wie in Abb. 53 (vgl. den senkrecht abwärts gerichteten Pfeil) angenommen ist.

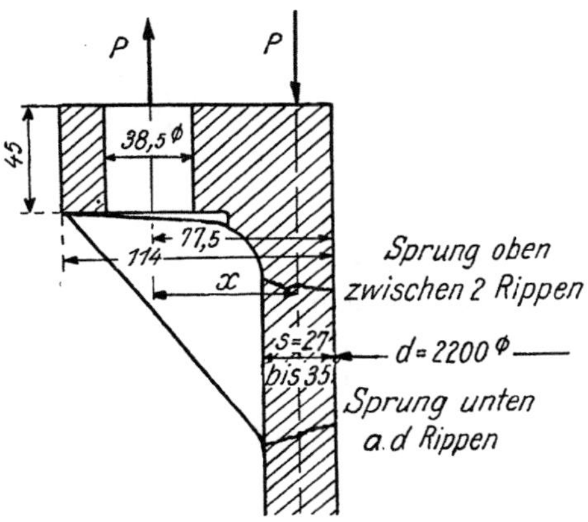

Abb. 53.

Auf die zylindrische Wand vom inneren Durchmesser $d = 220$ cm und der Wandstärke $s = 2{,}7$ cm entfällt von der Flüssigkeitspressung p auf 1 cm des mittleren Umfanges $\pi(d+s) = \pi(220 + 2{,}7)$ eine Belastung

$$P = \frac{\frac{\pi}{4} d^2 \cdot p}{\pi(d+s)} = \frac{d^2 \cdot p}{4(d+s)}, \tag{1}$$

wofür bei dem verhältnismäßig großen Durchmesser mit Annäherung

$$P = \frac{d \cdot p}{4} \tag{2}$$

gesetzt werden darf, die hierin liegende Ungenauigkeit beträgt im gegebenen Fall rund 1,2 %.

Die Kraft p rührt lediglich von der Flüssigkeitspressung auf die Fläche $\frac{\pi}{4} d^2$ her. Da diese Pressung sich jedoch in die Dichtungsfläche, also über d hinaus, erstreckt, und da die Abdichtung zu sichern ist, so müssen die Schrauben stärker angezogen werden, etwa so, daß statt P die Kraft $P\psi$, worin ψ eine Zahl größer als 1 ist, gegenüber der Flansche wirksam wird. Nimmt man an, daß die Flüssigkeitspressung voll bis in die Mitte der Dichtung reicht und deren Breite s beträgt, so ist der Mindestwert von ψ

$$\left(\frac{d+s}{d}\right)^2 = \left(1 + \frac{s}{d}\right)^2.$$

Die zylindrische Wand erfährt in Richtung der Gefäßachse durch die Kraft P die Zugspannung

$$\sigma_z = \frac{P}{s} = \frac{pd}{4s} \tag{3}$$

und durch die Kraft ψP Beanspruchung auf **Biegung** mit dem Hebelarm $x = 7{,}75 - 1{,}35 = 6{,}4$ cm. Würde das durch zwei Radialebenen herausgeschnitten gedachte Wandstück von 1 cm mittlerer Länge, gezeichnet in Abb. 54, durch den Zusammenhang an den Schnittflächen, in welchem es sich tatsächlich in dem Gefäß befindet, nicht beeinflußt, so ergäbe sich die Biegungsbeanspruchung σ_b aus der Gleichung

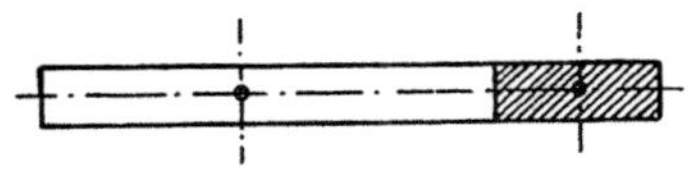

Abb. 54.

$$\psi \cdot P x = \frac{1}{6} \sigma_b \cdot s^2,$$

wenn der trapezförmige Querschnitt als Rechteck von der Breite l und der Höhe s aufgefaßt wird, was jedenfalls im vorliegenden Fall mit großer Annäherung zulässig erscheint. Nun ist aber dieser Einfluß des seitlich sich anschließenden Materials vorhanden und deshalb nur ein Bruchteil des biegenden Moments $\psi P \cdot x$, etwa $\mu \psi P x$, worin $\mu < 1$, in die Rechnung einzuführen. μ hat hierbei den Charakter eines aus Versuchen zu bestimmenden Berichtigungskoeffizienten. Damit ergibt sich alsdann

$$\mu \cdot \psi \cdot P x = \frac{1}{6} \cdot \sigma_b \cdot s^2, \tag{4}$$

woraus mit Rücksicht auf Gl. 2

$$\sigma_b = \frac{6 \mu \psi P x}{s^2} = \frac{3 \mu \psi p d x}{2 s^2}. \tag{5}$$

Bei Gußeisen sind wegen der Veränderlichkeit des Dehnungskoeffizienten (Elastizitätsmoduls) σ kg der so ermittelten Biegungsanstrengung nicht gleichwertig σ kg Zugspannung, vielmehr verhält sich für rechteckigen Querschnitt die Widerstandsfähigkeit etwa wie 1,7 : 1, d. h. die Biegungsspannung, ermittelt in üblicher Weise, kann 1,7 mal so hoch gesteigert werden als die Zugspannung beträgt, bis in beiden Fällen der Bruch eintritt[1]). Wird demgemäß dieses Verhältnis der Biegungsfestigkeit K_b zur Zugfestigkeit K_z in die Rechnung eingeführt, so findet sich für den Bruch

$$1{,}7\,\sigma_z + \sigma_b = K_b,$$

oder auch

$$\sigma_z + \frac{1}{1{,}7}\sigma_b = K_z,$$

$$\frac{dp}{4s} + \frac{1}{1{,}7} \cdot \frac{3\mu \cdot \psi d p x}{2 s^2} = K_z \tag{6}$$

und hieraus die Flüssigkeitspressung p, bei welcher der Bruch zu erwarten stand

$$p = \frac{K_z}{\left(\frac{3}{3{,}4} \mu \psi \cdot \frac{x}{s^2} + \frac{1}{4s}\right) d}. \tag{7}$$

[1]) Vgl. C. Bach: Elastizität und Festigkeit. § 20 und § 22.

Für Gußeisen wählte der Verfasser $\mu = {}^1/_2$[1]). Wird $\psi = 1{,}2$, also nicht groß, und $K_z = 1500$ kg/qcm gesetzt, somit ein gutes Gußeisen vorausgesetzt, so findet sich nach Gl. (7),

$$p = \frac{1500}{\left(\frac{3 \cdot 0{,}5 \cdot 1{,}2}{3{,}4} \cdot \frac{6{,}4}{2{,}7^2} + \frac{1}{4 \cdot 2{,}7}\right) \cdot 220} = 12{,}4 \text{ Atm.}$$

gegenüber 12 Atm., bei welchem Druck der Bruch tatsächlich eingetreten ist.

Unter der Pressung von $p = 12$ Atm. ergibt sich die Zugbeanspruchung nach Gl. (3)

$$\sigma_z = \frac{220 \cdot 12}{4 \cdot 2{,}7} = 244 \text{ kg/qcm.}$$

und die Biegungsbeanspruchung nach Gl. (5)

$$\sigma_b = \frac{3 \cdot 0{,}5 \cdot 1{,}2 \cdot 220 \cdot 6{,}4 \cdot 12}{2 \cdot 2{,}7^2} = 2086 \text{ kg/qcm.}$$

somit

$$\sigma_z : \sigma_b = 244 : 2086 = 1 : 8{,}55$$

also die Biegungsbeanspruchung außerordentlich überwiegend, zu einem bedeutenden Teil die Folge des großen Hebelarms x, an dem die Schraubenkräfte wirksam sind. Dieser hervorragende Einfluß der Biegungsinanspruchnahme zeigt sich auch deutlich in dem Verlauf der Bruchlinie Abb. 52, wie oben besprochen wurde. Eine Verminderung von σ_b wäre — konstruktiv genommen — ohne Schwierigkeit möglich gewesen.

Daß das Gefäß schon bei der Kaltwasserprobe gesprungen ist, muß als ein Glück bezeichnet werden. Im Betriebe durch Dampf bis 8 Atm. Überdruck belastet, hätte es zu einem schweren Unfall führen können. Die Herstellung eines solchen Gefäßes von 2200 mm Durchmesser im Lichten und für 8 Atm. Überdruck aus Gußeisen kann im Interesse der Betriebssicherheit mindestens nicht als zweckmäßig angesehen werden.

D u r c h V e r s u c h e ist es möglich geworden, festzustellen, inwieweit der zunächst lediglich durch Schätzung in die Rechnung eingeführte Wert $\mu = {}^1/_2$ ausreichend zutreffend erscheint. Die Versuche betrafen ein A b s p e r r v e n t i l von 300 mm Durchgangsweite, ein solches von 200 mm Weite, einen Hohlzylinder von 315 und einen solchen von 307 mm Weite, je aus Gußeisen bestehend. Der oben angegebene Rechnungsgang führt zu Werten von $\mu = 0{,}696$, 0,44, 0,454 und 0,281, aus denen weitere Erörterungen über die Größe von μ abgeleitet werden, die insbesondere ergeben, daß μ kleiner zu wählen ist, wenn die Höhe h der Flanschen größer wird im Verhältnis zur Wandstärke s der Gefäße.

B e s p r e c h u n g e i n e s z w e i t e n U n f a l l e s. Als solcher soll die in der Zeitschrift des Bayerischen Revisionsvereins 1900, S. 78 u. 79, S. 114—116 besprochene Explosion eines Trockenzylinders der Aktiengesellschaft für Maschinenpapierfabrikation in Aschaffenburg herausgegriffen werden. Aus dem zur Verfügung gestellten Material ergeben sich die in Abb. 55 eingetragenen Abmessungen.

[1]) Inwieweit diese Wahl, welche ursprünglich nur ganz schätzungsweise erfolgen konnte, durch spätere Versuche als zutreffend oder unzutreffend sich ergibt, wird noch zu erörtern sein.

Der Bruch soll bei 4 Atm. Spannung erfolgt sein. Die Wandstärke wurde zwischen 24 und 29 mm schwankend gefunden; an einer erheblichen Strecke des Umfangs betrug sie im Mittel 25 mm. Die Bruchfläche soll nach dem einen Gutachten sogenannte alte Anbruchstellen gezeigt haben, so daß vielfach nur noch eine tragende Gußstärke von 10—12 mm vorhanden gewesen sei. Der Boden war eingenietet und am Umfange, wie in Abb. 55 der Pfeil andeutet, verstemmt worden. Die Formänderung, welche das Zylinderende erfährt, ist in Abb. 56 in übertriebenem Maße dargestellt.

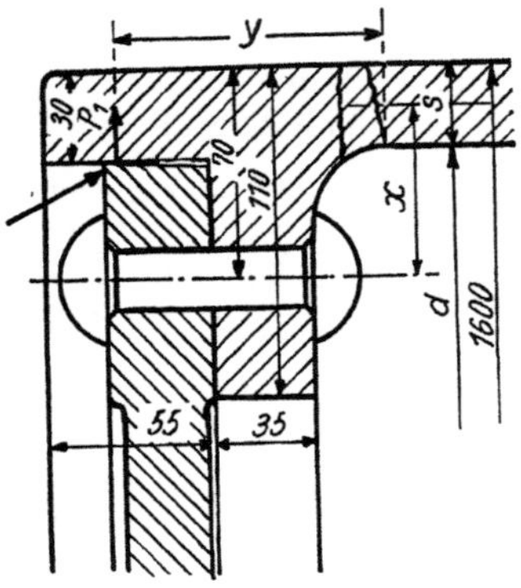

Abb. 55.

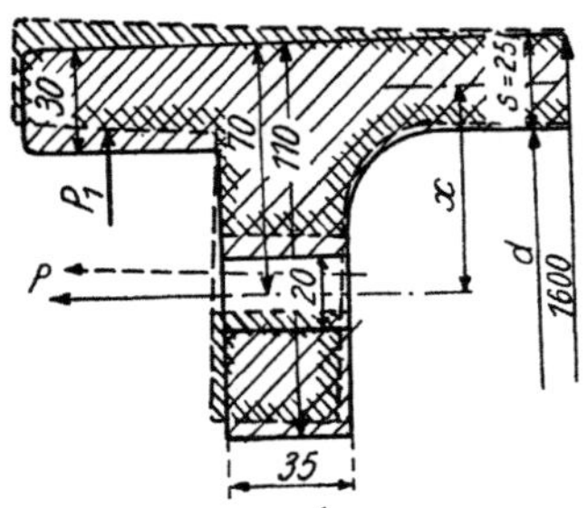

Abb. 56.

a) Mit Annäherung bestimmt sich in gleicher Weise wie oben angegeben worden ist, die Biegungsbeanspruchung [Gl. (5)] durch die axiale Flanschenkraft P mit $\mu = 0{,}5$, $\psi = 1$ für $s = 2{,}5$ cm, $d = 160 - 2 \cdot 2{,}5$ cm und $x = 7{,}0 - \frac{2{,}5}{2} = 5{,}75$ cm zu

$$\frac{3 \cdot 0{,}5 \cdot 155 \cdot 4 \cdot 5{,}75}{2 \cdot 2{,}5^2} = 428 \text{ kg/qcm.}$$

b) Hierzu gesellt sich noch die Zugbeanspruchung (Gl. 3)

$$\sigma_z = \frac{4 \cdot 155}{4 \cdot 2{,}5} = 62 \text{ kg/qcm.}$$

Ferner tritt hierzu die Biegungsbeanspruchung durch die infolge des Verstemmens wachgerufenen Radialkräfte P_1 Abb. 56 (vgl. auch Abb. 55). Ihre Wirkung kann eine bedeutende sein, da sie an einem Hebelarm $y =$ rund 9 cm angreifen. Eine rechnungsmäßige Feststellung ist der Natur der Sache nach nicht möglich. Jedenfalls aber muß ausgesprochen werden, daß durch kräftiges Verstemmen die Biegungsinanspruchnahme im Bruchquerschnitt sehr beträchtlich gesteigert werden kann[1]).

[1]) Hinsichtlich des Verstemmens von Gußeisen, das vielfach für unwirksam gehalten wird, ist zu beachten, daß seine Wirksamkeit an gewisse Voraussetzungen gebunden ist.

Zunächst muß es sich um zähes Gußeisen handeln, wie es von guten Fabriken z. B. für Dampfzylinder zu Ventilgehäusen, welche in Rohrleitungen für hohen Dampfdruck Verwendung finden sollen usw. benützt wird. Sodann darf das Stemmwerkzeug der Kante nicht zu nahe kommen, um Abbröckeln zu vermeiden. Es muß vielmehr gestrebt werden, durch Stauchen der Stirnfläche des Bodens (vgl. Abb. 55) in einem Abstande von etwa 1 cm vom Bodenrande diesen um einen geringen, aber ausreichenden Betrag nach außen zu treiben. Nach Versuchen, die der Verfasser angestellt hat, ist ein solches Verstemmen möglich, vorausgesetzt, daß die beiden Flächen, welche sich durch das Verstemmen pressend gegeneinander legen und dadurch dichten sollen, bereits vor dem Verstemmen einander berühren oder doch nur sehr wenig voneinander abstehen.

d) Außerdem gesellt sich noch die Biegungsanstrengung hinzu, die davon herrührt, daß der bei seinen Abmessungen zu Deformationen stark geneigte Boden infolge der Verbindung mittels Nieten nicht bloß eine Axialkraft auf die Flansche äußert, sondern auch ein biegendes Moment; ähnlich wie ein eingespannter Balken für die beiden Befestigungsstellen nicht nur einen Widerlagsdruck, sondern auch ein biegendes Moment liefert, worin es ja eben begründet liegt, daß durch die Einspannung die Beanspruchung des Balkens vermindert wird. Um diese weitere zusätzliche Biegungsbeanspruchung rechnerisch zu ermitteln, müßte die Formänderung des Zylinders und des Bodens rechnerisch verfolgt werden, was mit z. Z. unüberwindlichen Schwierigkeiten verknüpft ist.

e) Von den wechselnden Anstrengungen durch den Zapfendruck der Zylindernabe wollen wir absehen.

Jedenfalls erkennen wir aber soviel, daß selbst bei Außerachtlassung von alten Anbruchstellen die Anstrengung schon weit größer ist als man sie sonst gestattet; denn wir kommen auf eine Biegungsbeanspruchung von mindestens 700 kg/qcm, wenn die Zugspannung in Biegungsanstrengung $62 \cdot 1{,}7 = 105$ kg/qcm umgesetzt wird und die Inanspruchnahme nach c und d nur mit 167 kg/qcm schätzungsweise eingeführt wird.

Treten nun hierzu noch Gußspannungen und vielleicht auch noch ein Mehr an Beanspruchung infolge Überschreitung der Dampfpressung — der Kesseldruck beträgt 10 Atm. — so ist die Wahrscheinlichkeit für den Bruch außerordentlich groß.

Daß zunächst eine nicht durch die ganze Wand gehende und von außen gar nicht zu entdeckende Rißbildung stattgefunden hat, ist leicht möglich. Trat sie ein[1]), so verminderten sich sofort die unter c und d angegebenen Beanspruchungen, auch für die Gußspannungen kann dies zutreffen. Dagegen vermehrt sich allerdings σ_b und σ_z (vgl. unter a und b). Für $s = 12$ mm steigt σ_b bei $p = 4$ Atm.

$$\sigma_b = \frac{3 \cdot 0{,}5 \cdot 157{,}6 \cdot 4 \cdot 6{,}4}{2 \cdot 1{,}2^2} = 2101 \text{ kg/qcm}.$$

Hierzu

$$\sigma_z = \frac{4 \cdot 157{,}6}{4 \cdot 1{,}2} = 131 \text{ kg/qcm}$$

Nach den über die Untersuchung des Unfalles vorgelegten Mitteilungen des mit der Untersuchung betraut gewesenen Beamten war im vorliegenden Fall dieses Stemmen nicht bloß an dem Boden des explodierten Zylinders, sondern auch an den Böden der übrigen von derselben Fabrik gelieferten Trockenzylinder deutlich zu erkennen. Der Bericht sagt weiter, daß die Tatsache des Stemmens bzw. Stauchens vorliegt, beweist ferner das Aussehen des Bodenrandes. In obenstehender Abb. 56 (diese entspricht zum Teil der Darstellung in Abb. 55) ist dargestellt, wie der ursprünglich im rechten Winkel abgestochene Boden so nach außen gestaucht ist, daß der obere Teil des Randes bis 1 mm außer dem rechten Winkel steht. Dort ist das Aussehen von Bodenrand und Zylindervorsprung glatt glänzend, wogegen nach unten noch deutlich die Spuren vom Abdrehen zu erkennen sind. Außerdem war am Zylindervorsprung rundum deutlich der Eindruck des eingestauchten Bodens sichtbar.

Daß zu den Zylinderböden der vorliegenden Art zähes Material zu verwenden ist, liegt auf der Hand.

Mit der vorstehenden Darlegung ist selbstverständlich nicht bezweckt, dem Verstemmen der gußeisernen Zylinderböden das Wort zu reden.

[1]) Inwieweit ihr durch das Einnieten des Bodens Vorschub geleistet worden sein kann, soll dahin gestellt bleiben.

wodurch die Widerstandsfähigkeit des Materials als vollständig erschöpft angesehen werden kann.

Die Konstruktion, welche in der Zeitschrift des Bayerischen Revisionsvereins 1900, S. 116 in Abb. 120 dargestellt ist, verdient den Vorzug.

Schlußbemerkung.

Bei der Konstruktion von Dampfgefäßen, wie sie im vorstehenden besprochen worden sind, muß der Biegungsbeanspruchung der Wand fortgesetzt die ihr in hohem Maße zukommende Aufmerksamkeit geschenkt werden. Diese Inanspruchnahme ist nach Möglichkeit klein zu halten, namentlich durch tunlichste Verminderung der Hebelarme, an welchen die auf Biegung wirkenden Kräfte angreifen.

Der angegebene Weg zur näherungsweisen Ermittlung der Biegungsbeanspruchung der Zylinderwand dürfte in Zukunft den Konstrukteur wie auch den Revisionsingenieur in den Stand setzen, die ihnen auf dem zur Erörterung stehenden Gebiete obliegende Aufgabe so zu erfüllen, daß schwere Unfälle, wie sie in neuer und neuester Zeit wiederholt vorgekommen sind, nach Möglichkeit vermieden werden, wenigstens insoweit die Unterschätzung oder vollständige Vernachlässigung der Biegungsinanspruchnahme die Schuld gehabt hat.

8. C. Bach: Die Unterschiede in der Elastizität der „Morison"-Wellrohre gegenüber den „Fox"-Wellrohren. (Prot. d. 33. D.- u. I.-Vers. d. int. Verb. d. D.-Ü.-V. zu Barmen-Elberfeld 1904, S. 119ff.)

Im Zusammenhang mit den Darlegungen unter Nr. III, 4 sowie V, 3 und Nr. V, 4 war die Elastizität, d. h. Nachgiebigkeit der Wellrohre gegenüber den Axialbelastungen zu ermitteln. Untersucht wurde ein Morison-Rohr von durchschnittlich 9,2 mm Blechdicke und ein Fox-Rohr von 9,6 mm Blechdicke, deren Durchmesser 851/760 und 845/753 mm betrugen. Gemessen wurden die Zusammendrückungen für verschiedene Axialkräfte. Z. B. fand sich für die Lasten von 60000 kg auf die Länge von 1 m

	eine federnde	bleibende
	Zusammendrückung	
beim Morison-Rohr . . .	17,06	0,005 mm
beim Fox-Rohr	21,77	0,013 „

Das Fox-Rohr ist also um fast 30% nachgiebiger, trotz seiner größeren Wandstärke, d. i. ungefähr im Verhältnis der Wellenzahlen auf 1 m Länge.

Die Streckgrenze wurde erreicht

beim Morison-Rohr unter etwa 80000 kg,
beim Fox-Rohr . . „ „ 90000 „

Vgl. auch Nr. III, 9.

9. C. Bach: Versuche über die Elastizität von Flammrohren mit einzelnen Wellen. (Mitt. ü. Forschungsarb. 1906, H. 33, S. 39ff.)

Die Versuche schließen an an die unter Nr. III, 8 besprochenen. Geprüft wurden zwei Pommé-Rohre mit 8,3/10,2 bzw. 11,9/14,7 mm Blechdicke und 747 bzw. 745 mm lichter Weite und 88 bzw. 86 mm Wellentiefe. Auf der Laststufe 1050 bzw. 1000 bei 30000 kg (Axialkraft) betrugen die federnden Zusammendrükkungen: 3,005 bzw. 1,170 mm, die bleibenden Zusammendrückungen: 0,113 bzw. 0,010 mm auf die Länge von rund 1 m. Die Streckgrenze war erreicht bei einer Axialkraft von rund 30000 bzw. rund 70000 kg.

Werden die Federungen verglichen, so findet sich, daß das erste Pommé-Rohr weit elastischer ist als das geprüfte Fox-Rohr.

Über ein Verfahren zur Berechnung der axialen Zusammendrückungen vgl. R. Baumann in der VDI. 1910, S. 1675ff. Es führt zu folgenden Werten für die axiale Federung für eine Welle bzw. den Abstand L

a) Fox- und Morison-Rohr

$$\delta = \frac{A Q \alpha L w^2}{s^3}.$$

b) Pommé-Rohr

$$\delta = \frac{\alpha Q w^2}{s^3}\left(\frac{L}{4} + 2w\right),$$

worin

$A = 1{,}1$ für das untersuchte Fox-Rohr und $= 0{,}8$ für das untersuchte Morison-Rohr,

Q die Belastung auf 1 cm Rohrumfang im Wellental,

α die Dehnungszahl,

w die Wellentiefe,

s die durchschnittliche Wandstärke,

L die Bogenlänge einer Welle (Fox- und Morison-Rohr) bzw. den Abstand zweier Wellen (Pommé-Rohr).

10. C. Bach: Zur Frage der zulässigen Abweichungen der Flammrohre von der Kreisform. (VDI. 1910, S. 1018. [Vorgetragen im Württembergischen Bezirksverein des Vereines deutscher Ingenieure.])

Den Anlaß zur Beschäftigung mit dem bezeichneten Gegenstande gab ein Schreiben des preußischen Herrn Ministers für Handel und Gewerbe vom 26. November 1908 an den Herrn Reichskanzler, in dem die Frage gestellt wurde:

„welche Abweichungen von der Kreisform bei der Herstellung von Flammrohren und der Kesselböden nach den zurzeit vorliegenden Erfahrungen als zulässig gelten und von den Fabrikanten eingehalten werden müssen?“

Diese Frage war vom Reichskanzler der deutschen Dampfkessel-Normenkommission zur Beratung überwiesen worden.

In den hierdurch veranlaßten Verhandlungen habe ich das folgende bemerkt:

„Die in dem Schreiben des Herrn Ministers für Handel und Gewerbe vom 26. November 1908 zum Ausgangspunkt genommenen Beobachtungen, dahingehend, daß bei dem Betrieb von Flammrohrkesseln eine auffallend große Zahl von Flammrohren unrunder Beschaffenheit vorkommen, enthalten nichts Neues, insbesondere nichts, auf das die Aufmerksamkeit der Sachverständigen erst gelenkt werden müßte. Um das im Interesse der Sache ausreichend klarzustellen, ist ein kurzer Rückblick nötig, wobei ich mich auf die Landdampfkessel beschränken darf.

Wenn Sie mir erlauben, zunächst mit persönlichen Erfahrungen zu beginnen, so muß ich feststellen, daß wir die hier zur Erörterung stehenden Erscheinungen schon 1881 also vor rund 28 Jahren, in der Stuttgarter Zuckerfabrik gehabt haben, in welcher die Kessel mit unreinem Wasser gespeist und zeitweise — während der Kampagne — übermäßig beansprucht wurden. Eines Tages stellte sich bei ihnen heraus, daß sämtliche zwölf Feuerrohre der Kessel mehr oder minder stark eingebeult waren. Die besonders starken Einbeulungen wurden durch Ersatz der Rohre beseitigt. Die weniger starken — bis rund 30 mm Tiefe bei 800 mm Rohrdurchmesser zeigenden — wurden belassen, jedoch Lehren von ihnen angefertigt, die jeweils bei der Revision des Kessels anzulegen waren, um zu ermitteln, ob sich die Einbeulungen vergrößert hatten oder nicht. Die maßgebenden Begrenzungslinien dieser Lehren sind in Abb. 57 im Maßstab 1:4 dargestellt, sie zeigen die Einbeulungen auf der Feuerseite von 9,5, 11,5, 15,5 ,17, 18,5, 24 und 30,5 mm Tiefe.

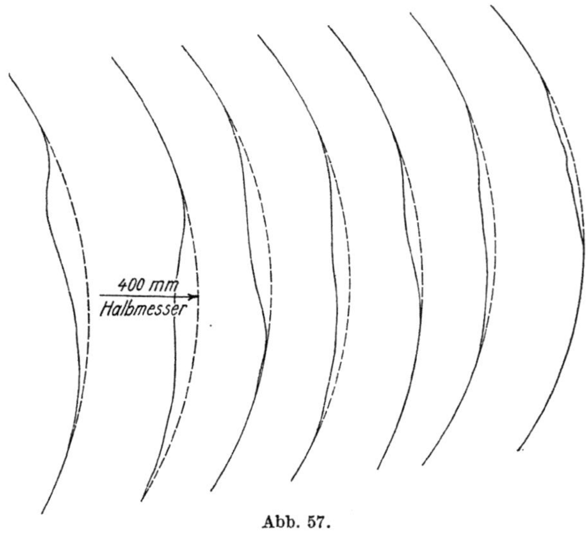

Abb. 57.

Mit diesen Einbeulungen sind die Feuerrohre noch über 20 Jahre betrieben worden (bis die ganze Anlage im Jahre 1904 abgebrochen wurde), ohne daß die Einbeulungen sich vergrößert haben. Aber die Hauptsache war, daß der Direktor der Zuckerfabrik sofort für zweierlei Sorge trug:

1. die Kessel wurden nur mit gereinigtem Wasser gespeist,

2. der Rauchschieber jedes Kessels konnte nur noch bis zu einer gewissen Höhe gezogen werden, wodurch der Zug und damit die Wärmeerzeugung und infolgedessen auch die Inanspruchnahme der Feuerrohre durch die Wärmeüberführung beschränkt wurde.

Ich habe mir damals über die Ursache folgende Ansicht gebildet und diese aus einem Anlaß, auf den ich gleich zu sprechen kommen werde, auch später veröffentlicht:

Örtliche Wärmestauung ohne Wassermangel: ohne Erglühen, also ohne Weichwerden des Bleches und ohne Überschreitung der höchstens zulässigen Betriebsspannung, infolge übertriebener, wenn auch nur kurze Zeit währender Inanspruchnahme der betreffenden Heizflächenteile bei gleichzeitiger Erschwerung des Wärmeüberganges aus Anlaß der Verwendung von unreinem Speisewasser[1]).

Manche von Ihnen werden sich wohl noch der Erörterung erinnern, welche 1886/87 anläßlich der Einbeulungen stattfanden, die an den Feuerrohren der Dampfkesselanlage des Wiener Rathauses (11 Tenbrink-Kessel) aufgetreten waren und zwar wiederholt. Der Gegenstand wurde in mehreren Sitzungen des

[1]) VDI. 1887, S. 458 und 459, vgl. auch S. 526.

österreichischen Ingenieurs- und Architekten-Vereins unter großer Anteilnahme verhandelt[1]); auch im Berliner Bezirksverein deutscher Ingenieure wurde darüber eingehend berichtet[2]). Alle diese Verhandlungen führten jedoch zu keinem bestimmten Ergebnis. Das veranlaßte mich, in der Zeitschrift des Vereines deutscher Ingenieure 1887, S. 458 und 459 (vgl. auch S. 526) die Ansicht mitzuteilen, die ich mir über die Ursache der oben erwähnten im Jahr 1881 stattgefundenen Einbeulungen in Stuttgart gebildet hatte und dabei der Vermutung Ausdruck zu geben, daß die gleiche Ursache auch die Einbeulungen in Wien herbeigeführt haben werde.

Nach dem heutigen Stand unserer Kenntnisse mutet es fast komisch an, wenn man an der betreffenden Stelle (VDI. 1887, S. 352 r. Spalte unten) liest, daß die Kessel des Wiener Rathauses jeweils nach der Reinigung einen Teeranstrich — und zwar einen recht kräftigen — im Innern erhielten, und daß die Einbeulungen meist nur in den ersten Tagen eintraten, nachdem die Kessel geputzt und wieder in Betrieb genommen worden waren.

Sie werden sich aus jener Zeit vielleicht auch noch erinnern, daß man unter anderem sogar Verdacht hatte auf die selbsttätige Abschlußklappe, welche in der Dampfleitung eines jeden Kessels eingebaut war, um den Kessel von der Hauptleitung abzuschließen, wenn der Druck in dieser höher stieg als in dem betreffenden Kessel[3]). In einer Zuschrift an die Zeitschrift des Vereines deutscher Ingenieure[4]) wurden diese Klappen von einer Seite, die sich mit den Kesseln der Wiener Anlage zu beschäftigen gehabt hatte, bestimmt als Ursache bezeichnet. Ich trat sogleich mit dem Hauptvertreter dieser Ansicht in Verbindung und ersuchte um Überlassung einer Klappe, um experimentell den Nachweis zu liefern, daß die Klappe die Einbeulungen nicht verursacht haben könnte. Das Experiment mußte unterbleiben, da mir eine Klappe nicht zur Verfügung gestellt wurde.

Die oben angeführte Ansicht über die Ursache der Einbeulungen fand in gewisser Hinsicht Widerspruch[5]). Im allgemeinen glaubte man damals noch, daß die Einbeulungen nicht ohne Weichwerden des Bleches stattgefunden haben könnten.

Seit jener Zeit ist mir eine große Zahl von Einbeulungen (bei äußerem Überdruck), denen ein Unrundwerden vorherzugehen pflegt, und von Ausbauchungen (bei innerem Überdruck) bekannt geworden, für welche sämtlich die bezeichnete Ursache sich als zutreffend nachweisen läßt. Zwei solche Fälle (ölhaltiges Speisewasser, Kesselstein) habe ich 1894 geglaubt, nochmals ausführlich erörtern zu sollen (vgl. VDI. 1894, S. 1420ff.). In der Arbeit „Eine lehrreiche Dampfkesselexplosion" (VDI. 1902, S. 73ff., ölhaltiges Speisewasser) bin ich nochmals auf die Sache zurückgekommen, weil es sich um eine Explosion handelte, bei der sechs Arbeiter getötet wurden, die außer den Frauen 25 Kinder hinterließen.

Die oben hervorgehobene Auffassung ist im Laufe der Zeit Allgemeingut geworden und wird auf Grund der täglichen Erfahrungen seit mehr als einem Jahrzehnt wohl allgemein als zutreffend anerkannt. Damit glaube ich von dem geschichtlichen Rückblick zu der gestellten Frage zurückkehren zu können.

Die Abweichungen der Flammrohre von der kreisrunden Form, die nach dem Ministerialschreiben vom 26. November 1908 zu einer Ergänzung der Bauvorschriften für Dampfkessel führen können, pflegen, insofern sie eine bedeutende Größe besitzen, durch den Betrieb des Kessels herbeigeführt zu werden, und zwar dann, wenn das der ersten Hitze ausgesetzte Blech sehr stark beansprucht wird und wenn Ablagerungen aus dem Kesselwasser (Kesselstein, Öl usw.) an den hinteren Kesselwandungen oder ein ungeeigneter Anstrich der letzteren den Wärmeübergang aus der Kesselwand in das Wasser in starkem Maße beeinträchtigen, so daß sich die Wärme in den Kesselwandungen staut, diese also örtlich eine höhere Temperatur annehmen. In allen mir bekannten Fällen hat eine weitere Zunahme der eingetretenen Abweichungen von der kreisrunden Form, mit denen der Betrieb fortgeführt wurde, nicht stattgefunden, wenn übermäßige Inanspruchnahme des Kessels vermieden und die Ursache der Wärmestauung (durch Speisung ausreichend reinen Wassers und der Vermeidung von ungeeigneten Anstrichen) beseitigt wurde.

Hiernach handelt es sich in der Hauptsache nicht darum, „welche Abweichungen von der Kreisform bei der Herstellung von Flammrohren und der Kesselböden nach den zurzeit vorliegenden Erfahrungen als zulässig gelten und von den Fabrikanten eingehalten werden müssen", sondern um Abweichungen, die im Betriebe eintreten und die durch geänderten Betrieb vermieden werden könnten und vermieden werden müssen: denn selbst ein genau kreisrundes Rohr wird unrund werden und sich auch einbeulen, wenn der Kessel in ungeeigneter Weise betrieben und behandelt wird.

Wenn im Schreiben des Herrn Handelsministers vom 20. Mai 1908 an den Zentralverband der preußischen Dampfkessel-Überwachungsvereine betreffend die erörterten, im Betriebe auftretenden Formänderungen der Flammrohre[1]), die Annahme als berechtigt hingestellt wird, „daß sich der isolierende Einfluß von Rußablagerungen und der deformierende Einfluß steifer Stirnböden geltend machen", so kann dem nicht beigepflichtet werden. Der Ruß, welcher sich auf der Feuerseite ansetzt und hier, wenn er den ihm zugeschriebenen wärmeisolierenden Einfluß äußert, die Wärme mehr oder minder abhalten würde, in die Wandungen einzudringen, kann deshalb unmöglich zur Stauung von Wärme in der Wand Veranlassung geben. Wie die Flammrohrböden auf das beobachtete Einbeulen der Flammrohre (Beulen in der Richtung der Kesselachse) hinwirken sollen, ist nicht einzusehen.

Was sodann die im Ministerialschreiben vom 21. Juni d. J. an den Vorsitzenden der Deutschen Dampfkessel-Normenkommission angeführten zwei Aufsätze anbetrifft (VDI. 1909, S. 383ff. sowie S. 779ff.), so muß festgestellt werden, daß sie beide die örtliche Wärmestauung, auf die es hier in erster Linie ankommt, ganz

[1]) Z. öst. Ing.-V. 1886, S. 351 bis 382, 388 bis 394.
[2]) VDI. 1887, S. 351ff.
[3]) VDI. 1887, S. 353 linke Spalte.
[4]) VDI. 1887, S. 412 und 413.
[5]) VDI. 1887, S. 458 rechte Spalte.

[1]) Z. f. Dampfkessel- u. Maschinenbetr. 1908, S. 249.

außer Betracht lassen. Der erste Aufsatz (VDI. 1909, S. 383ff.) betrachtet das Rohr als gleichmäßig kaltes Rohr, geht somit auf den Einfluß der Temperatur überhaupt nicht ein. Der zweite Aufsatz (VDI. 1909, S. 779ff.) behandelt das Flammrohr derart, daß er der oberen Hälfte des Rohres und der unteren Hälfte desselben je die gleiche Temperatur auf seiner ganzen Erstrekkung zuweist. Diese Voraussetzung, welche der Verfasser gemacht haben dürfte, um seine Rechnungen überhaupt durchführen zu können, entspricht nicht der Wirklichkeit. Demgemäß müssen die Rechnungsergebnisse beurteilt werden; auch kommt die Arbeit nicht zu den Ergebnissen, welche für den mit der Sache Vertrauten etwas Neues bieten.

Damit glaube ich das vom Herrn Handelsminister der Normen-Kommission vorgelegte Material ausreichend gewürdigt zu haben. Wenn Sie das Gesagte sich nochmals vergegenwärtigen, so erkennen Sie deutlich, daß es sich um Dinge handelt, die nicht den Bau, sondern den Betrieb der Kessel betreffen. Es würden also nicht Bau-, sondern Betriebsvorschriften in Betracht kommen, für die ich übrigens nicht bin und die auch nicht in den Wirkungskreis der Normenkommission gehören. Diese hat sich nur mit Material- und Bauvorschriften zu befassen.

Was nun die der Normenkommission gestellte Frage anbelangt, so möchte ich Ihre Aufmerksamkeit noch darauf lenken, daß es sich hierbei um eine Aufgabe handelt, die derjenigen ähnelt, welche in der Elastizitätslehre bei Belastung des geraden Stabes als „Knickungsproblem" bekannt ist. Der auf Knickung in Anspruch genommene Stab beginnt sich schon bei geringer Belastung auszubiegen, weil der wirkliche Stab eine genau gerade Achse überhaupt nicht hat, ferner weil die Druckkräfte in Wirklichkeit nicht genau zentrisch anzugreifen pflegen, weil das Material nicht an allen Stellen genau die gleiche Beschaffenheit aufweist und sich auch an allen Stellen nicht genau in dem gleichen Zustande zu befinden pflegt. Als ich die Anregung las, daß für Flammrohre bestimmte Abweichungen von der genauen Kreisform als gerade noch zulässig festgesetzt werden sollen, da kam mir angesichts der Natur der Aufgabe der Gedanke, daß man dann auch Vorschriften erlassen müßte oder schon hätte erlassen müssen, dahingehend, wieviel z. B. bei auf Knickung in Anspruch genommenen Gliedern eiserner Brücken, bei Säulen, bei Kranauslegern usw. die wirkliche Stabachse von der geraden Linie abweichen darf usw.

Die vom Herrn Handelsminister unterm 26. November v. J. an den Herrn Reichskanzler gebrachte und von dem letzteren der Normenkommission überwiesene Frage wird von dieser nicht beantwortet werden können. Das ist meine Auffassung.

Schlußbemerkung.

Das Ganze bekundet abermals, wie stark und tiefgehend die vorhandene Neigung ist, auf dem Gebiete des Dampfkesselwesens mit Vorschriften, namentlich durch ins Einzelne gehende Bestimmungen, einzugreifen. Wie wenig hierzu Berechtigung vorliegt, zeigt nicht nur der im vorstehenden besprochene Fall, sondern das habe ich an dieser Stelle wiederholt dargelegt (vgl. z. B. VDI. 1894, S. 910; 1900, S. 811; 1903, S. 162ff. unter C; 1905, S. 111ff.). Die deutsche Industrie wird sich viel mehr als es bisher geschehen ist, rühren müssen, um unnötige behördliche Vorschriften mit Aussicht auf Erfolg fernzuhalten."

11. R. Baumann: Berechnung der Domkrempe und ihrer Nietung. (Sitzungsbericht des Dampfkesselausschusses vom 8. Dezember 1913. VDI. 1914, S. 988.)

Ein Überwachungsverein hatte folgende Forderungen aufgestellt: „Die Nietverbindung der Domkrempe mit dem Kesselmantel muß zweireihig sein, wenn das Produkt aus dem Durchmesser des Dampfdomes in Millimetern und der Dampfspannung in Atmosphären > 6000 ist". Die Zahl 6000 ist willkürlich gewählt, die Zugbeanspruchung der Nieten erfolgt nicht nur durch die Belastung des Dombodens, d. h. $Q = \frac{\pi}{4} D^2 \cdot p$, sondern durch eine mit Annäherung im Verhältnis der Hebelarme b und a (Abb. 58) größere Kraft, wobei das Verhältnis $b : a$ in hohem Maße von der Größe des Abrundungshalbmessers r abhängt, also nicht unmittelbar beeinflußt wird durch das Produkt von D und p. Es erscheint daher unzweckmäßig, aus einem willkürlich gebildeten Produkt Regeln für die Berechnung abzuleiten, bei deren Anwendung maßgebende Gesichtspunkte für die Bemessung der Nietung (und Blechstärke) an der Domkrempe außer acht gelassen werden. Außerdem wird es als unzulässig erklärt, daß ein Überwachungsverein Regeln und Forderungen, die den Kessel verteuern, ohne weiteres von sich aus, insbesondere dann, wenn die Vorschrift so sehr der richtigen Begründung und Berechtigung entbehrt, aufstellt.

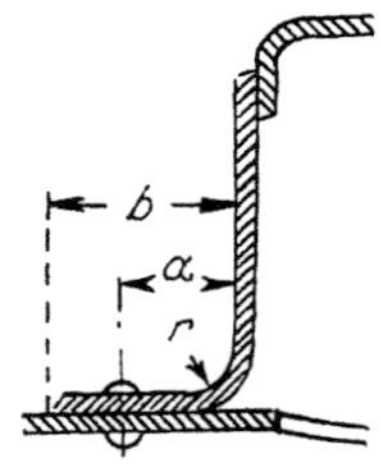

Abb. 58.

IV. Ebene Platten und Wandungen, einschließlich ihrer Verankerung.

1. C. Bach: Versuche über die Widerstandsfähigkeit ebener Platten. (VDI. 1890, S. 1041 ff., Abh. u. Ber., S. 111 ff.)

Die Frage der Widerstandsfähigkeit ebener Platten bildete einen der schwächsten Punkte der Elastizitäts- und Festigkeitslehre, obgleich auf vielen Gebieten des Ingenieurwesens Aufgaben der in Frage stehenden Art sich sehr häufig bieten und überdies eine hohe, auch auf Menschenleben sich erstreckende Verantwortlichkeit einzuschließen pflegen. Ausreichend zuverlässige Klärung war nur auf dem Wege des Versuchs zu erwarten.

Zunächst galt es eine geeignete Versuchseinrichtung zu schaffen. Dabei stellte sich als notwendig heraus, nicht nur Platten zu prüfen, die durch Flüssigkeitsdruck belastet waren, sondern auch solche, die Beanspruchung durch eine Einzellast erfuhren.

Bei Belastung durch Flüssigkeitsdruck wurden die Platten am Rande durch ein 2,5 mm breites Auflager gestützt, das am Oberteil des Apparates angeordnet war. Von unten her wirkte der Flüssigkeitsdruck. Abdichtung erfolgte durch einen 8 mm starken Kupferring; der Dichtungsdruck wurde dadurch erzeugt, daß das Oberteil durch kräftige Schrauben gegen den Untersatz gepreßt wurde (vgl. Abb. 59).

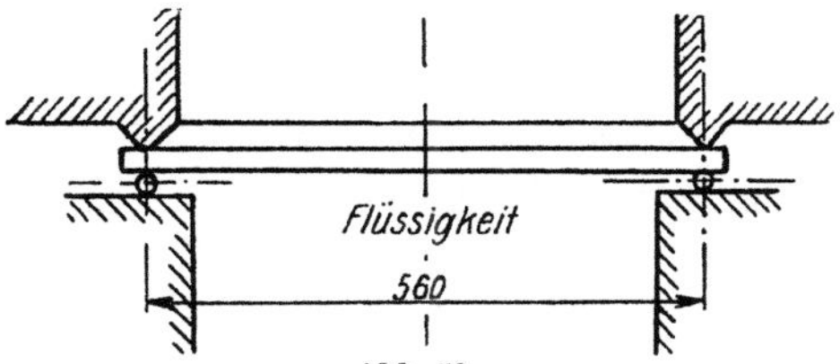

Abb. 59.

Zur Messung der Durchbiegung war ein eigenes Instrument (Abb. 60) hergestellt worden: auf der Plattenmitte stand senkrecht ein gutgeführter Stift, der durch die Durchbiegung der Platte gehoben wird. Die Bewegung überträgt sich durch ein Y-förmiges dünnes Metallband auf eine wagerechte Achse, die ihrerseits einen Zeiger trägt, der über einer Kreisteilung läuft.

Die Y-Form des Bandes ermöglicht mehrfache Umdrehung der Achse bei gleichbleibender Übersetzung, so daß kleine wie ziemlich große Durchbiegungen mit großer Genauigkeit gemessen werden können. Dieses Instrument sitzt auf dem Oberteil, das, um durch seine Formänderung Meßfehler zu vermeiden, sehr kräftig gehalten war.

Um auch elliptische und rechteckige Platten prüfen zu können, erhielt das Oberteil entsprechende Einsätze.

Bei Belastung durch Einzelkraft in der Mitte erhielt der Untersatz einen Preßzylinder, der seine Kraft nach oben gegen die wie beschrieben am Oberteil gelagerte Platte äußerte. Ein Anpressungsdruck am Auflager zum Zwecke der Abdichtung wirkte in diesem Fall nicht: Das Auflager erfuhr nur die Belastung,

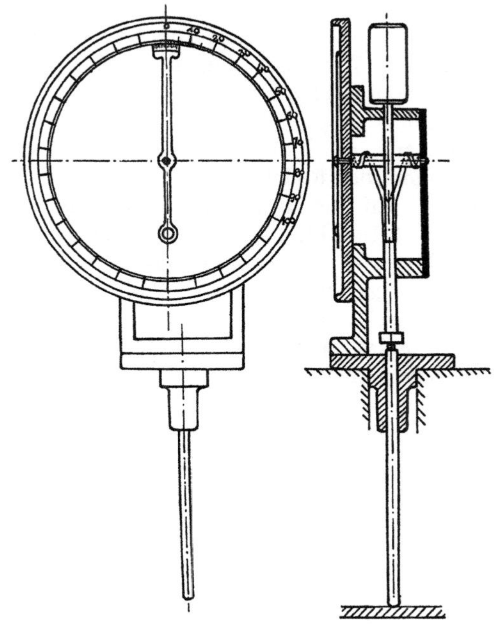

Abb. 60.

welche vom Kolben auf die Platte übertragen wurde vermindert um das Eigengewicht der Scheibe und den Widerstand des Meßgeräts.

Von den umfangreichen Versuchsergebnissen sei hier nur folgendes angeführt:

1. Kreisförmige Platten aus Gußeisen (Durchmesser des Auflagers 560 mm) brachen stets mit Annäherung längs mehreren Halbmessern (Abb. 61), ihre Durchbiegung ergab sich

a) bei Belastung durch Flüssigkeitsdruck sehr verschieden, je nachdem die Schrauben am Umfang stärker und weniger stark zum Zweck der Abdichtung angezogen wurden, stets aber kleiner als der üblichen Gleichung $J = 0{,}7 \frac{r^4}{h^3} \cdot p$ entsprechen würde.

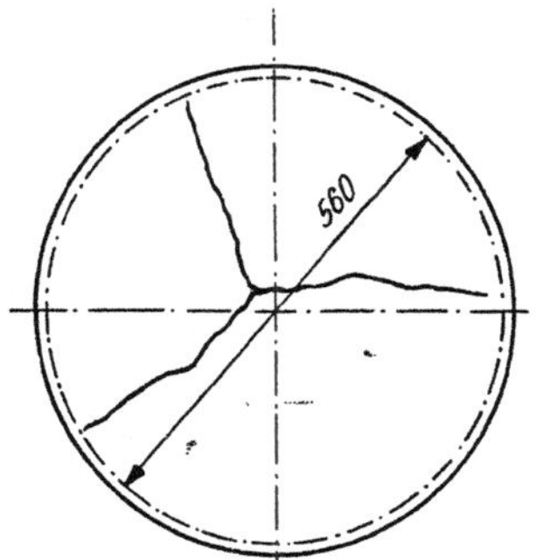

Abb. 61.

Dieser Einfluß der Dichtungskraft ist bei dünnen Scheiben größer als bei dicken;

b) bei Belastung durch eine Einzellast in der Mitte ausreichend ebenso groß, wie die übliche Gleichung erwarten läßt;

c) mit zunehmender Belastung weit langsamer wachsend als diese, eine Folge der eintretenden Wölbung (näheres siehe unter Nr. 2).

Die Widerstandsfähigkeit ergab sich

a) für Flüssigkeitsbelastung bei den dünnen Platten (1,2 cm dick) ungefähr entsprechend der üblichen Gleichung $K_b \geqq \pm 0{,}87 \left(\frac{s}{h}\right)^2 \cdot p$, wenn in diese die Biegungsfestigkeit eingesetzt wird; bei den dickeren Platten (2,4 cm) dagegen etwa 20% kleiner: eine Folge der zum Abdichten am Rande nötigen Anpressung;

b) bei Belastung durch Einzelkraft verhalten sich die dicken und die dünnen Platten gleich.

2. Kreisförmige Platten aus Flußeisen (Durchmesser des Auflagers 560 mm) dienten zur weiteren Klarstellung der Wirkung, den die zum Abdichten erforderliche Anpressung am Auflager auf die Durchbiegung äußert.

Während sich die Dehnungszahl α der Federung, (berechnet nach der üblichen Gleichung) bei Flüssigkeitsbelastung auf der untersten Belastungsstufe zu 1:6257000 (= 0,16 Milliontel) ergab, lieferte Belastung durch Einzelkraft $\alpha = 1:2900000$ (= 0,345 Milliontel) und ein Biegungsversuch $\alpha = 1:2147000$ (= 0,466 Milliontel). Durch Anziehen der Dichtungsschrauben ließ sich im ersteren Fall $\alpha = 1:8147000$ (= 0,123 Milliontel) erreichen. Umgekehrt ergab sich bei einem Versuch zunächst $\alpha = 1:6540000$ (= 0,153 Milliontel) und nach Lösen der Schrauben schließlich = 1:3820000 (= 0,262 Milliontel).

Werden die Bachschen Näherungsgleichungen (s. u.) zur Berechnung der Bruchfestigkeit verwendet, so ergibt sich die Größe der Berichtigungszahl ψ wie folgt

	Flüssigkeitsdruck		Einzellast	
Plattendicke cm	1,2	2,4	1,2	2,5
ψ	1,14	0,89	0,60	0,65

3. Elliptische Platten aus Gußeisen (507 · 340 mm).

	Flüssigkeitsdruck		Einzellast			
Plattendicke cm	1,2	2,2	1,16	1,2	1,73	1,85
ψ	1,46	0,997	0,615	0,572	0,573	0,59

Durchschnitt 0,59

Bruch erfolgte bei Belastung durch Flüssigkeitsdruck ungefähr längs (vgl. Abb. 62) einem Durchmesser, der gegen die lange Achse wenig geneigt war.

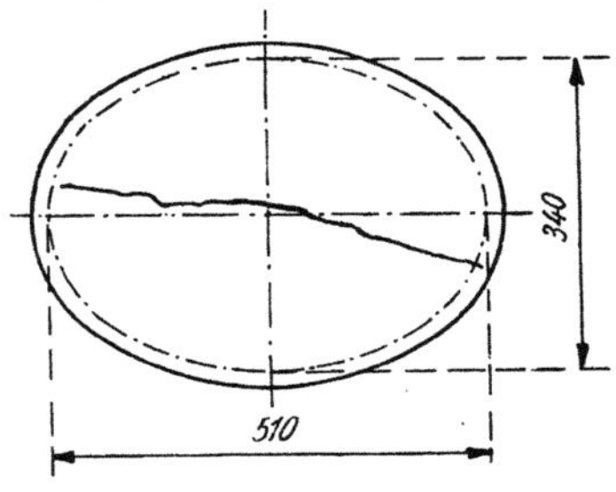

Abb. 62.

Bei Belastung durch Einzelkraft in der Mitte in einem Fall ebenso, wie unter Flüssigkeitsdruck, sonst längs mehreren Halbmessern, die zum Teil gegen die lange Achse stärkere Neigung aufwiesen.

4. Rechteckige Platten aus Gußeisen (360 · 360; 360 · 240; 360 · 120 mm).

	Flüssigkeitsdruck			Einzellast			
Dicke . cm	1,2	1,2	1,2	0,9	1,7	0,9	1,7
Abmessungen . mm	360 .360	360 .240	360 .120	360 ·360	360 ·120		
ψ	1,24	1,15	1,16	0,516	0,547	0,465	0,552

Bruch erfolgte bei den quadratischen Platten längs Diagonalen (vgl. Abb. 63), bei den rechteckigen Platten sinngemäß gleich, wie bei den elliptischen Platten beschrieben (Abb. 64).

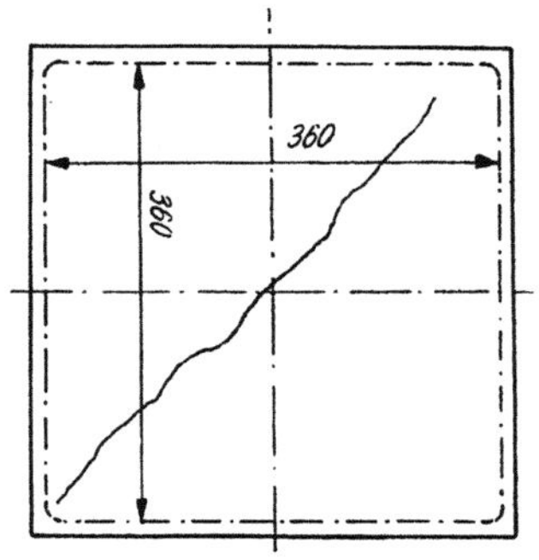

Abb. 63.

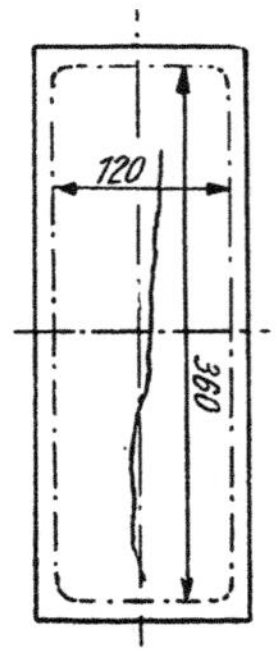

Abb. 64.

Bemerkenswert ist folgende Beobachtung:

Die belastete Platte berührt das Widerlager nicht im ganzen Umfange 2 $(a + b)$, es heben sich vielmehr die Ecken sichtbar von dem Widerlager ab, derart, daß in den vier Seiten nur der mittlere Teil aufliegt (Abb. 65) Die Größe dieser in der Mitte jeder Umfangsseite liegenden Berührungsstrecke, innerhalb welcher die Pressung von der Mitte nach außen hin bis auf Null abnimmt, hängt von der Belastung ab und wird schließlich auch von der örtlichen Zusammendrückung beeinflußt, die das Material erfährt.

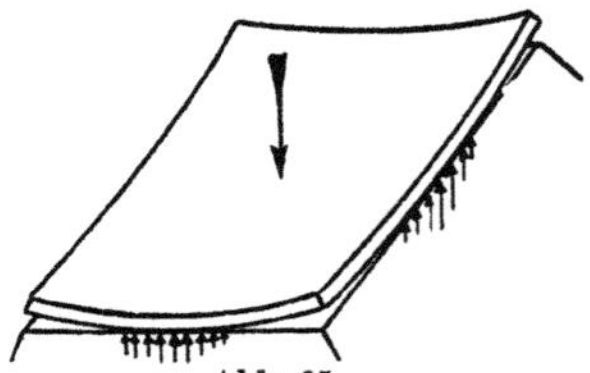
Abb. 65.

Diese Veränderlichkeit bedingt auch ungleiche Beanspruchung von Befestigungsschrauben, wie sie bei rechteckigen Deckeln usw. vorkommen.

Hand in Hand mit der Verarbeitung dieser Versuchsergebnisse ging die Aufstellung einer Näherungsrechnung, welche es dem Konstrukteur ermöglichen sollte, die üblichen Formen der Deckel usw. zu berechnen, während die strenge Elastizitätstheorie nur die ebene kreisförmige Scheibe gleicher Dicke zu untersuchen vermochte. Das Vorgehen sollte dem kommenden Besseren Platz machen, einstweilen aber die Bedürfnisse der ausübenden Technik befriedigen helfen. Es betrachtet die Platte als eingespannt: bei kreisförmiger, quadratischer oder rechteckiger Gestalt längs einem Durchmesser bzw. einer Diagonale (vgl. Abb. 66), bei elliptischer Gestalt längs der großen Achse und als belastet durch die Widerlagskräfte und die wirkenden Drücke oder Lasten. Die so erzeugten biegenden Momente werden geteilt durch das Widerstandsmoment der Einspannungsquerschnitte, das sich in bekannter Weise aus dem Trägheitsmoment und dem größten Faserabstand findet. Die so ermittelte Bie-

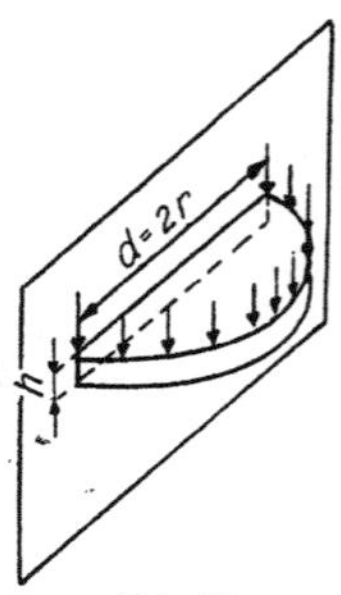

Abb. 66.

gungsbeanspruchung ist durch einen Berichtigungsfaktor den tatsächlichen Verhältnissen anzupassen, welcher Faktor also die Ungenauigkeit der Rechnung und die Art der Auflagerung am Plattenrand mit einer für die praktischen Bedürfnisse ausreichenden Genauigkeit zu berücksichtigen gestattet.

Besonders sei hervorgehoben, daß selbstverständlich die Biegungsbeanspruchung in der Nähe des Auflagers je nach der Formgebung des Deckelrandes und der Ausbildung der Dichtung durch besondere Rechnung zu prüfen ist, hinsichtlich welcher auf die Darlegungen in Nr. IV, 13 sowie in den Maschinenelementen (siebenter Abschnitt) verwiesen werden muß.

2. C. Bach: Berechnung von Schieberkastendeckeln im allgemeinen sowie der in Mannheim (Dampfer „Main", November 1891) und in Duisburg (Schleppboot „Heinrich", März 1892) zersprungenen Deckel im besonderen. (Abh. u. Ber., S. 161 ff. Prot. d. 21. D.- u. I.-Ver. d. int. Verb. d. D.-Ü.-V. zu Nürnberg 1892, S. 83.)

Die Bedeutung des Gegenstandes wird dadurch beleuchtet, daß der zuerst erwähnte Unfall den Tod von sieben Menschen zur Folge hatte, d. i. halb soviel wie alle Dampfkesselexplosionen eines Jahres (im Durchschnitt von 1877 bis 1890).

An Hand des durch die Literatur gegebenen Standes der Erkenntnis wird sodann gezeigt, welcher Grad der Verantwortlichkeit den einzelnen Ingenieur, dessen Konstruktion zufolge ungenügender Widerstandsfähigkeit flacher Wandungen zu einem Unfall geführt haben, tatsächlich trifft.

Die Darlegungen zeigen, daß dieser Stand ein ganz unbefriedigender ist. Die mathematischen Ableitungen beschränken sich auf ebene Platten (ohne Rippen usw.) und berücksichtigen in keiner Weise die Kraftwirkungen, die durch die notwendige Abdichtung am Auflager bedingt sind (vgl. hierüber Nr. IV, 1).

An dem Beispiel eines kreisförmigen Deckels (vgl. Abb. 67), der ein Flanschenrohr zu verschließen hat, wird nun die Beanspruchung abgeleitet, die durch das

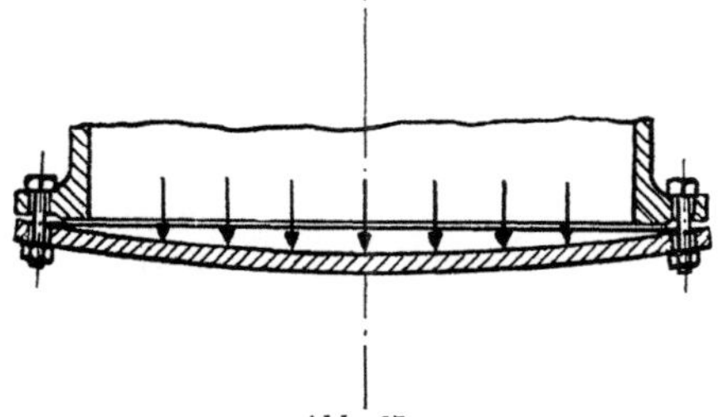

Abb. 67.

Anziehen der Flanschenschrauben hervorgebracht wird, wobei das Näherungsverfahren des Verfassers zur Berechnung plattenförmiger Körper Anwendung findet. Dazu gesellt sich die Beanspruchung durch den Flüssigkeitsdruck. Hinsichtlich der Einzelheiten darf hier auf die Ausführung in den „Maschinenelementen" verwiesen werden.

Sodann erfolgte Besprechung der beiden Unfälle.

Im ersteren Fall ergab sich, daß der Bruch des Schieberkastendeckels (Abb. 68) bei $p = 7{,}1$ Atm. Überdruck zu erwarten stand, und daß eine Beanspruchung mit nur höchstens 1,4 Atm. zulässig gewesen wäre; im zweiten Fall sind die entsprechenden Zahlen 15,3 und 3 Atm.

Ein weiteres Beispiel ergab ein explodierter Überhitzer. Seine Wandung war bei 12 Atm. mit 850 kg/qcm beansprucht, was im Hinblick auf die zu erwartenden Gußspannungen und den Einfluß von Temperaturunterschieden als viel zu hoch erscheint.

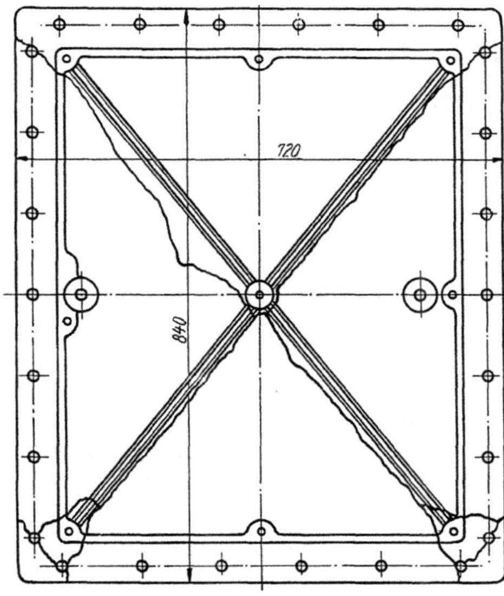

Abb. 68.

„Das angewendete Berechnungsverfahren läuft darauf hinaus, daß die schwierigen Aufgaben, welche sich auf dem Gebiete der Inanspruchnahme plattenförmiger Körper bieten, zurückgeführt werden auf einfache Biegungsaufgaben unter Einführung von Berichtigungskoeffizienten, welche aus Versuchen zu bestimmen sind. Die Methode ist keine streng wissenschaftliche; sie liefert aber, indem sie sich in der bezeichneten Weise auf Versuche stützt, ausreichend genaue Ergebnisse für die Praxis und ermöglicht die Berechnung jedem Techniker, welcher auf einer technischen Mittelschule gebildet ist. Indem ich diesen Weg einschlug, glaubte ich den Interessen der Industrie, wie auch denjenigen der Allgemeinheit, die ein Anrecht auf Sicherheit hat — auch dann, wenn es der Wissenschaft noch nicht gelungen ist, eine genaue Berechnung der hier zur Erörterung stehenden Anstrengung der Materialien zu liefern — am meisten zu nützen; wenigstens solange, bis es gelingt, Vollkommeneres ausfindig zu machen."

3. C. Bach: Versuche über die Widerstandsfähigkeit von Kesselwandungen. (Wasserkammerplatten von Wasserröhrenkesseln.) (Abh. u. Ber., S. 165 ff. VDI. 1893, S. 489 ff. Versuche über die Widerstandsfähigkeit von Kesselwandungen, H. 1.)

Von der Firma Süddeutscher Röhrendampfkesselbau Simonis und Lanz in Sachsenhausen-Frankfurt a. M. wurden zwei Wasserkammerplatten zur Verfügung gestellt, an denen Versuche hinsichtlich Formänderung und Widerstandsfähigkeit gegenüber innerem Überdruck angestellt werden konnten. Dieses Vorgehen verdient um so höhere Anerkennung, als nach der damaligen Auffassung „man sich daran gewöhnt hatte, daß Geld für physikalische, chemische, medizinische Experimente usw. ausgegeben werden muß, nicht aber für solche Versuche, wie sie die Förderung des Maschineningenieurwesens fordert".

Zur Messung der Formänderungen wurde erstmals das „Stiftmeßverfahren“ angewendet, daß seit dieser Zeit noch oft auf verschiedenen Gebieten des Versuchswesens wertvolle Aufschlüsse ermöglicht hat: Über dem Versuchskörper wurde eine als Meßtisch M bezeichnete ebene Platte (vgl. Abb. 69 u. 70) aufgestellt, die an den maßgebenden Stellen Löcher aufwies, durch welche Stahlstifte S gesteckt waren, die auf dem Versuchskörper V aufstanden. Gemessen wurde der Abstand x des oberen Stiftendes vom Meßtisch, der sich naturgemäß um ebensoviel ändert, als sich die Oberfläche des Versuchskörpers gegenüber dem Meßtisch hebt oder senkt. Die Messung erfolgte mittels einer Mikrometerschraube auf 0,01 bis 0,005 mm genau.

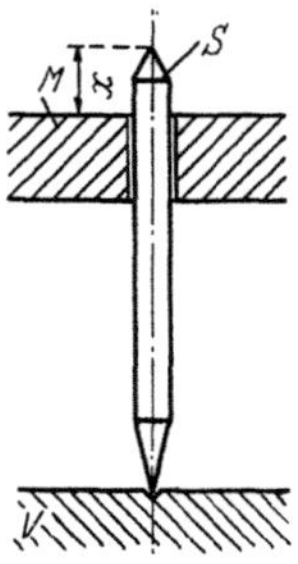

Abb. 69.

Dieses Vorgehen hat den großen Vorteil, daß mit einem Instrument an Hunderten von Stellen und (bei entsprechender Gestalt des Meßtisches) in beliebigen Richtungen Formänderungen gemessen werden können, und daß diese Formänderung, auch

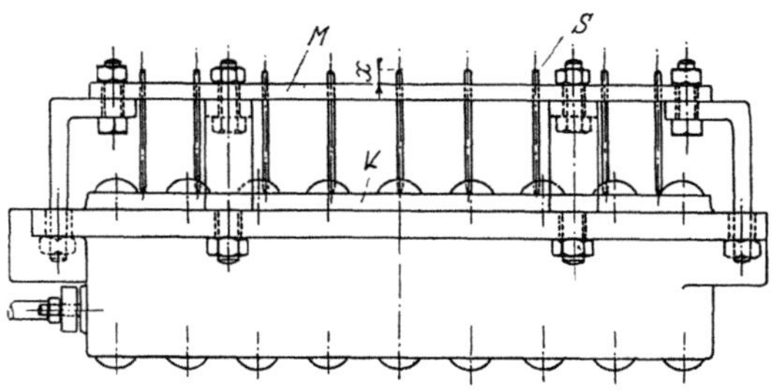

Abb. 70.

wenn sie erhebliche Größe besitzt (bis 25 mm und mehr), mit großer Genauigkeit ermittelt werden kann[1]).

Dadurch ist die messende Verfolgung von Formänderungen möglich gewesen, die sonst ausgeschlossen erscheinen müßte.

Die bei den Versuchen ermittelten Werte sind ausführlich mitgeteilt, so daß sich der Leser ein eigenes Urteil zu bilden in der Lage ist und jederzeit eine selbständige, gebotenenfalls weitergehende Verarbeitung erfolgen kann. Auf die Zweckmäßigkeit eines solchen Vorgehens hinzuweisen, erscheint an dieser Stelle angezeigt, insbesondere im Hinblick auf die neuerdings wiederholt zu beobachtende Neigung, bei Versuchen nur die Ergebnisse nach Verarbeitung in der vom Beobachter für richtig erachteten Richtung zu veröffentlichen. Dabei ist dann eine Nachprüfung der gezogenen Schlüsse sowie das Erreichen weiteren Fortschrittes auf Grund früherer Versuche erschwert oder unmöglich gemacht.

Das Material der Wasserkammerbleche und der Stehbolzen ist getrennt untersucht worden.

[1]) Heute ist es üblich, so viele Meßinstrumente anzubringen, als Meßstellen vorhanden sind, nicht selten Meßuhren. Die Stiftmessung erscheint allein durchführbar, wenn die Zahl der Meßstellen sehr groß ist, auch wenn Sparsamkeit weniger nötig ist.

Der erste der Versuchskörper (von der Firma als geeignet für Drücke bis 10 Atm. bezeichnet) zeigte nach Überschreiten von 24 Atm. entschiedene Zunahme der bleibenden Formänderungen, bei dem zweiten Versuchskörper (bestimmt für 8 Atm.) war dies bei 14 Atm. der Fall. Dabei ist zu beachten, daß die Wasserkammern in der Fabrik mit 15 Atm. abgedrückt worden waren.

4. C. Bach: Die Berechnung flacher, durch Anker oder Stehbolzen unterstützter Kesselwandungen und die Ergebnisse der neuesten hierauf bezüglichen Versuche. (Abh. u. Ber., S. 188. Versuche über die Widerstandsfähigkeit von Kesselwandungen, H. 2.)

Nach Anführung der in den Hamburger Normen von 1891 enthaltenen, den Vorschriften des Büros Veritas entnommenen Gleichungen wird die Rechnung des Verfassers angegeben und ihre Ableitung mitgeteilt, die auch die Bestimmung der Ankerbelastung enthält.

In bezug auf die Ankerbelastung wird die im Sinne größerer Sicherheit liegende Annahme gemacht, daß der Anker den ganzen, auf das zu ihm gehörige Feld wirkenden Druck übernimmt, also die Tragfähigkeit der Kesselwandung selbst vernachlässigt. Die Rechnung entspricht dem in der Arbeit Nr. IV, 2, besprochenen Näherungsverfahren. Sie berücksichtigt die Verschwächung der Bleche durch die für die Stehbolzen eingeschnittenen Löcher sowie die Verstärkung der Bleche durch die Unterlagscheiben oder die aufgenieteten Scheiben unter den Stehbolzenmuttern im Hinblick auf die durch diese bewirkte Verminderung der Biegungsbeanspruchung der Bleche. Sie unterscheidet sich dadurch von der bis dahin üblichen Berechnungsart, welche dieser Verstärkung durch Einführung verschiedener Konstanten Rechnung trägt, unter denen sich der Konstrukteur nichts Rechtes vorstellen kann, sie veranlaßt ihn also zum selbständigen Denken und ermöglicht die zuverlässige Bewertung neuer Ausführungsarten.

Sodann werden die Ergebnisse der von der Kaiserlichen Werft in Danzig ausgeführten „Versuche mit flachen, durch Anker versteiften Kesselwandungen“ eingehend verarbeitet. Diese umfassenden Versuche bestätigen die Zulässigkeit der aufgestellten Gleichungen so weitgehend als überhaupt erwartet werden kann.

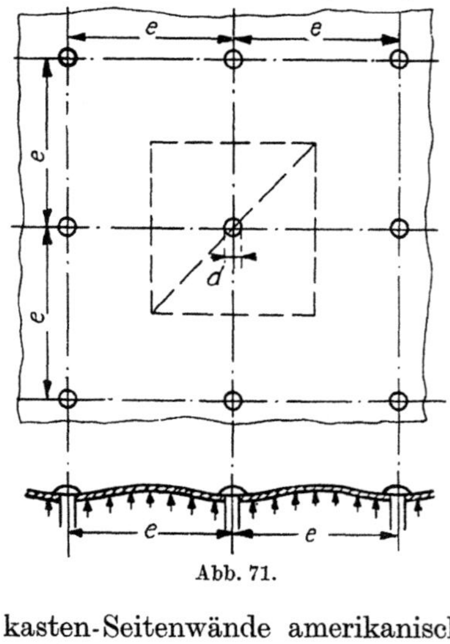

Abb. 71.

Bemerkenswert erscheint auch die Anwendung der Gleichungen auf die Nachrechnung der flußeisernen Feuerkasten-Seitenwände amerikanischer Lokomotiven.

Von Bedeutung ist sodann die Feststellung, daß ebene, aus genügend zähem Material bestehende Platten, die sich unter Einwirkung der Belastung durchgebogen haben, in diesem gewölbten Zustand eine größere Widerstandsfähigkeit besitzen als in ihrer ursprünglichen ebenen Form: die Zähigkeit des Materials nimmt jedoch durch diese Überanstrengung ab.

Bedeutet

p den größten Betriebsdruck in kg/qcm,

e den Abstand der Anker oder Stehbolzenachsen voneinander in cm (vgl. Abb. 71)

s die Blechstärke in cm,

so ergibt sich die Biegungsanstrengung des Plattenmaterials bei Befestigung der Anker nach Abb. 72 zu:

$$k_b = \frac{1}{4} \cdot \frac{1}{1 - 0{,}7 \frac{d}{e}} \left(\frac{e}{s}\right)^2 \cdot p ,$$

nach Abb. 73 zu

$$k_b = \frac{1}{4} \cdot \frac{1 - 1{,}8 \frac{d}{e}}{1 - 0{,}7 \frac{d}{e}} \cdot \left(\frac{e}{s}\right)^2 \cdot p ,$$

nach Abb. 74 zu

$$k_b = \frac{1}{4} \left(1 - 0{,}9 \frac{d_n}{e}\right) \left(\frac{e}{s}\right)^2 p .$$

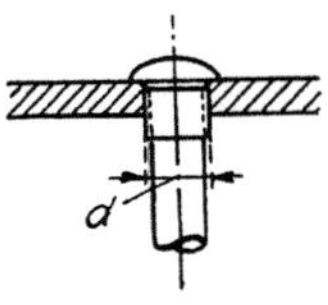

Abb. 72.

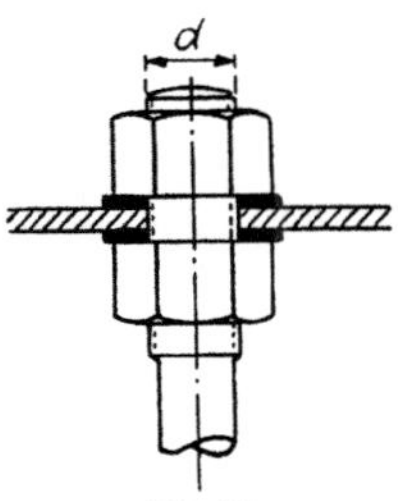

Abb. 73.

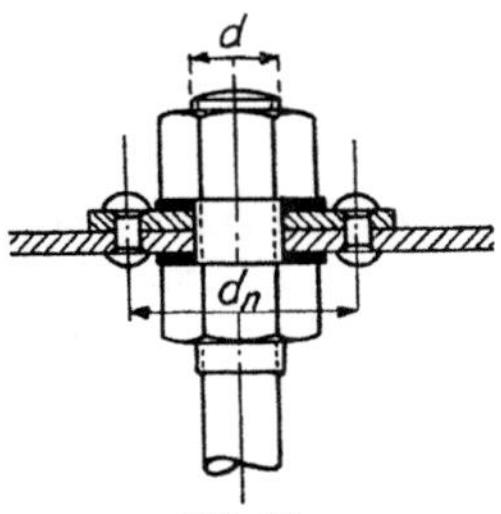

Abb. 74.

5. C. Bach: Berechnung der Träger für Feuerbüchsdecken. (1902 als Manuskript abgedruckt.) (Prot. d. 31. D.- u. I.-Vers. d. int. Verb. d. D.-Ü.-V. zu Zürich 1902, S. 26.)

Die Schwierigkeit der Aufgabe liegt vorwiegend darin, daß das Blech der Feuerbüchse selbst einen gewissen Teil der durch den Dampfdruck erzeugten Belastung aufnimmt, so daß auf die Deckenträger nur der Rest entfällt. Sofern die Bleche verhältnismäßig dünn sind, kann ihre Tragfähigkeit vernachlässigt werden. Dann erscheint der einzelne Träger als ein Balken, der an den Enden frei aufliegt und durch die Deckenanker belastet wird. Jeder Deckenanker wirkt mit einer Kraft, die durch Multiplikation der Größe des auf ihn entfallenden Deckenfeldes mit dem Dampfdruck gefunden wird.

So ergibt sich bei den zwei Randstäben (Abb. 75 u. 76) die Belastung für die Stellen

$$A \text{ zu } P_a = \left(c_1 + \frac{c}{2}\right)\left(\frac{e_1}{2} + \frac{e}{2}\right) p ,$$

$$B \text{ zu } P_b = c e p ,$$

bei den Mittelträgern
die Belastung für die Stellen

$$A \text{ zu } P_a = c \left(\frac{e_1}{2} + \frac{e}{2}\right) p ,$$

$$B \text{ zu } P_b = c e p ,$$

die Auflagerkraft ist dann $R = P_a + P_b$ und das größte biegende Moment zwischen BB

$$M_b = R\left(\frac{b}{2} - \frac{e}{2}\right) - P_a e .$$

Wird die zulässige Biegungsanstrengung des Trägers mit K_b, dessen Trägheitsmoment mit Θ und der Abstand der in Betracht kommenden Faserschicht desselben von der Nullachse mit η bezeichnet, so liefert

$$M_b = K_b \frac{\Theta}{\eta} ,$$

die Gleichung zur Berechnung des Trägerquerschnittes.

Von der Wölbung an der Krempe wird angenommen, daß sie einer Unterstützung durch die Anker nicht bedürfe.

Die zulässige Beanspruchung der Träger wird verhältnismäßig hoch gewählt werden dürfen, weil zusätzliche Spannungen, wie sie sonst an Kesselteilen infolge der Vernietung und der Temperaturunterschiede sich einzustellen pflegen, nicht auftreten und weil es sich um Biegungs- nicht um Zugbeanspruchung handelt. Für zähes Material darf K_b zu einem Viertel der Zugfestigkeit, falls ein Nachweis der Zugfestigkeit nicht vorliegt, $K_b = 9$ kg/qcm in Rechnung gesetzt werden (vgl. auch Nr. IV, 10).

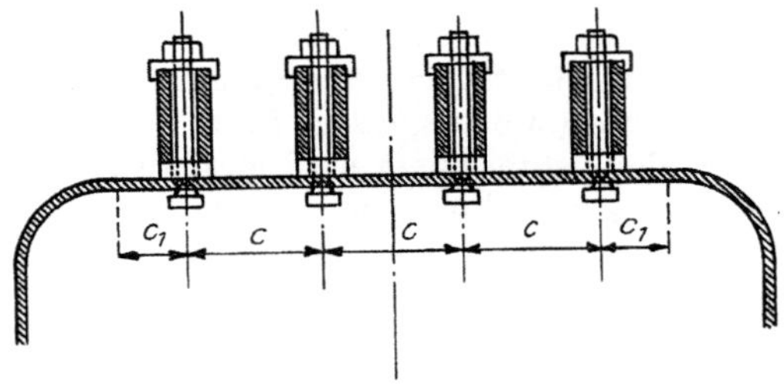

Abb. 75.

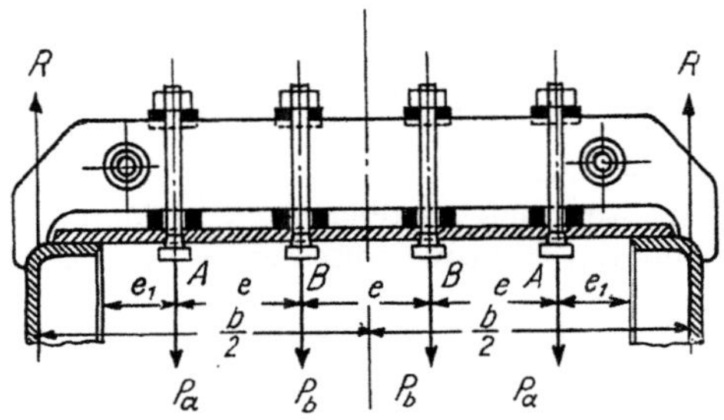

Abb. 76.

6. C. Bach: Stärke der Rohrplatten von Heizröhrenkesseln. (Prot. d. 31. D.- u. I.-Vers. d. int. Verb. d. D.-Ü.-V. zu Zürich 1902, S. 38.)

Durch eine Rundfrage ist zunächst festgestellt worden, welche Kraftübertragung nach Ansicht der ausführenden Firmen der Industrie eingewalzten Rohren zugemutet werden darf. Das Ergebnis dieser Rundfrage zeigt, daß die Ansichten weit auseinandergehen. In der Tat hängt ja die Tragfähigkeit solcher Verbindungen von sehr verschiedenen Einflüssen ab, auch wird sie im Betriebe unter der Wirkung der Erwärmung von Rohrwand und Rohren bei gleicher Ausführung vor der Erwärmung je nach der Konstruktion ganz verschieden ausfallen können, ganz abgesehen vom Material der Rohrwand und der Rohre.

Ein Berechnungsvorschlag kann hierauf nicht Rücksicht nehmen, muß vielmehr die richtige Bewertung der einzelnen Umstände dem Konstrukteur und dem Betriebsmann überlassen. Demgemäß beschränkt sich der Verfasser auf folgende Gesichtspunkte unter Verwendung der Ergebnisse der erwähnten Umfrage.

1. Mindeststärke der Wandung, damit das Einwalzen möglich ist.
2. Mindestquerschnitt des Steges zwischen zwei Rohren.
3. Widerstandsfähigkeit des zwischen vier Rohren stehenbleibenden Feldes.
4. Festsitzen der Rohre in der Walzung.

1. Die übliche Befestigungsweise der Rohre durch Aufwalzen oder Auftreiben fordert hiernach eine Mindeststärke s der Rohrplatten innerhalb des Rohrfeldes.

a) bei Flußeisenplatten von $s = 5 + \frac{d}{8}$ für $d = 38$ bis etwa 100 mm,

b) bei Kupferplatten von $s = 10 + \frac{d}{5}$ für $d = 38$ bis etwa rund 75 mm, worin d den äußeren Rohrdurchmesser an der Befestigungsstelle in Millimetern bedeutet und

2. einen Mindestquerschnitt des Steges zwischen zwei Rohrlöchern,

a) bei Flußeisenplatten von 180 qmm für $d = 38$ mm zunehmend auf etwa das 2,5fache für $d =$ rund 100 mm,

b) bei Kupferplatten von 340 qmm für $d = 38$ mm zunehmend auf etwa das 2,5fache für $d =$ rund 75 mm. Nur bei Sonderausführungen wird man ausnahmsweise mit dem Stegquerschnitt unter dem angegebenen Mindestwert bleiben dürfen; in der Regel wird man darüber hinaus gehen.

3. Die Widerstandsfähigkeit des zwischen vier Rohren stehen bleibenden Feldes kann berechnet werden, wie für ebene Platten (vgl. Nr. IV, 4) angegeben durch die Gleichungen

$$p = 3{,}6\left(1 - 0{,}7\,\frac{d}{e}\right)\left(\frac{s}{e}\right)^2 k_b\,.$$

Hierin bedeutet

p den größten Betriebsüberdruck in kg/qcm,
d den äußeren Rohrdurchmesser an der Befestigungsstelle in cm,
s die Plattenstärke in cm,
e die Seite des quadratischen Feldes in cm, welches durch die vier unterstützenden Rohre gebildet wird, oder das arithmetische Mittel aus den Seiten des Rechtecks, welches durch die vier Rohre bestimmt erscheint,
k_b die eintretende Biegungsanstrengung des Plattenmaterials die bis zur Höhe $= \frac{\text{Zugfestigkeit}}{4{,}5}$ zulässig erscheint,

4. Durch Umbördeln oder Aufwalzen der Rohrenden findet eine gewisse Sicherung gegen Herausziehen der Rohrenden statt, sofern die hierbei auf 1 cm Rohrumfang entfallende Belastung $\sigma = p \cdot$ schraffierte Fläche (Abb. 77) den Betrag von 25 kg nicht überschreitet. Dieser Betrag erscheint auf Grund der auf die Rundfrage eingegangenen Antworten zulässig.

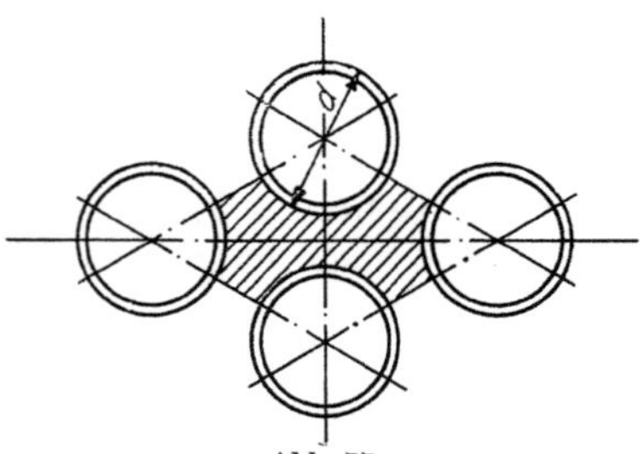

Abb. 77.

Bei der Kleinheit des schraffierten Feldes (s. Abb. 77) bedarf es dann einer Berechnung der Inanspruchnahme der Platte durch den Dampfdruck im allgemeinen nicht.

7. M. Enßlin: Studien und Versuche über die Elastizität kreisrunder Platten aus Flußeisen. (Dingler 1903, S. 705ff.)

Nachdem es möglich gewesen war, die bei den Versuchen unter Nr. IV, 1 verwendete Einrichtung durch Beschaffung eines Zylinders mit eingeschliffenem Kolben zu verbessern, wurden die Versuche fortgesetzt und die Ergebnisse durch Vergleich mit der üblichen Theorie erörtert.

8. C. Bach: Zur Widerstandsfähigkeit ebener Wandungen von Dampfkesseln und Dampfgefäßen. (VDI. 1906, S. 1940ff.)

Die Gleichung

$$s = c\sqrt{p(a^2 + b^2)}\,,$$

($s =$ Blechdicke in mm, $p =$ Betriebsdruck in Atm., $a =$ Abstand der Stehbolzen oder Anker innerhalb einer Reihe in mm, $b =$ Abstand der Stehbolzen oder Ankerreihen in mm, c ein Zahlenwert $= 0{,}013$, sofern die Platten nicht von den Heizgasen berührt werden $= 0{,}014$, sofern sie einerseits von Heizgasen, andererseits von Dampf berührt werden, je nachdem Vernieten stattgefunden hat usw.), war bestimmt zur Berechnung von durch Anker oder Stehbolzen versteiften ebenen Wandungen. Da die Absicht bestand, sie auch auf solche ebene Wandungen anzuwenden, die am Rande vernietet sind, erfolgt zunächst eingehende Diskussion der Gleichung. Diese zeigt z. B., daß für sehr lange und schmale Platten der Einfluß der langen Seite überwiegt, während offensichtlich die schmale Seite maßgebend sein muß. Es wird nun erörtert, daß Streifen, die aus der Platte herausgeschnitten gedacht werden, auf Biegung beansprucht erscheinen und daß sie je nach der Befestigung an den Enden

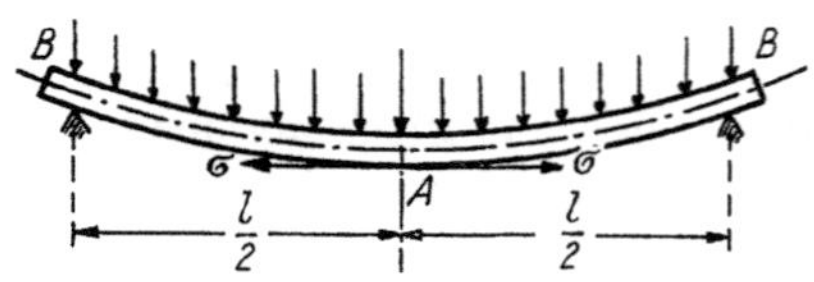

Abb. 78.

1. frei aufliegen (nach Abb. 78),
2. vollkommen eingespannt (nach Abb. 79),
3. halb eingespannt sein können (nach Abb. 80).

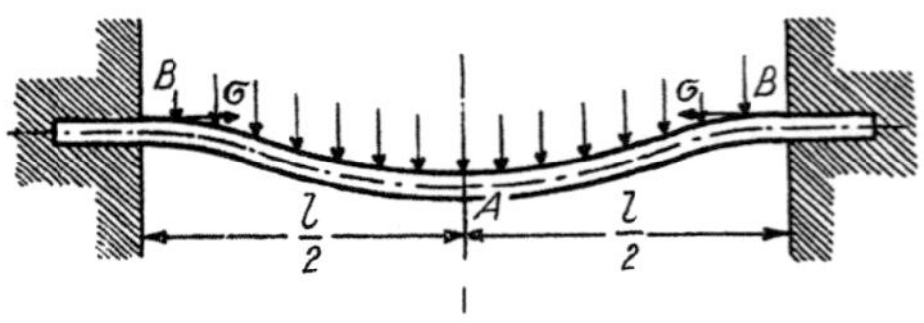

Abb. 79.

Je nach dem Grade der Nachgiebigkeit ergibt sich dann die Beanspruchung

	nach Abb. 78,	79,	80,	
in der Stabmitte	$\frac{pl^2}{8}$	$\frac{pl^2}{24}$	$\frac{pl^2}{16}$	wie 3 : 1 : 1,5,
an den Stabenden	0	$\frac{pl^2}{12}$	$\frac{pl^2}{16}$	wie 0 : 2 : 1,5.

Befestigung mit einer gewissen Nachgiebigkeit am Rande führt also zu einer Beanspruchung, die als die günstigste erscheint insofern, als sowohl am Rande als in der Mitte die hohen Werte $pl^2:8$ und $pl^2:12$ vermieden werden und an beiden Stellen der Wert $pl^2:16$ des Momentes auftritt. Wird nun die Platte Abb. 81 betrachtet, so ergibt sich für den kürzeren Streifen das biegende Moment

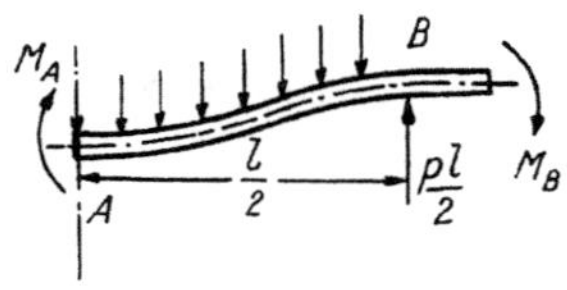

Abb. 80.

$$M = m\,p \cdot b^2$$

worin

$$m = \frac{1}{8} \text{ für Abb. 78,}$$

$$m = \frac{1}{12} \text{ ,, ,, 79,}$$

$$m = \frac{1}{16} \text{ ,, ,, 80,}$$

andererseits findet sich

$$M = \frac{1}{6} k_b \cdot s^2 .$$

Nun unterstützt aber der längere Streifen a den kürzeren umsomehr, je kürzer a ist. Um dies zum Ausdruck zu bringen, wird an Stelle von k_b eingesetzt

$$n\left[1 + \left(\frac{b}{a}\right)^2\right] k_z ,$$

in welcher Beziehung bis auf weiteres

$$n = \frac{4}{3} \quad \text{d. h.} \quad k_b = \frac{4}{3}\left[1 + \left(\frac{b}{a}\right)^2\right] k_z$$

gesetzt werden soll.

Damit ist dann die für den Streifen gefundene Erkenntnis auf die Platte übertragbar und es kommt zum Ausdruck, daß die kurze Seite für die Widerstandsfähigkeit maßgebend sein muß.

Für Abb. 80 ergibt sich z. B.

$$s = b\sqrt{\frac{9}{32}\,\frac{p}{k_z\left[1 + \left(\frac{b}{a}\right)^2\right]}} ,$$

während für Abb. 79 käme

$$s = b\,\frac{3}{8}\sqrt{\frac{p}{k_z\left(1 + \left(\frac{b}{a}\right)^2\right)}} .$$

Ebenso lassen sich Beziehungen für die kreisförmige, elliptische, trapezförmige Platte ableiten.

Mit steigender Durchbiegung der Platte wächst infolge der eintretenden Wölbung ihre Widerstandsfähigkeit bis zu einer gewissen, hoch liegenden Grenze hin und damit die Sicherheit gegen Bruch, sofern es sich um zähes Material handelt. Dieser Umstand verdient im Falle der Verwendung von Platten aus zähem Flußeisen bei der Wahl der zulässigen Beanspruchung Beachtung. In dieser Hinsicht wurden vier Versuche mit vier am Umfange durch Nietung befestigten Flußeisenplatten ausgeführt. Bei diesen Versuchen konnte die Pressung auf den zehnfachen Betrag, den die vorstehenden Gleichungen als zulässig ergeben, gesteigert werden, ohne daß sich an irgendeiner Stelle die Bildung eines Risses nur andeutet.

Rechnet man zylindrische Wandungen, welche durch den Überdruck von p Atm. beansprucht werden, mit $K_z = 900$ kg/qcm und beträgt die Zugfestigkeit des Bleches 3600 kg/qcm, so steht bei dem vierfachen Werte von p die Zerstörung zu erwarten, in der Regel bereits vorher. Die Sicherheit gegen Bruch beim Steigern der Belastung über das zulässige Maß hinaus ist somit bei ebenen, aus zähem Flußeisen bestehenden Wandungen viel größer als bei zylindrischen Wandungen, die man sonst als die weit sichereren zu betrachten pflegt. Man wird deshalb bei gleicher Sicherheit gegen Bruch die zulässigen Anstrengungen des Materials der durch Biegung beanspruchten ebenen Wandungen im Vergleich zur Zugfestigkeit höher wählen dürfen, als die Zuganstrengung zylindrischer Wandungen (sofern nicht besonders starker Wechsel in der Beanspruchungsrichtung eintritt und andere Umstände, z. B. Größe der Formänderung, hervorgerufen durch Wärmeschwankungen usw. den Ausschlag geben).

Zuweilen begegnet man der Bemerkung, daß ebene Wandungen durch Spannungen, die in ihnen vorhanden sind, gefährdet werden können. Abgesehen davon, daß solche Spannungen auch anderen Wandungen gefährlich werden können, sei folgendes hervorgehoben. Sind bei der Befestigung der Platte Spannungen in ihr wachgerufen worden, so hat das bei zähem Material wie Flußeisen, nichts zu besagen, da nach stattgehabter Überlastung infolge der Nachgiebigkeit des Materials sich der Zustand mehr oder minder eingestellt haben wird, wie er bei Befestigung der Bleche ohne Spannungen vorhanden gewesen wäre. Anders liegen die Verhältnisse, wenn die zum Ausgleich solcher Spannung dienenden Formänderungen durch die Konstruktion verhindert sind, aber auch dies gilt ebenso für andere als ebene Wandungsteile.

9. C. Bach: Versuche über die Formänderung und die Widerstandsfähigkeit ebener Wandungen. (Versuche über die Widerstandsfähigkeit von Kesselwandungen, H. 3. VDI 1908, S. 1781ff.)

Zur Stützung der unter Nr. IV, 1 und IV, 4 enthaltenen Ableitungen werden Versuche an quadratischen und rechteckigen Platten ausgeführt, die am Umfang durch Vernieten befestigt und durch Flüssigkeitsdruck belastet waren, wie Abb. 81 zeigt. Ge-

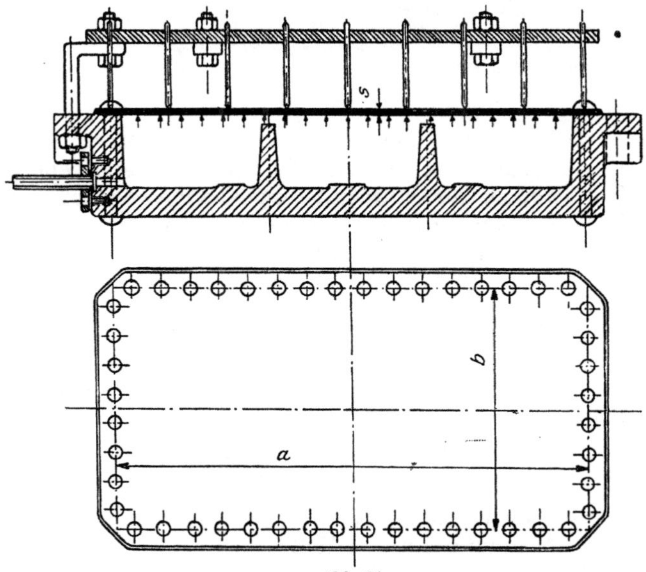

Abb. 81.

messen wurden die Durchbiegungen unter dem Flüssigkeitsdruck an so vielen Stellen, daß ein ausreichend genaues Bild der Formänderung erlangt war.

Die Platten hatten Ausglühen erfahren und wiesen das übliche Maß von Gleichförmigkeit der Dicke auf, so daß Schwankungen bis zu mehreren Zehnteln von Millimetern in Kauf genommen werden mußten. Die aufgenietete Platte kann ferner nicht als genau eben gelten; Spannungen, die vom Nieten und Stemmen herrühren, entziehen sich der Feststellung.

Bei den Pressungen, unter denen die Belastungsdauer die Größe der Formänderung beeinflußt[1]), wurden die Messungen solange fortgesetzt, bis sich Änderungen nicht mehr ergaben. Das Meßverfahren war die unter Nr. IV, 3 beschriebene Stiftmessung. Auf Gleichhaltung der Temperatur wurde geachtet.

Von den Ergebnissen seien nur die folgenden ausgeführt.

Quadratische Platte I. Seitenlänge, gemessen von Mitte Nietlochreihe bis Mitte Nietlochreihe 800 mm, Wandstärke im Mittel 8,4 mm. Abb. 82 u. 83 ergeben die gesamten und bleibenden Durchbiegungen in der Plattenmitte, als deren Unterschied sich die Federungen berechnen lassen. Diese sind bis $p = 0{,}6$ Atm. den Pressungen proportional, später wachsen sie rascher und bei Drücken über 3 Atm. langsamer als diese: die Platte hat sich so stark gewölbt, daß sie nicht mehr als ebene Platte betrachtet werden darf.

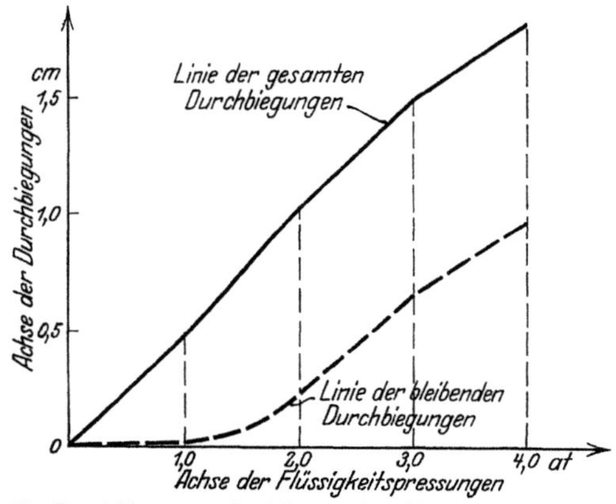

Abb. 82. Durchbiegungen der Plattenmitte für quadratische Platte I. o bis $p = 4$ Atm.

Zur weiteren Auswertung der Versuchsergebnisse wurden für die durch die Plattenmitte verlaufenden Schnittlinien die Formänderungen aufgezeichnet und für diese Linien die Gleichungen von der Form (wegen der Symmetrie der Linien)

$$y = B\,x^2 + D\,x^4 + F\,x^6 + \ldots$$

ermittelt. Die Abstände von der Mitte (x) und die Durchbiegungen (y) waren in cm einzuführen.

So ergab sich z. B. für die Verbindungslinien der Seitenmitten die Gleichung

$$y = 3{,}2216 \cdot 10^{-4} \cdot x^2 - 6{,}7403 \cdot 10^{-8} \cdot x^4 - 1{,}6940 \cdot 10^{-11} \cdot x^6,$$

deren Nachprüfung völlige Übereinstimmung der Durchbiegung y mit den Meßwerten lieferte.

Diese Gleichung erlaubt nun die weitergehende Auswertung der Versuchsergebnisse, z. B. der Winkeländerungen durch Ermittlung des ersten Differentialquotienten und der Wendepunkte aus dem zweiten Differentialquotienten.

[1]) Vgl. das unter V, 1 Bemerkte.

So findet sich z. B. für $x = 40$ (Nietreihen)

$$\frac{dy}{dx} = 6{,}443 \cdot 10^{-4} \cdot 40 - 2{,}696 \cdot 10^{-7} \cdot 40^3 - 1{,}016 \cdot 10^{-10} \cdot 40^5 = -\,0{,}0019.$$

Das negative Vorzeichen dürfte zu erklären sein durch den Widerstand, den die Vernietung der Verschiebung der Platte auf dem starken Gehäuse entgegensetzt.

Die elastische Linie hat, außer in der Mitte, noch eine horizontale Tangente für

$$x = 38{,}98 \text{ cm},$$

also innerhalb der Nietreihe. Ein Wendepunkt liegt bei

$$x = 24{,}15 \text{ cm}$$

Die Gleichung erlaubt schließlich noch eine Ermittlung der Materialanstrengung, die vom biegenden Moment herrührt.

Die Dehnung der um die halbe Plattendicke h von der elastischen Mittelfläche abstehenden äußersten Faserschicht, soweit sie vom biegenden Moment herrührt, ergibt sich aus

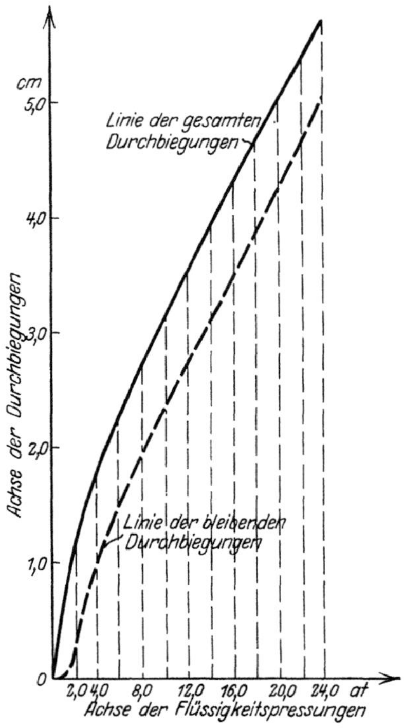

Abb. 83. Durchbiegungen der Plattenmitte o bis $p = 24$ Atm. für quadratische Platte I.

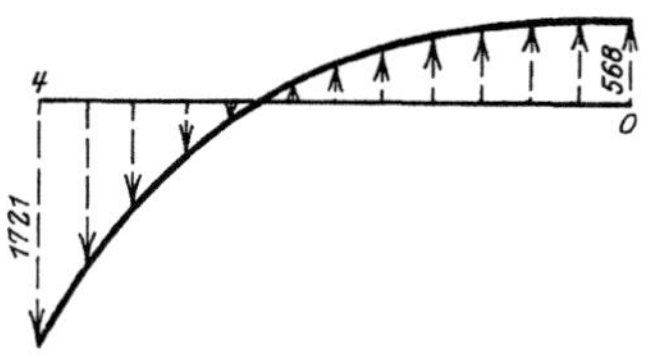

Abb. 84.

$$\varepsilon = \frac{\frac{h}{2}}{\varrho}.$$

Da ferner

$$\frac{1}{\varrho} = \pm \frac{d^2 y}{d x^2},$$

so folgt

$$\varepsilon = \frac{h}{2} \cdot \frac{d^2 y}{d x^2},$$

oder wenn die Beanspruchung $b = \frac{\varepsilon}{d}$ gesetzt wird.

$$\varepsilon = \alpha \cdot \sigma_b,$$

$$\sigma_b = \frac{1}{a} \cdot \frac{h}{2} \cdot \frac{d^2 y}{d x^2}\ ^{1)}.$$

[1]) Nach dem Vorstehenden ist diese Größe keine „Spannung“, sondern eine „Beanspruchung“, d. h. eine reduzierte Spannung.

Wird $\alpha = 1:2100000$ gesetzt, so findet sich für die Plattenmitte (d. i. $x = o$)

$$(\sigma_b)_0 = 2100000 \cdot \frac{0{,}84}{2} \cdot 6{,}443 \cdot 10^{-4} = +568 \text{ kg/qcm}$$

und für die Befestigungsstelle bei den Meßpunkten 4 (vgl. Abb. 84) mit $x = 40$ cm

$$(\sigma_b)_4 - 2100000 \cdot \frac{0{,}84}{2} \cdot (6{,}443 \cdot 10^{-4} - 8{,}088 \cdot 10^{-7} \cdot 40^2$$

$$- 5{,}082 \cdot 10^{-10} \cdot 40^4) = -1721 \text{ kg/qcm}.$$

Die äußere Plattenoberfläche an der Befestigungsstelle erfährt also Druckbeanspruchung, und zwar etwa das Dreifache der Zugbeanspruchung in der Plattenmitte.

Abb. 84 zeigt den Verlauf der Biegungsbeanspruchung. In gleicher Weise ist für die Viertelpunkte der Umfangsseiten und für die Diagonalen vorgegangen worden. Dabei fand sich für die Plattenmitte in allen Richtungen fast genau dieselbe Beanspruchung. Am Umfang dagegen nahm dieselbe von der Mitte nach den Ecken hin sehr rasch ab und wechselte ihr Vorzeichen. Hatte sie in der Plattenmitte —1721 kg/qcm betragen, so war im Viertelpunkt nur noch —779 kg/qcm vorhanden und in den Ecken +566 kg/qcm erlangt. Um dies zu veranschaulichen, sei noch der Verlauf der ausgerechneten Beanspruchung für die Diagonalschnitte in Abb. 85 wiedergegeben.

Abb. 85. Verlauf der Biegungsanstrengungen in den Diagonalschnittebenen bei $p = 0{,}6$ Atm. für quadratische Platte I.

Schließlich sei noch Abb. 86 angeführt, aus der die Linien gleicher federnden Durchbiegung unter dem Druck $p = 0{,}6$ Atm. hervorgehen, wie sie aus den

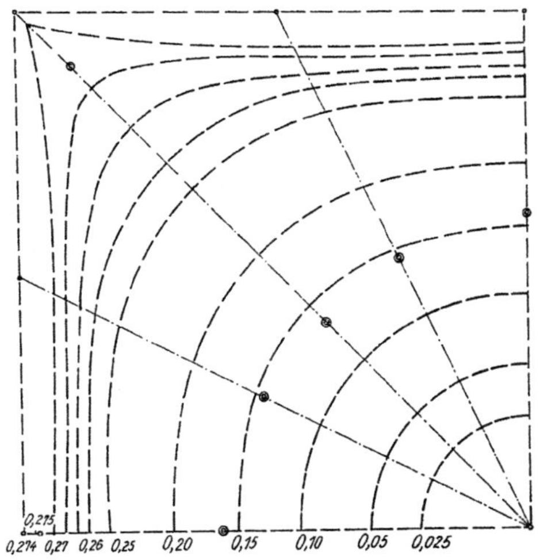

Abb. 86. Linien gleicher federnder Durchbiegung bei $p = 0.6$ Atm. für quadratische Platte I. ● Wendepunkte der elastischen Linie in den Schnittebenen.

aufgestellten Gleichungen abzuleiten waren. Mit Hilfe solcher Linien läßt sich für jeden Punkt der Platte die Dehnung infolge der Durchbiegung feststellen, die in einer beliebigen Richtung stattfindet und damit auch die zugehörige Biegungsanstrengung des Materials.

Quadratische Platte II. Seitenlänge 800 mm, Wandstärke im Mittel 16,8 mm.

Von den Ergebnissen seien nur Abb. 87 u. 88 angeführt, die nach dem Vorstehenden für sich selbst sprechen.

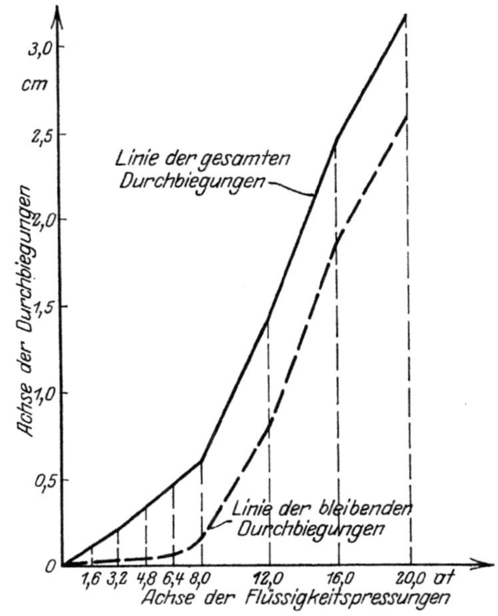

Abb. 87. Durchbiegungen der Plattenmitte o bis $p = 20$ Atm. für quadratische Platte II.

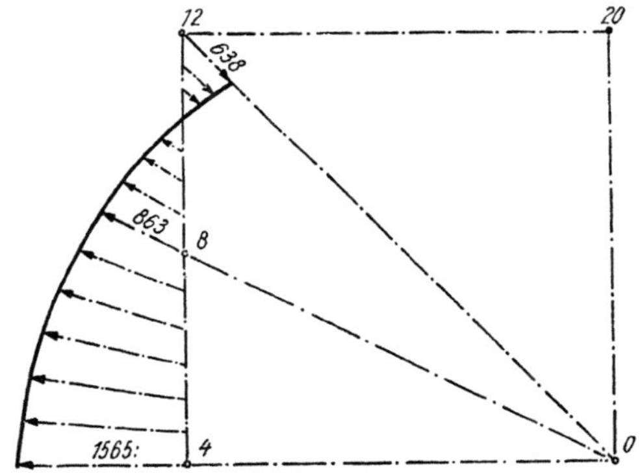

Abb. 88. Verlauf der Biegungsanstregnungen an der Befestigungsstelle bei $p = 2{,}4$ Atm. für quadratische Platte II.

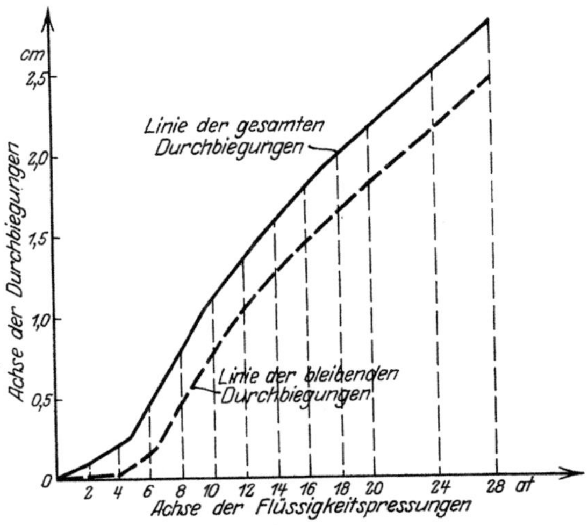

Abb. 89. Durchbiegungen der Plattenmitte o bis $p = 28$ Atm. für rechteckige Platte III.

Rechteckige Platte III, IV. Seitenlängen 800 mm und 400 mm, Wandstärke im Mittel 8,6 mm und 16,5 mm.

Wegen der gebotenen Beschränkung sei nur Abb. 89 u. 90 angeführt, die einen Vergleich zwischen quadratischer und rechteckiger Platte einerseits, zwi-

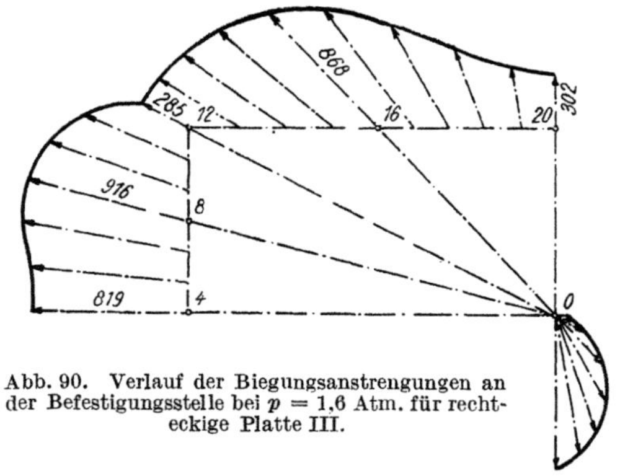

Abb. 90. Verlauf der Biegungsanstrengungen an der Befestigungsstelle bei $p = 1,6$ Atm. für rechteckige Platte III.

schen Rechnung und Versuch andererseits ermöglichen. Ebenso sei von der rechteckigen Platte IV nur Abb. 91 u. 92 aufgenommen. Der Vergleich von Abb. 90 und 92

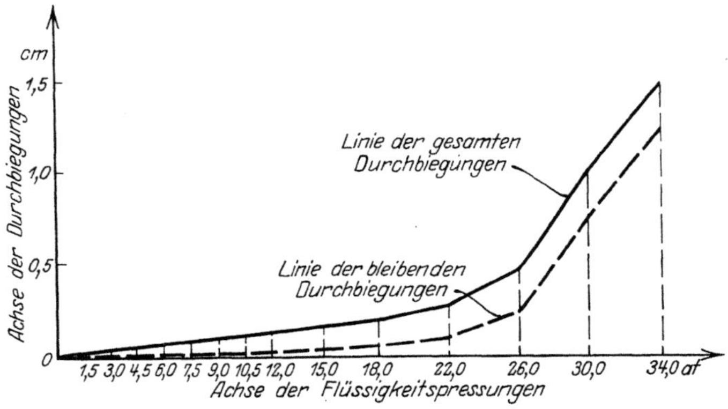

Abb. 91. Durchbiegungen der Plattenmitte für rechteckige Platte IV.

insbesondere der Spannungen am Rand und in der Plattenmitte deutet darauf hin, daß die Einspannung im letzteren Fall (dickere Platte) eine weit vollkomme-

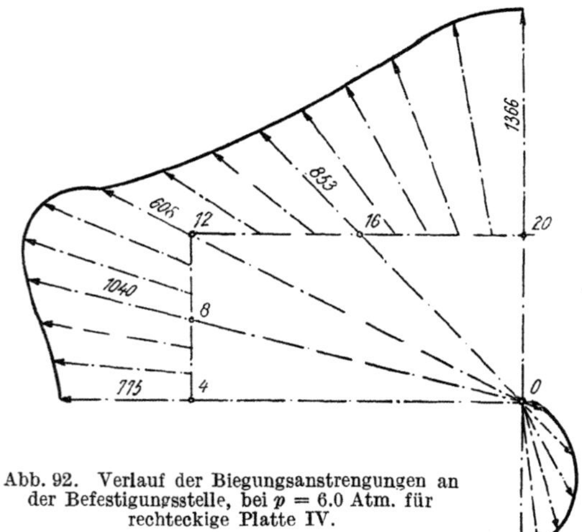

Abb. 92. Verlauf der Biegungsanstrengungen an der Befestigungsstelle, bei $p = 6.0$ Atm. für rechteckige Platte IV.

nere war. Deshalb waren die Versuche fortzusetzen, was auch inzwischen geschehen ist; doch liegt eine Veröffentlichung noch nicht vor.

10. C. Bach: Berechnung der Träger von Feuerbüchsdecken für Landdampfkessel. (Prot. d. 41. D.- u. I.-Vers. d. int. Verb. d. D.-Ü.-V. zu Konstanz 1911, S. 38.)

Vorschlag zur Bewertung der Tragfähigkeit des Deckenbleches selbst, die in den bisherigen Bestimmungen außer acht gelassen war (vgl. Nr. IV, 5).

Die Träger haben denjenigen Teil des auf sie entfallenden Dampfdruckes aufzunehmen, der von der Decke nicht selbst getragen wird. Ohne Unterstützung würde diese ebene Wand von der Größe $m \cdot n$ und der Stärke s einer Dampfspannung p_0 Widerstand leisten können, die aus der Formel

$$s = 0{,}053\,\mathrm{m}\sqrt{\frac{p_0}{k_z\left[1+\left(\frac{m}{n}\right)^2\right]}}$$

ermittelt werden kann, wobei vorausgesetzt wird, daß m die kleinere der beiden Abmessungen n und m ist und k_z die Anstrengung des Deckenmaterials bedeutet, welche unter der Wirkung von p_0 eintreten wird.

Aus dieser Gleichung folgt

$$p_0 = \left(\frac{s}{0{,}053\,\mathrm{m}}\right)^2\left[1+\left(\frac{m}{n}\right)^2\right]k_z\,.$$

Ist nun p der Betriebsüberdruck, so werden durch die Träger Kräfte zu übertragen sein, die der Pressung $p - \psi\, p_0$ entsprechen. Hierin ist ψ ein Koeffizient, für den gilt

$$1 > \psi > 0\,.$$

Die genaue Feststellung von ψ erscheint außerordentlich schwierig. Deshalb haben die bisherigen Normen die Tragfähigkeit des Deckenblechs außer acht gelassen. Es könnte nun $\psi = \frac{p_0}{p}$ gesetzt werden, so daß durch die Deckenträger noch die Dampfspannung

$$p - \psi\, p_0 = p - \frac{p_0}{p}\, p_0 = p - \frac{p_0^2}{p}$$

zu übertragen bleibt.

Wird so verfahren, dann kann überdies der Wert für k_b für zähe Materialien von 9 auf 10 kg/qmm bzw. auf $\frac{\text{Zugfestigkeit}}{3{,}5}$ erhöht werden. Gültig soll dieser Vorschlag nur für Landdampfkessel sein, weil bei Schiffsdampfkesseln andere Einflüsse Bedeutung erlangen können. Man denke nur an die möglichen Neigungen beim Schwanken des Schiffes.

11. C. Bach: Bericht über die Versuche zur Ermittlung der in den Längsankern eintretenden Spannungen. (Prot. d. 42. D.- u. I.-Vers. d. int. Verb. d. D.-Ü.-V. zu München 1912, S. 31ff.)

Eine 1910 erfolgte Umfrage bei 64 größeren Firmen ergab, daß die Belastungen der Längsanker in Schiffskesseln usw. recht verschieden hoch eingeschätzt werden[1]).

Um die hiernach bestehende Unsicherheit zu beseitigen, sind Versuche an einem 5 m langen Kessel, dessen ebene Böden durch Heizrohre in verschiedener Anordnung verbunden waren, angestellt worden. Hierbei wurde im Kessel Wasserdruck erzeugt und die dadurch hervorgerufene Belastung der einzelnen Rohre gemessen (durch Bestimmung ihrer Verlängerung, wie Abb. 93 zeigt). Auch der Einfluß von Verstärkungsscheiben unter den Ankern wurde ermittelt.

Die Versuche ergaben zunächst, daß keines der bis dahin üblichen Rechnungsverfahren die Ankerbe-

[1]) Die Materialvorschriften bestimmen die zulässige Beanspruchung der Anker, geben aber nicht an, wie die Belastung zu berechnen ist, die sie zu übertragen haben.

lastung zutreffend bewerte[1]), daß aber weitere Versuche nötig seien (vgl. Nr. IV, 12).

Die tragende Wirkung des Kesselmantels konnte (für eine Näherungsrechnung) dadurch berücksichtigt werden, daß am Rande ein Streifen angenommen wurde, dessen Flüssigkeitsbelastung nicht von den

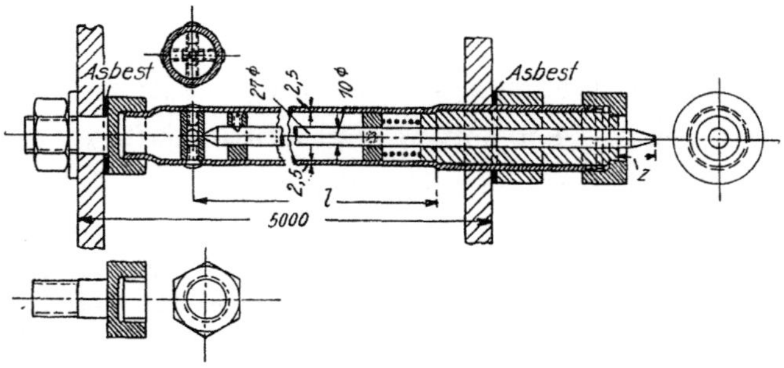

Abb. 93.

Rohren bzw. Ankern zu tragen war. Die Breite dieses Streifens hängt von den Blechdicken des Mantels und des Bodens, von dem Krempenhalbmesser des letzteren sowie von den Abmessungen ab[2]).

12. C. Bach: Bericht über die Fortsetzung der Versuche zur Ermittlung der in den Längsankern eintretenden Spannungen. (Prot. d. 44. D.- u. I.-Vers. d. int. Verb. d. D.-Ü.-V. zu Chemnitz 1914, S. 35ff.)

[1]) Hauptsächlich bestanden zwei Arten der Berechnung für die vom Anker zu tragende Kraft, die am einfachsten durch den Vergleich der beiden Hälften der folgenden Abb. 94 zu erkennen sind.

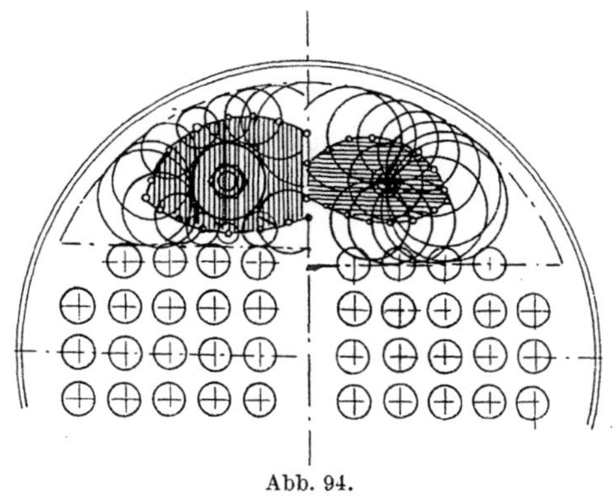

Abb. 94.

[2]) In Abb. 95 wird die auf den durch Strichlage hervorgehobenen Streifen bezeichnete Belastung vom Kesselmantel unmittelbar übernommen, den Ankern also abgenommen.

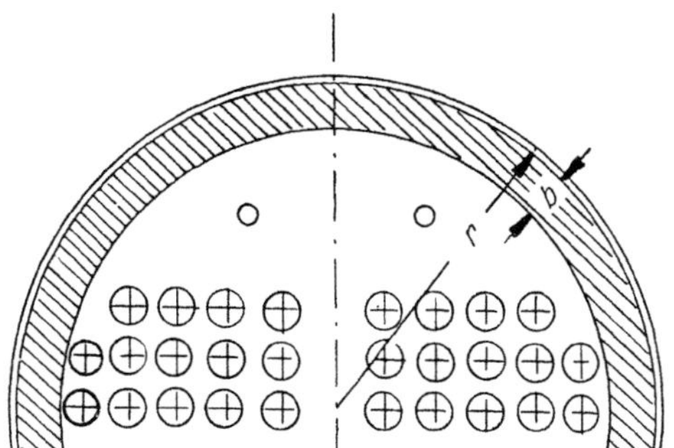

Abb. 95.

Unter den Verhältnissen, die beim Versuchskessel herrschten, betrug die Breite b dieses Streifens 144 mm $\left(b = \frac{r}{7}\right)$.

Im Anschluß an die unter Nr. IV, 11 besprochenen Versuche sind Messungen an einem Schiffskessel von 2600 mm Durchmesser ausgeführt worden, die als Bestätigung der früheren Arbeit angesehen werden können. Der unter Nr. IV, 11 erwähnte Randstreifen hatte eine Breite von $^1/_{25}$ des inneren Bodendurchmessers, war also verhältnismäßig schmäler als früher, was dadurch erklärlich erscheint, daß auch der Boden vergleichsweise geringe Stärke aufwies. Als abgeschlossen können die Versuche jedoch noch nicht angesehen werden; der Krieg hat ihre Fortsetzung bisher verhindert.

13. C. Bach: Über die Widerstandsfähigkeit von Gefäßdeckeln. (Prot. d. 44. D.- u. I.-Vers. d. int. Verb. d. D.-Ü.-V. zu Chemnitz 1914, S. 41.)

Es wird gezeigt, daß das vom Verfasser angegebene Verfahren zur Berechnung ebener Platten gute Übereinstimmung mit der beobachteten Widerstandsfähigkeit liefert. Insbesondere wird auf die Bedeutung der

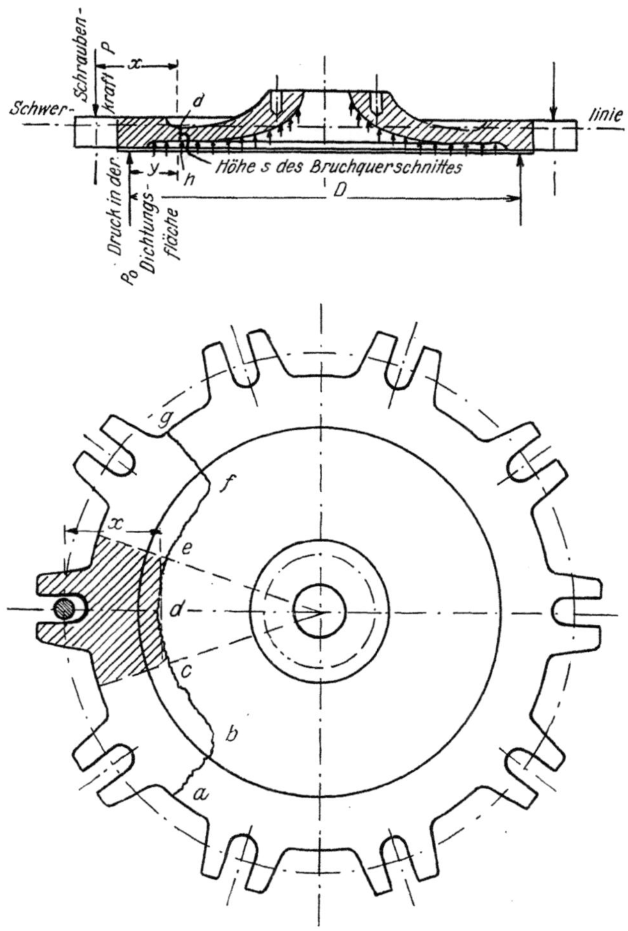

Abb. 96.

Kräfte hingewiesen, mit denen Deckelschrauben angezogen werden müssen. Abb. 96 zeigt einen gußeisernen Deckel, der einen Kocherverschluß darstellt und bei einem Betriebsdruck von 6 Atm. gebrochen ist. Der Bruch erfolgte an der schwächsten Stelle entlang a, b, c, d, e, f, g.

Bei der Berechnung wird der zu einer Schraube gehörige Sektor ins Auge gefaßt, etwa der in Abb. 96 durch Schraffierung hervorgehobene. Ist nun P die Schraubenkraft, so liefert diese in bezug auf den Bruchquerschnitt $c - d - e$ das Moment Px linksdrehend, wobei zunächst der seitliche Zusammenhang des Sektors mit dem Ring vernachlässigt wird. Der Dichtungsdruck P_0, wenn wir ihn im Abstand y von der Bruchlinie wirkend denken, ergibt das rechtsdrehende Moment $P_0 \cdot y$ und die Flüssigkeitspressung p hinsichtlich des Bruchquerschnittes ein rechtsdrehendes Moment $M_p = f \cdot p \cdot z$, wenn f die Ringfläche bedeutet, auf die der Flüssigkeitsdruck wirkt und z der Abstand des Schwerpunktes dieser Ringfläche vom Bruchquerschnitt ist. Im vorliegenden Fall wird M_p verhältnismäßig klein sein und wird vernachlässigt werden dürfen. Damit wird mit

$$M_b = k_b \cdot \frac{\Theta}{e},$$

für den Bruchquerschnitt von der Höhe s und von der Breite ce

$$\mu(P \cdot x - P_0 y) = k_b \cdot \frac{1}{6} \cdot \overline{ce} \cdot s^2,$$

sofern μ den Berichtigungskoeffizienten bezeichnet, der einzuführen ist, um den Einfluß des seitlich in den Flächen $a\,b$ und $f\,g$ an den Sektor sich anschließenden Materials, sowie sonstigen Einflüssen wie Gußspannung usw. Rechnung zu tragen. Hierin wird μ für Gußeisen mit Gußhaut, soweit die jetzigen Versuche reichen, zu $1/3$ bis $2/3$ gewählt werden können. Dem kleineren Wert wird man sich nähern dürfen bei verhältnismäßig starken Flanschen im Vergleich zur Wandstärke an der Bruchstelle.

Um die Dichtung zu sichern, wird $P > P_0 > \frac{\pi}{4} \cdot D^2 p$ sein müssen. Für mittlere Verhältnisse dürfte es genügen, $P = \frac{5}{4} \cdot P_0$ zu wählen, damit findet sich alsdann die Beanspruchung k_b des Materials an der Bruchstelle, wobei nicht außer acht zu lassen ist, daß durch übermäßiges Anziehen der Schrauben der Deckel außerordentlich beansprucht werden kann, so daß sein Bestand gefährdet ist, schon ehe der Betriebsdruck wirkt.

V. Widerstandsfähigkeit der flachen und gewölbten Böden bei innerem und äußerem Überdruck.

1. C. Bach: Untersuchungen über die Formänderungen und die Anstrengung flacher umgekrempter Kesselböden. (VDI. 1897, S. 1157ff. Prot. d. 26. D.- u. I.-Vers. d. int. Verb. d. D.-Ü.-V. zu Dresden 1897, S. 115.)

Untersucht wurden 5 umgekrempte, eingenietete Böden aus Flußeisen und 4 gußeiserne Böden, welche mit den Hohlzylindern, die sie abschließen, je aus einem Stück bestehen.

Die Flußeisenböden waren in einen geschweißten, zylindrischen Schuß eingenietet (einreihige Naht). Gemessen wurden für zahlreiche Druckstufen die Durchbiegungen an je 41 bzw. 45 Stellen. Hierzu diente das unter Nr. IV, 3 beschriebene Stiftmeßverfahren (vgl.

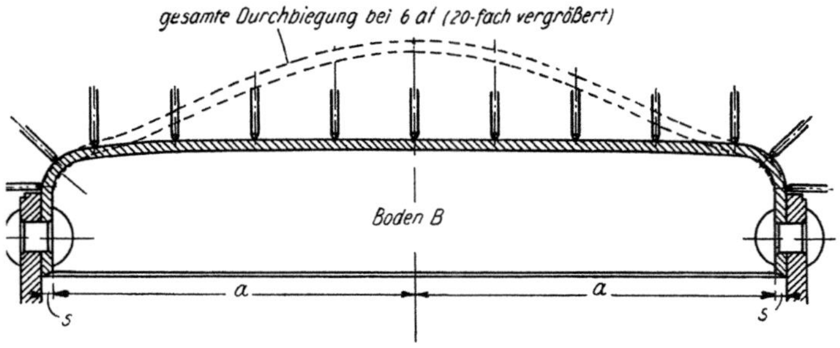

Abb. 97.

Abb. 97). Gemessen wurde jeweils nach Einstellen des Druckes und nach Entlastung, so daß sich die Größe der gesamten, bleibenden und (als Unterschied) federnden Formänderung ergab (s. Abb. 98). Bemerkenswert erscheint, daß sich bei der Messung ein starker Einfluß der Zeit (Nachwirkung) ergab. Verwendet wurden die Ergebnisse, die sich nach Abschluß dieser Nachwirkung ergaben, was durch häufige Wiederholung der Messungen festzustellen war.

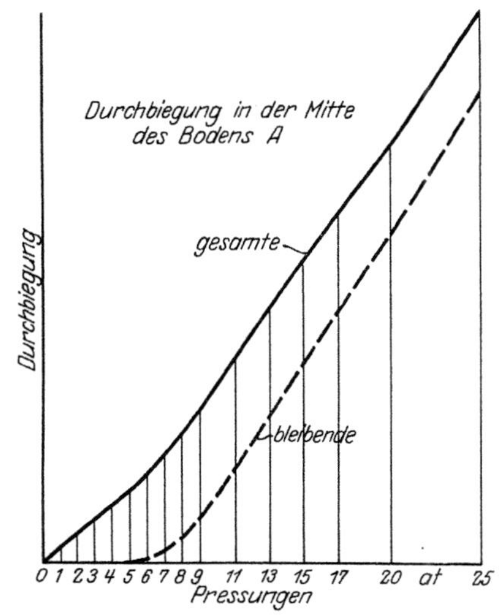

Abb. 98.

Das Material der Flußeisenböden besaß eine Zugfestigkeit von 3820 kg/qcm, Bruchdehnung 30,2 %. Die Streckgrenze lag bei 2375 kg/qcm, die Proportionalitätsgrenze bei 1650 kg/qcm. Deutliches Zunderabspringen trat bei rund 2600 kg/qcm ein.

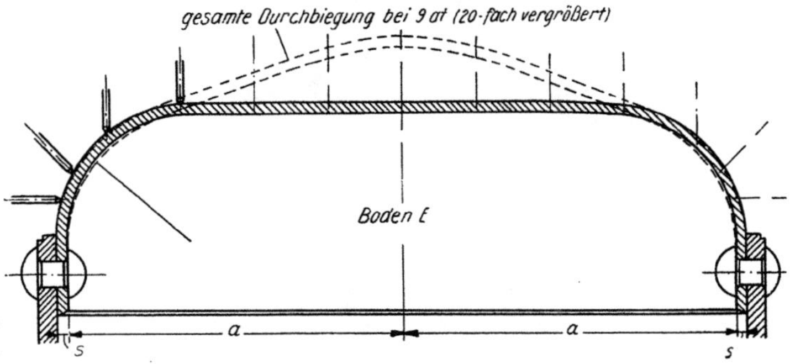

Abb. 99.

Von dem umfangreichen Beobachtungs- und Zahlenmaterial sei hier nur in Kürze folgendes mitgeteilt.

1. Böden mit verhältnismäßig kleiner Krempenausrundung erfahren unter der Wirkung des Flüssigkeitsdruckes an der Krempe eine Aufbiegung.

2. Bei größerem Krempenhalbmesser tritt dies erst unter höheren Drücken ein; vorher erfolgt eine Verminderung des Halbmessers (vgl. Abb. 99).

3. An der Krempe springt zuerst Zunder ab; sie ist der am stärksten beanspruchte Teil des Bodens.

4. Unter hohen Pressungen erfolgt Einziehen des zylindrischen Fortsatzes des Bodens.

5. Die einreihige Nietnaht erweist sich nicht als vollkommene Einspannung, sondern als etwas nachgiebig.

6. Bei den gußeisernen Böden erfolgte der Bruch an der Krempe (vgl. Abb. 100).

7. Die Gleichung der Flußeisenböden[1])

$$K_b \geqq \left\{\frac{1}{2}\cdot\frac{r}{s} + \varphi\left(\frac{a - 0{,}5\,r\left(1 + \frac{r}{a}\right)}{s}\right)^2\right\} p\,,$$

liefert mit φ[2]) $= {}^1/_3$ brauchbare Werte.

In ihr bedeuten

r den Halbmesser der Krempe innen, cm;

s die Wandstärke des Bodens, cm;

a den Halbmesser des Bodens auf der Innenseite, cm.

8. Ebenso liefert die für Gußeisen aufgestellte Gleichung

$$K_b \geqq 0{,}8\left\{\frac{r}{s} + \left(\frac{a - 0{,}5\,r\left(1 + \frac{r}{a}\right)}{s}\right)^2\right\} p$$

zutreffende Werte, wenn für K_b die bei Versuchen ermittelte Biegungsfestigkeit des verwendeten Gußeisens eingeführt wird.

9. Die mehrfach empfohlene Clarksche Berechnungsweise wird widerlegt.

10. Durch Vergrößerung des Krempungshalbmessers r kann hiernach die Widerstandsfähigkeit der Böden erhöht werden.

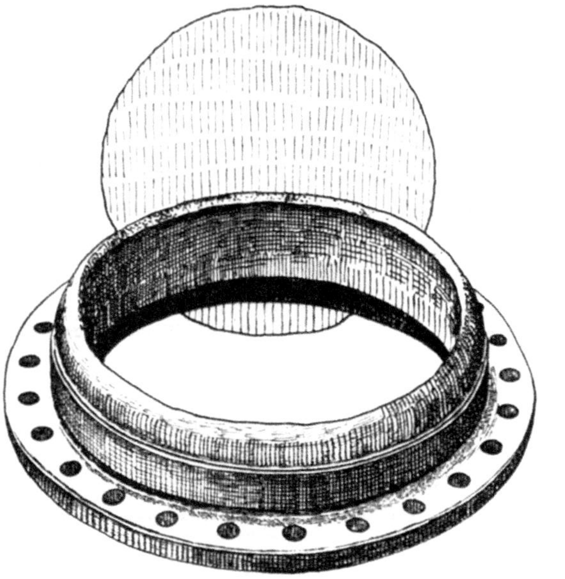

Abb. 100.

2. C. Bach: Untersuchungen über die Formänderungen und die Anstrengung gewölbter Böden. (VDI. 1899, S. 1585ff. Versuche über die Widerstandsfähigkeit von Kesselwandungen, H. 5.)

7 umgekrempte, eingenietete Böden aus Flußeisen und 4 gußeiserne Böden von rund 700 mm Durchmesser wurden auf ihre Widerstandsfähigkeit gegenüber innerem und äußerem Überdruck untersucht unter Messung der dabei auftretenden Formänderungen (Stiftmeßverfahren, vgl. Nr. IV, 3).

Die übliche Berechnung solcher Böden beschränkt sich bekanntlich darauf, daß die Beanspruchung im gewölbten Teil ermittelt wird unter der Annahme, dieser gehöre einer ganzen Kugelschale an. Demgegenüber tritt die größte Beanspruchung ganz wie bei flachen Böden (Nr. V, 1) bei innerem Überdruck an der Krempe auf, sie ist weit bedeutender, als angenommen zu werden pflegt. Abb. 101 zeigt dies anschaulich aus der unter hohen Drücken ermittelten Formänderung. Ebenso läßt Abb. 102 (Gußeisenböden) aus dem Bruchverlauf erkennen, daß die maßgebende Beanspruchung an der Krempe erfolgt. Vergrößerung des Krempenhalbmessers erhöhte die Widerstandsfähigkeit.

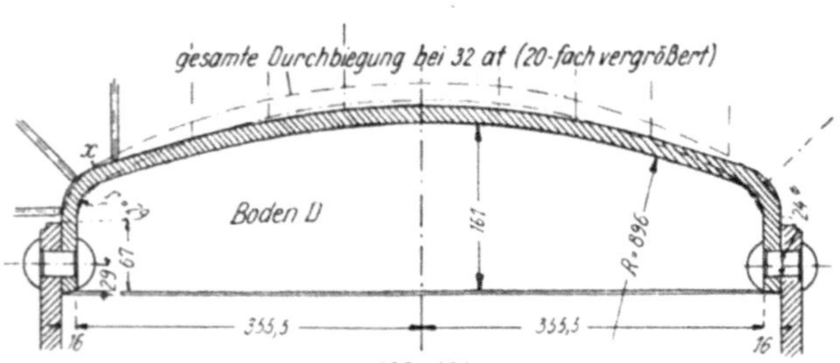

Abb. 101.

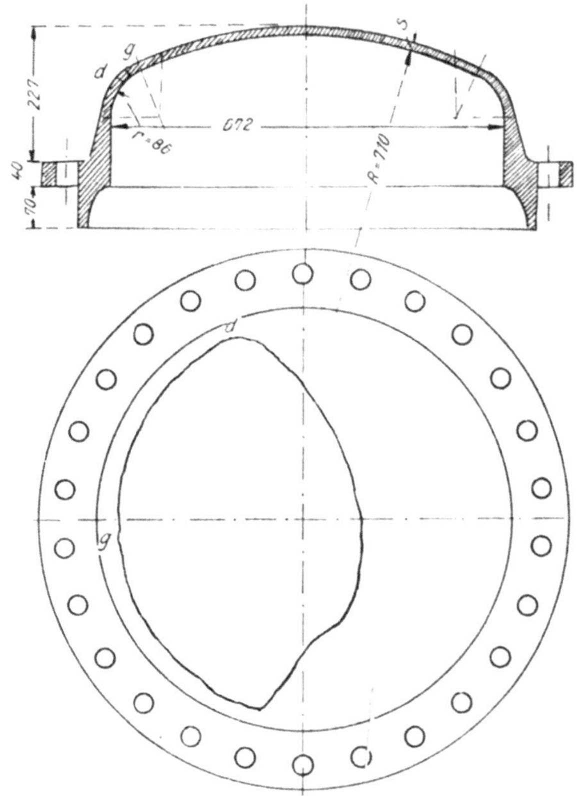

Abb. 102. Bodenansicht von außen.

Bei äußerem Überdruck war, vgl. Abb. 103 u. 104, Einbeulung zu beobachten, d. h. Aufhören des stabilen Zustandes unter Druckbelastung und das Bestreben, die Bodenform so umzubilden, daß Zugbeanspruchung eintritt. Näher ist diese Frage unter Nr. V, 7 verfolgt.

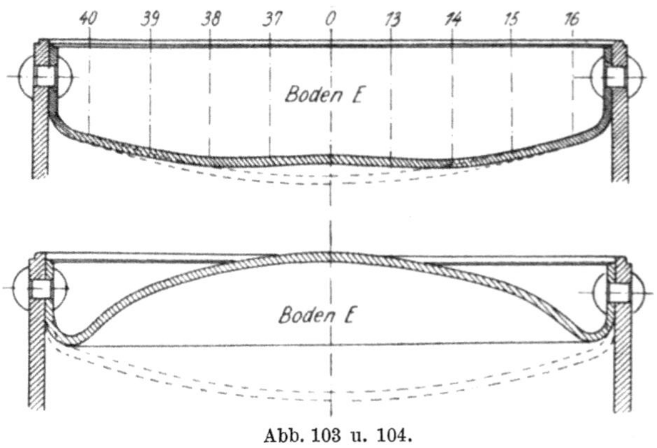

Abb. 103 u. 104.

Auf Grund dieser Versuchsergebnisse wurde darauf hingewirkt, daß im Kesselbau Böden mit stärker gerundeten Krempen verwendet wurden. Die Rücksichtnahme auf die Kosten, welche die Erneuerung der vor-

[1]) Erstmals: Maschinenelemente. 6. Aufl. 1897, S. 688. Bei den üblichen Böden ist r verhältnismäßig klein gegen a und damit das erste Glied im Klammerausdruck der Gleichung, welches die Zugbeanspruchung mißt, klein gegenüber dem zweiten Glied, welches die Biegungsinanspruchnahme bestimmt, so daß die vereinfachte Beziehung benutzt werden darf:

$$K_b \geqq \varphi \left(\frac{a - 0{,}5\, r\left(1 + \frac{r}{a}\right)}{s}\right)^2 \cdot p\,.$$

[2]) Der Wert φ hängt ab von der Nachgiebigkeit des Zylinders, in den der Boden eingenietet ist, und von der Nachgiebigkeit der Nietverbindung.

handenen Gesenke verursacht haben würde, verhinderte schärfere Forderungen, so daß erst in neuester Zeit (1925) das ehemals schon angestrebte Ziel erreicht werden konnte, nachdem mehrere schwere Explosionen eingetreten und die elliptischen Böden erfunden waren, die in dieser Hinsicht besonders günstig erscheinen. Über die neuen Versuche vgl. Anhang V, 11 u. 12. S. a. Nr. V, 6.

3. **C. Bach: Berechnung der Blechdicken von gewölbten Böden, welche äußerem Überdruck ausgesetzt sind.** (Prot. d. 31. D.- u. I.-Vers. d. int. Verb. d. D.-Ü.-V. zu Zürich 1902, S. 35.)

Die Vorschläge für die Hamburger Normen über Art der Berechnung und Höhe der zulässigen Belastung für Flußeisen- und Kupferböden beruhen auf den Versuchen, welche unter Nr. V, 7 angeführt sind, so daß hier darauf verwiesen werden darf.

4. **C. Bach: Widerstandsfähigkeit der Böden von Flammrohrkesseln.** (Prot. d. 31. D.- u. I.-Vers. d. int. Verb. d. D.-Ü.-V. zu Zürich 1902, S. 48ff.)

Eingehend werden die Vorgänge erörtert, die unter der Zusammenwirkung von Dampfdruck und Erwärmung in den Flammrohren betriebener Kessel sich abspielen, und das Ergebnis der unter Nr. V, 8 erwähnten Umfrage besprochen.

5. **C. Bach: Berechnung der Blechdicken gewölbter Flammrohrböden mit Aushalsung oder Einhalsung für ein oder zwei Flammrohre.** (Prot. d. 31. D.- u. I.-Vers. d. int. Verb. d. D.-Ü.-V. zu Zürich 1902, S. 59ff.)

Es werden die Voraussetzungen gekennzeichnet, unter denen die bisher übliche Berechnung, die sich auf die Beanspruchung im gewölbten Teil beschränkt unter der Annahme, diese bilde eine ganze Kugel, stattfinden darf. Hier muß auf diese Ausführungen verwiesen werden.

6. **C. Bach: Berechnung der Blechdicken gewölbter voller Böden ohne Verankerung gegenüber innerem Überdruck.** (Prot. d. 31. D.- u. I.-Vers. d. int. Verb. d. D.-Ü.-V. zu Zürich 1902, S. 64.)

Es wird auf die Notwendigkeit hingewiesen, dafür zu sorgen, daß der Krempungshalbmesser eine solche Größe besitzt, wie erforderlich ist, damit der Übergang zu dem zylindrischen Teil am Umfang des Bodens in den gewölbten mittleren Teil ausreichend allmählich stattfindet.

Dieser Gesichtspunkt gewinnt um so größere Bedeutung, je mehr die Kesselgröße und der Kesseldruck sowie die in Frage stehenden Temperaturen wachsen (vgl. z. B. die Mitteilungen über die Explosion in Aboe, VDI. 1921, S. 266 u. 869). In neuester Zeit haben diese Ausführungen Berücksichtigung erfahren, vgl. Anhang Nr. V, 11, 12, sowie Nr. V, 1 u. 2.

7. **C. Bach: Die Widerstandsfähigkeit kugelförmiger Wandungen gegenüber äußerem Überdruck.** (VDI. 1902, S. 333ff. Versuche über die Widerstandsfähigkeit von Kesselwandungen, H. 6.)

Werden kugelförmige Wandungen innerem Überdruck ausgesetzt, so sucht dieser etwaige Unvollkommenheiten der Form, d. h. Abweichungen von der genauen Kugelform zu beseitigen. Herrscht dagegen äußerer Überdruck, so ist dieser bestrebt, solche Abweichungen zu vergrößern, so daß bei genügender Steigerung desselben die Wandungen eingebeult — eingeknickt — werden. Die Verhältnisse liegen ganz ähnlich wie bei einem schlanken Stab. Wird ein solcher auf Zug beansprucht, so werden etwaige Abweichungen von der geraden Form vermindert; wird er gedrückt, so werden sie vergrößert, schließlich knickt der Stab aus. Im ersten Fall sucht die belastende Kraft die Beanspruchung zur reinen Zugbeanspruchung zu machen; im zweiten ist sie bestrebt, zur Druckbeanspruchung des Materials sich steigernde Biegungsbeanspruchungen hinzuzufügen. Abb. 105 u. 106 zeigen kugelförmige

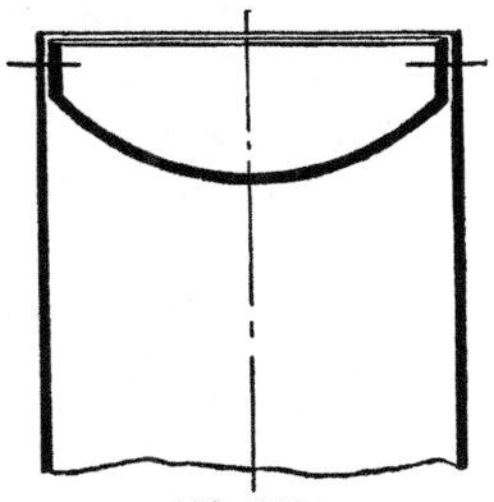

Abb. 105.

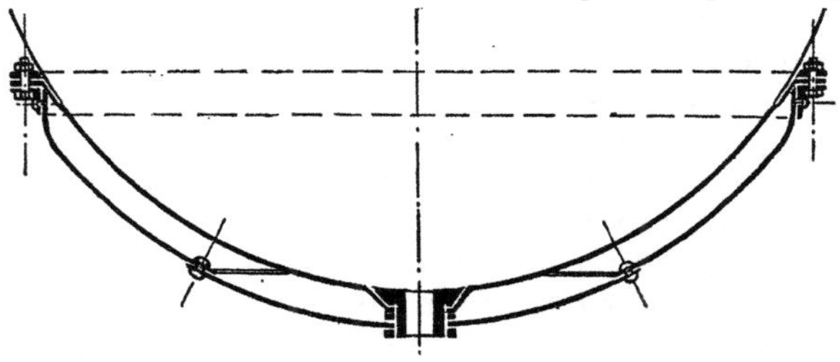

Abb. 106.

Böden, wie sie bei Dampfkesseln und Kochgefäßen vorkommen. Als weitere Anwendung sind z. B. Hochbehälter Bauart Intze, Abb. 107, anzuführen, deren mittlerer Teil die Gestalt einer Kugelhaube besitzt.

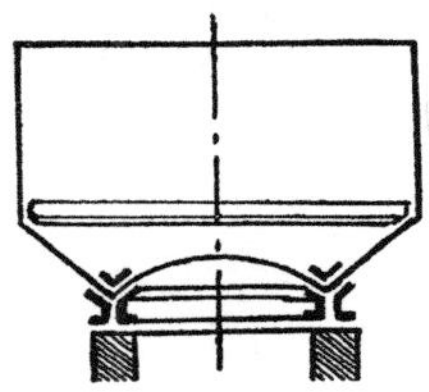

Abb. 107.

Da zuverlässige Grundlagen zur Berechnung solcher Gefäßteile fehlten, war der Weg des Versuchs zu beschreiten.

A. Kugelförmige Wandungen aus Kupfer.

Zur Untersuchung gelangten zunächst zehn Böden aus kräftig abgehämmertem Kupfer, wie es zu Braupfannen usw. Verwendung findet. Die Wandstärken lagen zwischen 2,7 und 8,7 mm, die Krümmungshalbmesser im mittleren Teil betrugen rund 400 und 800 mm.

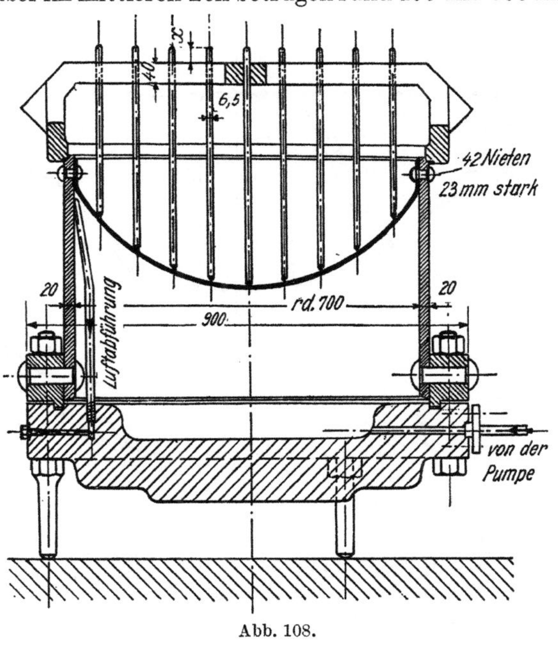

Abb. 108.

Nach außen hin schloß sich eine Krempe an, wie bei Abb. 105.

Die Prüfung erfolgte in der aus Abb. 108 ersichtlichen Weise. Die Formänderungen wurden durch Stiftmessung (vgl. Nr. IV, 3) ermittelt.

Bei allen Böden stellten sich zunächst stetig wachsende gesamte und bleibende Durchbiegungen ein. Bei höheren Pressungen nahmen beide an einer Stelle verhältnismäßig rasch zu, wie z. B. Abb. 109 bei 60 und 65 Atm. beobachten läßt, an der dann nach weiterer Drucksteigerung im Falle des Bodens, für den Abb. 109 gilt, bei 70 Atm. — meist nachdem der Druck längere Zeit (im vorliegenden Falle 7 Minuten) wirksam gewesen war, — unter Knall eine Einbeulung erfolgte, wie z. B. aus Abb. 110 ersichtlich. Der Druck sank dann rasch und konnte durch Pumpen nicht mehr auf die Höhe der ersten Einbeulungspressung gebracht werden.

Die Belastungsdauer ist also nicht ohne Einfluß; auf jeder Druckstufe wurde daher längere Zeit gewartet, ehe weitere Steigerung erfolgte. Ferner zeigte sich, namentlich bei den (s. u.) flußeisernen Böden, daß verschieden hohe Einbeulungspressungen erlangt werden, je nachdem der Boden wiederholt entlastet und belastet oder durch stetige Belastungssteigerung zum Einbeulen gebracht wird. Im letzteren Fall ergibt sich eine höhere Einbeulungspressung.

Daß sich die Böden (vgl. Abb. 110) nicht im mittleren Teil der Kugelfläche, sondern mehr nach dem Rande hin einbeulen, ist die Folge davon, daß die Beanspruchung da, wo die mittlere Krümmung vom Halbmesser r in die Krempung übergeht, und darüber hinaus, größer sein muß als im mittleren Teil.

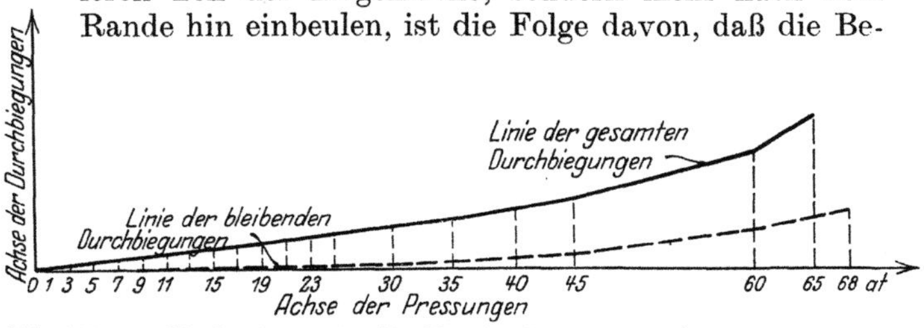

Abb. 109. Punktreihe 4, 10, 16, 22, 28, 34, 40, 46 auf Kreise im Abstande von rd. 300 mm aus der Mitte.

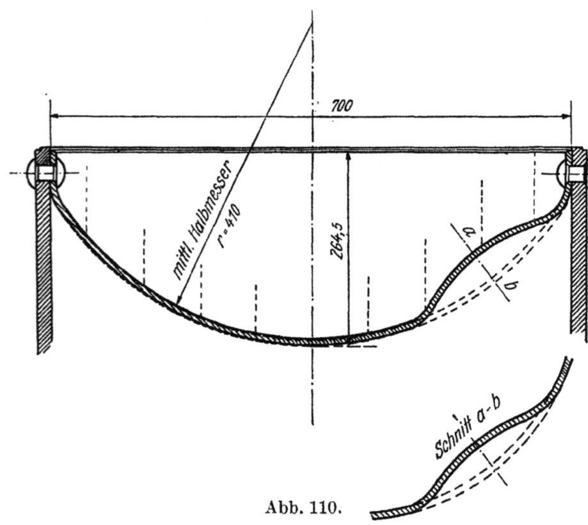

Abb. 110.

Eine ganze Hohlkugel würde also unter sonst gleichen Umständen eine größere Einbeulungspressung ergeben haben als der Boden, der nur in seinem mittleren Teil Kugelgestalt besaß.

Die durch die Versuche mit den Böden ermittelten Einbeulungspressungen schließen den Einfluß der Formgebung am Umfang und der damit zusammenhängenden Biegungsbeanspruchung an der Befestigungsstelle gemäß den Verhältnissen, unter denen die Untersuchung stattgefunden hat, in sich.

Die Untersuchung des Kupfers erfolgte an Streifen, die dem mittleren Teil der Böden entnommen waren. Die Dehnungszahl der Federung ergab sich abhängig von der wirkenden Spannung; sie lag zwischen

$\frac{1}{1278000} = 0,78$ Milliontel für die Spannungsstufe 183/365 kg/qcm und

$\frac{1}{1195000} = 0,84$ Milliontel für die Spannungsstufe 183/1095 kg/qcm.

Die Zugfestigkeit ergab sich zu 2216 bis 2435, im Durchschnitt 2347 kg/qcm.

Aus den in der Zahlentafel zusammengestellten Versuchsergebnissen

Boden Nr.	Einbeulungsdruck p_0 Atm.	Wölbungshalbmesser r mm	Wandstärke s mm	$\frac{r}{s}$	$k_0 = \frac{1}{2} p_0 \frac{r}{s}$
I	70,0	400	7,8	51,3	1795
II	73,0	410	8,7	47,1	1719
III	36,4	412	5,2	79,2	1442
IV	42,5	411	5,7	72,1	1532
V	16,2	405	2,8	144,6	1171
VI	14,8	412	2,8	147,1	1089
VII	24,5	855	7,8	109,6	1343
VIII	21,1	870	8,3	104,8	1106
IX	2,8	870	2,8	310,7	435
X	3,0	821	2,7	304,1	456

ergibt sich, je geringer die Wandstärke s im Verhältnis zum Wölbungshalbmesser r, um so niedriger die Druckspannung k_0, bei welcher die Einbeulung erfolgt, also auch die Widerstandsfähigkeit des Bodens gegenüber äußerem Überdruck.

Bei den Versuchen, die Abhängigkeit der Druckspannung k_0 von $r:s$ durch eine möglichst einfache Beziehung zum Ausdruck zu bringen, ist Verfasser auf die Gesetzmäßigkeit

$$k_0 = A - B\sqrt{\frac{r}{s}} \qquad (1)$$

gekommen. Mit den abgerundeten Werten $A = 2550$ und $B = 120$ ergibt sich daraus

$$k_0 = 2550 - 120\sqrt{\frac{r}{s}}. \qquad (2)$$

Die Übereinstimmung der aus dieser Beziehung folgenden Werte, mit denen, die der Versuch ergibt, ist eine befriedigende:

Boden-Nr.	I	II	III	IV	V	VI	VII	VIII	IX	X
Versuch. . .	1795	1719	1442	1532	1171	1089	1343	1106	435	456
Gl. 2	1691	1727	1482	1531	1108	1095	1295	1322	434	457
Unterschied%	5,8	—0,5	— 2,8	0,1	5,4	— 0,6	3,6	— 19,5	0,2	— 0,2

Abb. 111 zeigt den der Gl. (2) entsprechenden Linienzug sowie die Versuchspunkte.

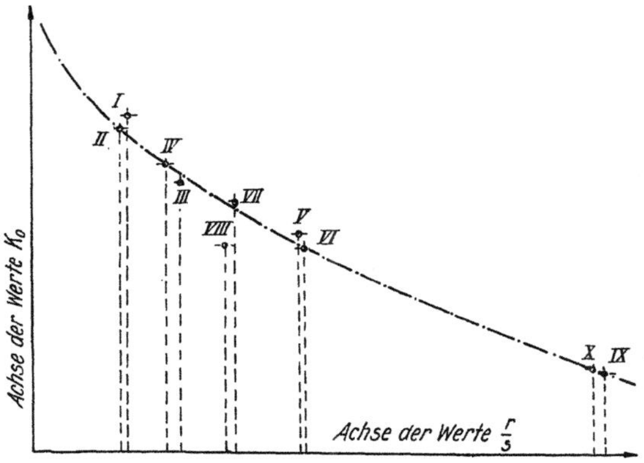

Abb. 111.

Die Gültigkeit der Gl. (2) erscheint begrenzt einerseits durch den Wert $r = s$ (Vollkugel), was ergibt

$$k_0 = 2550 - 120 = 2430 \text{ kg/qcm},$$

während die Zerreißungsversuche Werte der Zugfestigkeit von 2216 bis 2435 kg/qcm, im Durchschnitt 2347 kg/qcm ergeben hatten, andererseits durch den Wert $0 = 2550 - 120\sqrt{\frac{r}{s}}$, d. s.

$$\frac{r}{s} = 451{,}6.$$

Dies würde bedeuten, daß eine Hohlkugel von z. B. 1 mm Wandstärke bei einem Durchmesser von reichlich 900 mm gegenüber äußerem Überdruck keine eigentliche Widerstandsfähigkeit mehr besitzt, wogegen vom praktischen Gefühl aus wenig einzuwenden sein wird.

Bei Festsetzungen über die Höhe der zulässigen Belastung solcher Böden, wie sie auf Grund der Versuche getroffen werden können, müssen die folgenden Voraussetzungen erfüllt sein.

a) Das Material der Böden ist gut und die Ausführung derselben namentlich auch in Hinsicht der Vollkommenheit der Form, sorgfältig.

b) Bedeutende Ungleichartigkeiten im Material und in der Erwärmung des Bodens treten nicht auf.

c) Der Heizdampf überschreitet die Spannung von 5 Atm. entsprechend 158° C nicht. Treten höhere Temperaturen auf, so wäre dem durch eine der Abnahme der Widerstandsfähigkeit des Kupfers entsprechende Erniedrigung der Materialanstrengung Rechnung zu tragen.

d) Bei der Befestigung, insbesondere bei der Einnietung des Bodens, ist darauf zu achten, daß Spannungen und Formänderungen, die das Entstehen von Einbeulungen begünstigen können, ferngehalten werden.

Eine solche Vorschubleistung kann leicht eintreten, z. B. dann, wenn der Hohlzylinder in den der Boden eingenietet werden soll, größere Weite besitzt als dem äußeren Durchmesser des Bodens entspricht; durch das scharfe Anziehen der Nieten können dann über den ganzen Umfang Formänderungen und Biegungsbeanspruchungen wachgerufen werden, die das Entstehen einer Einbeulung wesentlich begünstigen.

Umgekehrt können bei nicht genügend weitem Zylinder, der z. B. stark erwärmt werden muß, um den Boden überhaupt einbringen zu können, mit der Erkaltung des Zylindermantels Spannungen im Boden wachgerufen werden, welche die Widerstandsfähigkeit gegen die Einbeulung erhöhen.

Dieser die Widerstandsfähigkeit vermindernde oder erhöhende Einfluß kann sehr bedeutend sein, wie bei Untersuchungen kugelförmiger Böden aus Flußeisen und aus Aluminium gefunden worden ist. In neuester Zeit ist hinzugekommen, daß auch beim Einziehen der Befestigungsnieten auf Vermeidung von Einseitigkeit zu achten ist, um so mehr, je höher die Blechdicken und Nietstärken ausfallen.

e) Die Gestalt des Bodens und seine Befestigung am Umfange müssen so sein, daß das in der Befestigungsstelle auf die Kugelwandung zurückwirkende biegende Moment nicht zu bedeutend ausfällt. Hinsichtlich üblicher Konstruktionen darf auf die Veröffentlichung selbst, wie auf des Verfassers „Maschinenelemente" verwiesen werden, hier sei nur eine besonders unvollkommene Konstruktion (Abb. 112) und eine befriedigende Ausführung (Abb. 113) wiedergegeben. Das eben erwähnte biegende Moment erscheint z. B. im Falle der Abb. 112 bestimmt durch Kugelwandungsdruck P und durch den Abstand, in dem dieser Druck sich von demjenigen Punkte der Befestigungsstelle befindet, in dem er aufgefangen wird. Die Konstruktion (Abb. 113) läßt dagegen das Bestreben, das bezeichnete Moment nach Möglichkeit gering zu halten, besonders deutlich erkennen.

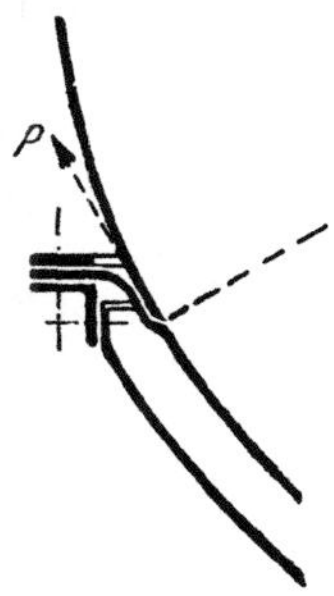

Abb. 112.

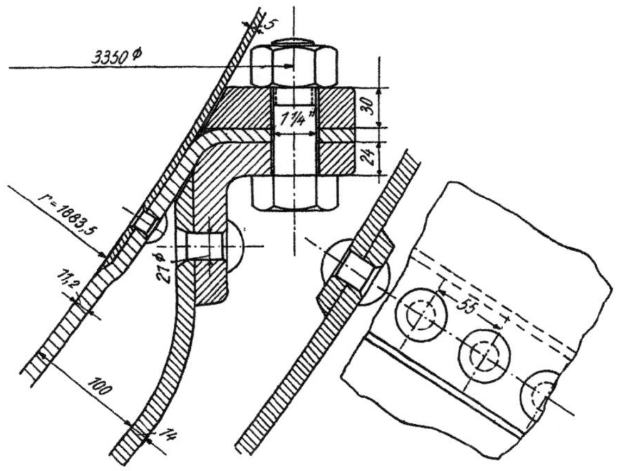

Abb. 113.

Bei genügender Erfüllung der im Vorstehenden unter a) bis e) angegebenen Voraussetzungen hält Verfasser als Anstrengung für kugelförmige Böden aus stark gehämmertem Kupfer für zulässig gegenüber Druck,

$$k_0 = 300 \text{ bis höchstens } 400 \text{ kg/qcm},$$

gegenüber Einbeulung

$$k = 0{,}3\, k_0 \text{ bis höchstens } 0{,}4\, k_0$$

Dies führt zu dem Verhältnis

$$r = 167\, s,$$

d. h. erst für $r = 167\, s$ würde unter den besprochenen Voraussetzungen der Gefahr der Einbeulung Rechnung zu tragen sein.

Zu den höchsten angegebenen Werten zu greifen, kann nur befürwortet werden, wenn Konstruktion,

Material und Ausführung dem heutigen Stand der Technik vollständig entsprechen. Anderenfalls wird k den Verhältnissen entsprechend niedriger zu wählen sein.

Das Verfahren von Behörden bei Erlaß von Vorschriften oder ihrer Handhabung in der eben bezeichneten Richtung einen Unterschied, wie er sich nach dem Vorstehenden aus der Natur der Sache ergibt, außer acht zu lassen und die Vorschriften auf Mittelmäßigkeit der Konstruktion und Ausführung zuzuschneiden, müßte jedenfalls für den vorliegenden Fall als durchaus verkehrt bezeichnet werden.

Ausgeführte Böden lassen, wie eine Zusammenstellung über 21 Beispiele zeigt, Werte von k erkennen, die zwischen 0,187 k_0 und 0,417 k_0 liegen.

B. Kugelförmige Wandungen aus Flußeisenblech.

Untersucht wurden außer den Böden, über die in Nr. V, 2 berichtet ist, eine Braupfanne, die aus Segmenten zusammengesetzt war ($r = 3300$ mm, $s = 12$ mm Einbeulungsdruck 4 Atm.).

Auf Grund der Beobachtungen wurden die Gleichun- aufgestellt für geglühte Flußeisenböden, die aus einem Ganzen bestehen und bei deren Herstellung auf Erlangung der Kugelform geachtet worden ist,

$$k_0 = 2600 - 115\sqrt{r:s} \qquad (3)$$

für Flußeisenböden, die aus einzelnen Segmenten mit Überlappungsnietung hergestellt sind, wobei mit Sorgfalt auf tunlichste Vollkommenheit der Kugelform geachtet wurde,

$$k_0 = 2450 - 115\sqrt{r:s}\,. \qquad (4)$$

Als Materialanstrengung erscheint unter Berücksichtigung der oben erörterten Voraussetzungen (jedoch ohne die dort hinsichtlich der Heizdampftemperatur gemachte Einschränkung) zulässig

$$k_0 = 400 \text{ bis höchstens } 600 \text{ kg/qcm}$$

und gegenüber Einbeulung

$$k = 0{,}25\,k_0 \text{ bis höchstens } 0{,}35\,k_0\,.$$

Bei genieteten Böden wird auf die Widerstandsfähigkeit der Nietverbindung, bei Dampfkesselböden auf die gegenüber den Versuchskörpern abweichenden Verhältnisse zu achten sein.

8. C. Bach: Versuche mit gewölbten Flammrohrböden.

(Mitt. über Forsch. 1908, H. 51 u. 52.)

Das seit langer Zeit empfundene Bedürfnis, die Widerstandsfähigkeit der mit Rohröffnungen, Aus- und Einhalsungen und Wasserstandsflächen versehenen Flammrohrböden nicht allein auf Grund der für volle Kugelschalen geltenden Beziehungen zu beurteilen, konnte endlich dank den Mitteln, die der Internationale Verband der Dampfkessel-Überwachungs-Vereine, der Verein deutscher Ingenieure und der Verband deutscher Grobblechwalzwerke zur Verfügung stellten, nach Ausführung umfassender Vorarbeiten im Jahre 1903 auf dem Wege des Versuchs der Befriedigung zugeführt werden.

Schon 1902 hatte der Verfasser auf der Züricher Versammlung des zuerst genannten Verbandes die Frage erörtert, ob es richtig sei, die wenig elastischen, daher mangelhaften gewölbten Böden zu untersuchen oder abzuwarten, bis möglichst elastische Böden hergestellt werden[1]). Eine Umfrage führte zu den Beschlüssen:

„1. Unter den Voraussetzungen:

a) daß der Krempungshalbmesser eine solche Größe besitzt, wie erforderlich ist, damit der Übergang von dem zylindrischen Teil am Umfange des Bodens in den gewölbten, mittleren Teil ausreichend allmählich stattfindet,

b) daß die Flammrohre in Richtung ihrer Achse ausreichend elastisch sind,

c) daß für die Niedrighaltung der Temperaturunterschiede zwischen dem Kesselmantel und Flammrohr nach Möglichkeit gesorgt wird,

d) daß der kleinste Abstand der Flammrohre vom Mantel nicht zu knapp gewählt ist,

kann bis zur Klarstellung der Inanspruchnahme durch die geplanten Untersuchungen weiter in der bisherigen Weise gerechnet und dabei k_z bis 750 kg/qcm gewählt werden.

2. Zur Klarstellung der Widerstandsfähigkeit und der Elastizität der gewölbten Flammrohrböden sind zunächst Versuche mit solchen Böden in kaltem Zustand anzustellen.

3. Der internationale Verband spricht sich ferner dafür aus, daß an angestrengt betriebenen Kesseln, welche unter besonderer Aufsicht stehen und innerlich öfter nachgesehen werden, noch erheblich höhere Belastungen als $k_z = 750$ kg/qcm zugelassen werden, damit im Laufe der Zeit Feststellungen gemacht werden können, ob noch weitere Erhöhung des Wertes k_z zulässig ist oder nicht.

Messende Verfolgung der Formänderungen durch Sachverständige erscheint angezeigt.“

Ob dem Vorschlag Ziffer 3 stattgegeben worden ist, muß dahingestellt bleiben. Er kennzeichnet den eigentlichen Betriebsversuch.

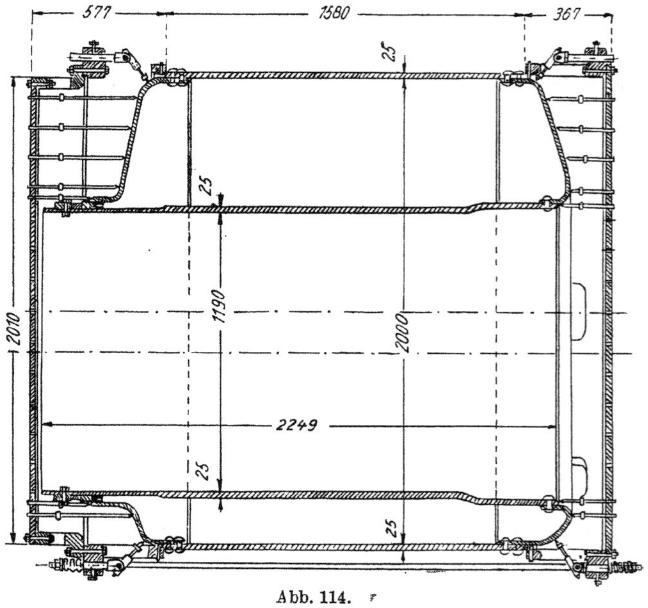

Abb. 114.

Die Versuchskörper wurden nach Abb. 114 ausgebildet. Das Flammrohr ist in einen Boden ein-

[1]) Erst weit später sind solche Böden zur Ausführung gelangt, z. B. die Kropfböden des Hörder Vereins oder die Böden von Zürn (VDI. 1918, S. 746).

genietet, im anderen durch eine Manschette geführt. Diese Anordnung war zu wählen, weil das Flammrohr im Betrieb das eine Mal die Kesselböden verankert, das andere Mal, je nach den Temperaturverhältnissen, sie belastet, also sich ganz verschieden verhalten kann. Die Versuchsböden wurden also unabhängig von dieser wechselnden Kraftwirkung zwischen Flammrohr und Boden untersucht. Die Formänderung wurde an vielen Stellen mittels des Stiftmeßverfahrens ermittelt. Dasselbe bewährte sich bei diesen Versuchen, bei denen große Formänderungen an sehr vielen Punkten mit großer Genauigkeit zu messen waren, wieder vorzüglich.

Untersucht wurden Einflammrohrböden verschiedener Wandstärke mit Ein- und Aushalsung, ebenso Zweiflammrohrböden, sowie letztere mit Wasserstandsflächen, deren ursprüngliche Gestalt durch Schablonen festgelegt war. Das vor dem Einbau erfolgte nochmalige Ausglühen bewirkte Durchmesseränderungen der abgedreht eingelieferten Böden bis 26 mm und Verschiebungen der Wasserstandsflächen in Richtung der Kesselachse bis zu 14 mm. Welch große Spannungen müssen in diesen geherrscht haben! Das Ausglühen so großer Stücke erfordert aber ganz besondere Vorkehrungen, wenn der angestrebte Zweck der Spannungsfreiheit erreicht werden soll.

I. Einflammrohrböden.

Bei den Versuchen machte sich ein bedeutender Einfluß der Zeit auf die Formänderung geltend. So betrug z. B. am Rande des Flammrohrs nahe der Bodenmitte unter dem Druck von 17 Atm. die Durchbiegung zunächst 27,810 mm, nach 10 Minuten 29,445 mm, nach 20 Minuten 30,000 mm und erreichte nach 320 Minuten den Wert 31,000 mm. Ähnliches zeigte sich beim Entlasten, allerdings in ganz bedeutend geringerem Maße.

Auf die vielen Tausende von Messungen kann hier nicht eingegangen werden. Es genüge, zu erwähnen, daß außer den Messungen insbesondere mit Ohr und Auge das Auftreten des Streckvorganges verfolgt worden ist. So war z. B. beim ersten Versuchskörper von 7,5 Atm. an leises Knistern zu hören, eine Folge des Abspringens von Zunder im Inneren. Außen war letzteres von 11 Atm. an zu beobachten an der äußeren Bodenkrempe nahe der wagrechten Mittellinie (ungefähr größter Abstand zwischen Kesselmantel und Flammrohr), sowie an den gegenüberliegenden Stellen der Flammrohraushalsung. Bei den höheren Pressungen scheint der Ort größter Beanspruchung zu wandern und zwar gegen die Stelle hin, wo Flammrohr und Zylinderwand sich am nächsten sind. Deutliche Streckfiguren traten von 14 Atm. an auf. Die Stemmfuge zwischen Mantel und Boden begann bei 11 Atm. undicht zu werden.

Durch Schablonen sind die größeren Formänderungen der Böden veranschaulicht.

Die Versuchsergebnisse sind durch Dr.-Ing. Pfleiderer (jetzt Professor in Braunschweig) verarbeitet worden. Die dabei aufgestellten Beziehungen führen zu der Erkenntnis, daß die Biegungsbeanspruchung der Böden viel höhere Werte erreicht, als vielfach angenommen worden war. Bach erläutert daher eingehend den Unterschied zwischen unverändert bleibender Biegungs- und Zugbeanspruchung: bei letzterer sind alle Teile gleich hoch beansprucht, bei ersterer dagegen sinkt die Inanspruchnahme von der Außenfaser gegen die Nullinie bis auf Null herab. Die Beanspruchung an der ersteren Stelle darf daher erheblich höher steigen, als dies bei Zugspannung zulässig wäre. Der Verfasser erwägt, ob es zulässig sein wird, über 1500 kg/qcm hinauszugehen. Durchrechnung der (damals) neuesten Bodenformen deutet darauf hin, daß man mit einer derartigen Beanspruchung auskommen kann.

II. Zweiflammrohrböden.

Die Beobachtungen sind sinngemäß dieselben, wie bei den Einflammrohrböden: auch die Pfleiderersche Rechnung liefert ähnliche Werte. Die Wasserstandsflächen äußern keinen erheblichen Einfluß. Die Stellen größter Beanspruchung liegen dort, wo das Flammrohr dem Kesselmantel am nächsten ist, dort, wo die beiden Flammrohre sich am nächsten kommen und an den Krempen, vgl. Abb. 115.

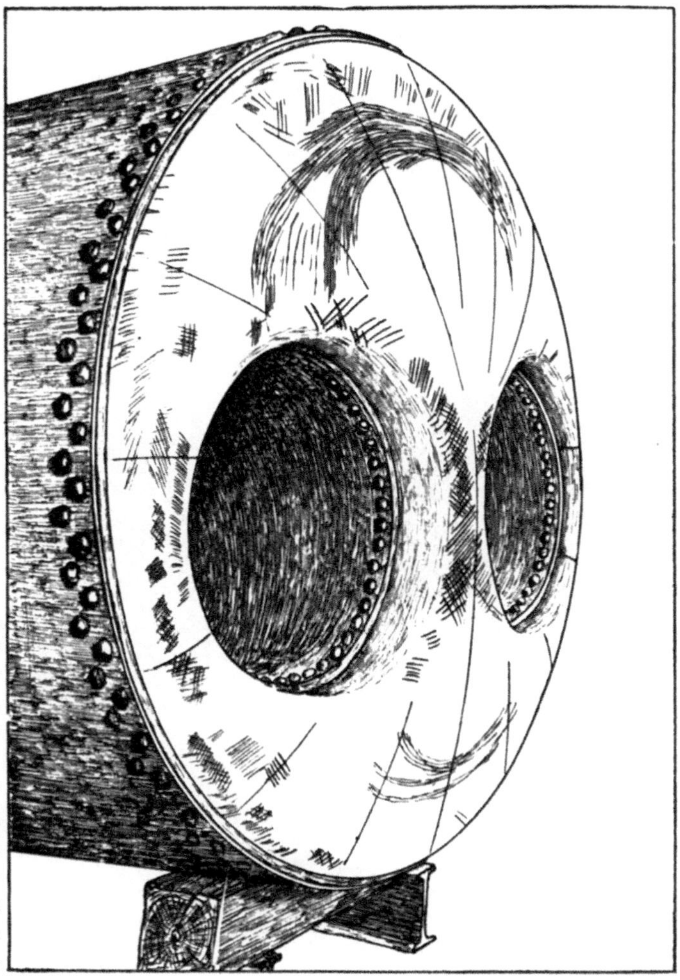

Abb. 115.

Ein- und Aushalsung stellen eine erhebliche Versteifung dar. Die Flammrohröffnungen haben das Bestreben, oval zu werden.

9. C. Bach: Bericht über die Versuche mit gewölbten Flammrohrböden. (Prot. d. 38. D.- u. I.-Vers. d. int. Verb. d. D.-Ü.-V. zu Wiesbaden 1908, S. 65.)

Unter Bezugnahme auf die unter Nr. V, 8 angeführten Versuche wird die Aufnahme von zwei Formeln für

Ein- und Zweiflammrohrböden, zu denen die rechnerische Verarbeitung jener Versuchsergebnisse gelangte, in die Hamburger Normen vorgeschlagen.

10. R. Baumann: Über die Berechnung gewölbter und ähnlicher Feuerbüchsen. (Prot. d. 42. D.- u. I.-Vers. d. int. Verb. d. D.-Ü.-V. zu München 1912, S. 56. VDI. 1913, S. 117ff.)

Hier finden sich zunächst Mitteilungen über Versuche mit einer von der Firma Lanz ausgeführten Feuerbüchsdecke, welche in der Querrichtung gewellt ist, so daß die Feuerkiste sozusagen durch nebeneinandergelegte Blechträger überbrückt ist. Befriedigende Übereinstimmung zwischen Versuch und Rechnung ergibt sich, wenn man einen der gedachten Blechträger herausgreift und ihn als durch den Dampfdruck gleichförmig belasteten Balken betrachtet.

Sodann werden Versuchsergebnisse besprochen mit Marshalls selbsttragender Feuerbüchsdecke, welche durch zwei aus dem Blech herausgepreßte, über Eck verlaufende Rippen verteilt wird. Die Widerstandsfähigkeit der Decke kann angenähert derart berechnet werden, daß als Größe des biegenden Momentes, das für parallel zu den Rippen verlaufende Querschnitte in Betracht kommt, die Hälfte des Produktes aus der Belastung der dreieckigen Fläche, die von dem Querschnitt sowie den Deckenrändern begrenzt ist, und dem Abstand des Schwerpunktes dieser Fläche vom Querschnitt angenommen wird. Durch Division mit dem Widerstandsmoment der Querschnittsfläche findet sich die Biegungsbeanspruchung. Dieser Näherungsweg erscheint angängig, da er zu Ergebnissen führt, die mit denen des Versuches befriedigend übereinstimmen. Die nahezu ebenen Felder zwischen den Rippen können, wie die Nachrechnung zeigt, an Hand der Bauvorschriften für Landdampfkessel als ebene Platten berechnet werden.

VI. Rohre und ihre Verbindungen (ausschließlich der Flammrohre)[1].

1. C. Bach: Versuche mit Flanschenverbindungen. (VDI. 1899, S. 321ff. Versuche über die Widerstandsfähigkeit von Kesselwandungen, H. 4.)

Die in den siebziger Jahren vom Verein deutscher Ingenieure zusammen mit dem Verein der Gas- und Wasserfachmänner Deutschlands aufgestellten und 1882 einer Durchsicht unterzogenen Rohrnormalien erwiesen sich seit längerer Zeit als ganz unzureichend. Um dem vom Vorstand des Vereines deutscher Ingenieure mit der Aufstellung von Normalien zu Rohrleitungen für hohen Dampfdruck (bis 20 Atm.) beauftragten Ausschuß Unterlagen für die Beschlüsse zu liefern, wurden die folgenden Versuche durchgeführt. Die Flanschen waren zentriert sowie mit Nut und Feder versehen. Abdichtung erfolgte durch Rundgummi in versenkter Nute (Querschnitt des Rundgummi etwas größer als die Dreieckfläche der Nute. Bei verschiedenen Flüssigkeitsdrücken wurden die Formänderungen beobachtet, wie in Abb. 116 angedeutet. Geprüft wurden:

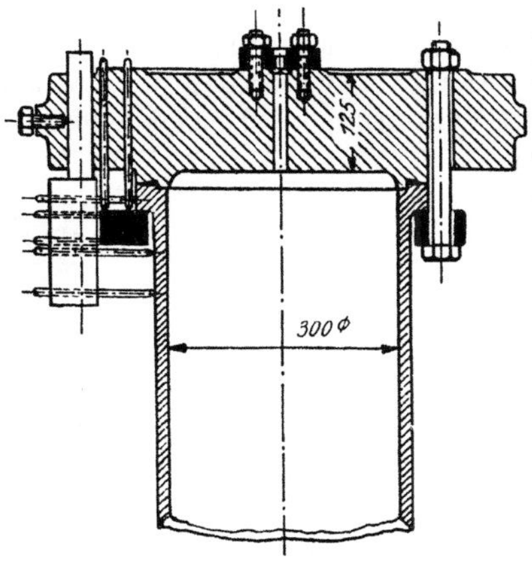

Abb. 116.

I. Geschweißte Schmiedeeisenrohre mit 200 und 300 mm l. W.

II. Bronze-, Stahlguß- und Gußeisenventilgehäuse derselben l. W.

Die geprüften Rohre, samt Flanschen und Schrauben, sowie die Ventilgehäuse gelangten zur Beurteilung hinsichtlich Widerstandsfähigkeit und Konstruktion. An die Versuche schloß sich Ableitung des Berechnungsverfahrens, das in die „Maschinenelemente" des Verfassers übergegangen ist und sich an sein Verfahren für die Berechnung plattenförmiger Körper anlehnt. Die Flansche sind also betrachtet als ringförmiger Teil einer ebenen Platte, die durch die Schraubenkräfte und den Dichtungsdruck belastet ist. Den Schluß bildet ein Vergleich der Eigenschaften der verwendeten Materialien, der auch heute noch zu beachten ist und sich insbesondere auf den Vergleich des Arbeitsvermögens der verwendeten Stoffe (Flußeisen, Gußeisen, fünf Arten von Bronze) sowie auf das Verhalten in höherer Temperatur bezieht (vgl. hierzu Abschnitt VIII).

[1]) Vgl. auch X, 5 und VIIIa, 10 und 11.

2. R. Baumann: Versuche mit Flanschenverbindungen. (VDI. 1912, S. 161.)

Bericht über die vom Vorstand des Vereines deutscher Ingenieure bei Neubearbeitung der Normalien zu Rohrleitungen für hohen Dampfdruck veranlaßten Versuche zur Beurteilung der Widerstandsfähigkeit der angewendeten Konstruktionen. Geprüft wurden bei gewöhnlicher Temperatur Rohre bis 400 mm Lichtweite durch Wasserdruck unter Messung der Schrägstellung, welche die Flanschen dabei erfahren, sowie genauer Beobachtung aller Erscheinungen (Dichthalten der Packungen, Festsitzen der Walzstellen, Verhalten von Befestigungsnieten, Widerstandsfähigkeit der Rohre und Schweißstellen usw.). Die geprüften Rohrarten gehen aus den Abb. 117 bis 121 hervor. Im übrigen darf auf Nr. VI, 1 verwiesen werden.

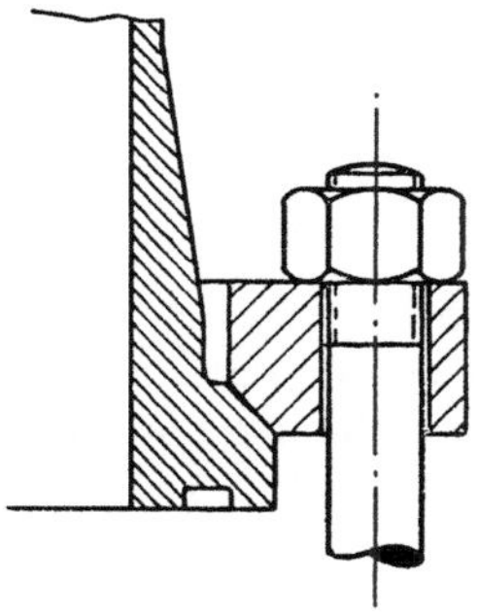

Abb. 117.

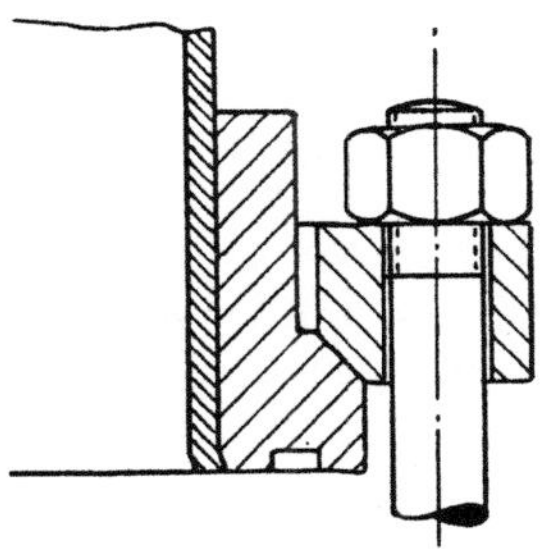

Abb. 118.

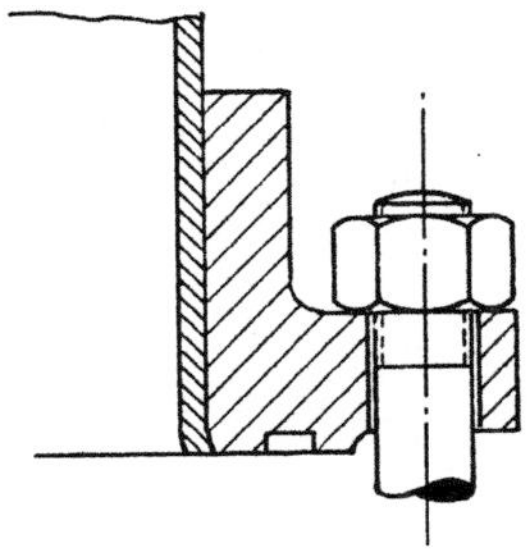

Abb. 119.

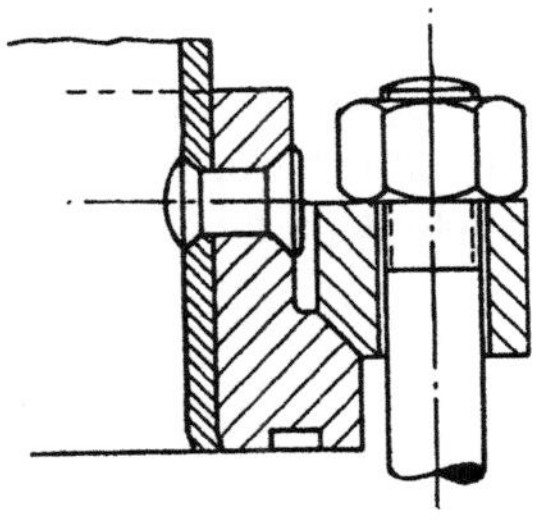

Abb. 120.

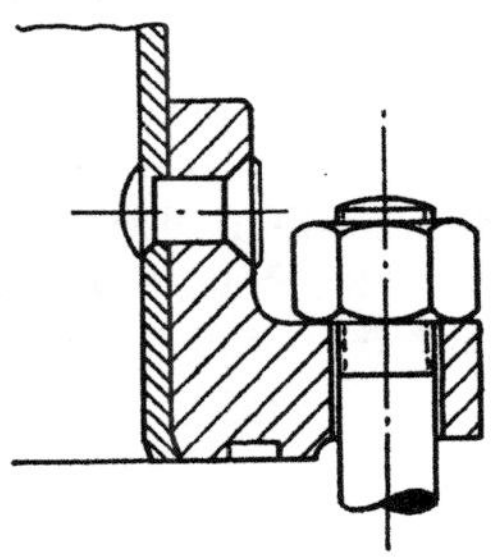

Abb. 121.

3. R. Baumann: Über die Widerstandsfähigkeit von Flanschenverbindungen, die durch Einwalzen befestigt sind, gegen Abstreifen. (Z. bayr. Rev.-V. 1912, S. 61ff.)

Die Versuche dienten vorwiegend dem Vergleich von Flanschen aus Stahlguß und solchen aus gepreßtem

Flußeisen, erstreckten sich daher auf Zugversuche, zur Ermittlung der Kräfte, durch welche die Flanschen vom Rohr abgestreift werden, gemäß Abb. 122 sowie auf die Prüfung des Materials der Flanschen gemäß Abb. 123.

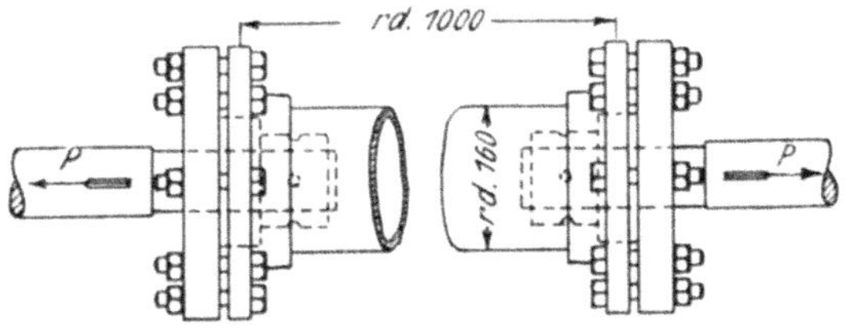

Abb. 122.

Die ersteren Versuche sprachen dafür, daß die Festigkeit einer gut ausgeführten Walzverbindung ausreicht, um (bei größerer Lichtweite) Sprengung des Rohres durch inneren Überdruck ohne Nachgeben der Walzverbindung zu ermöglichen. Andere Versuche der Materialprüfungsanstalt Stuttgart, die mit Kaltwasserdruck im Innern der Rohre durchgeführt worden sind, bestätigen dies. Die übrigen Versuche zeigten die größere Zähigkeit der geschmiedeten bzw. gepreßten Flanschen, die auch von Lunkern frei sind, während sich solche bei den untersuchten Stahlgußflanschen vorfanden. In dieser Beziehung gibt der Vergleich der Abb. 124 bis 126 deutlich Aufschluß.

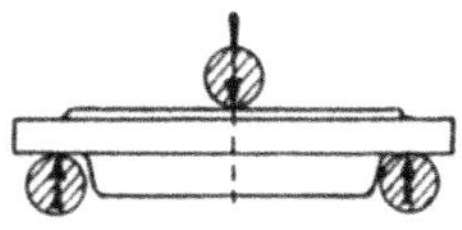

Abb. 123.

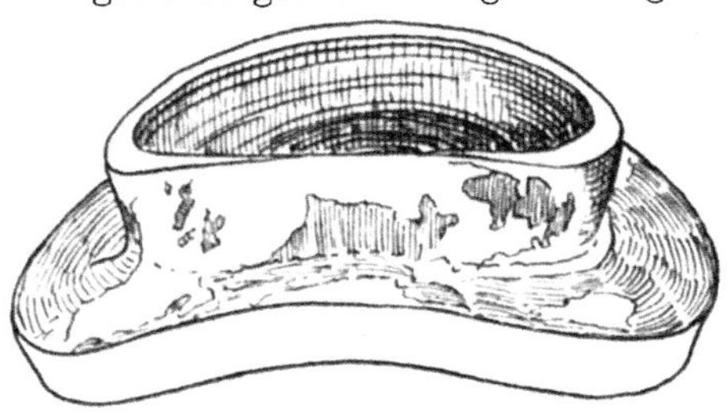

Abb. 124. Gebogene, nicht gebrochene Flansche aus Flußeisen. P = 42 700 kg.

4. A. Bantlin: Formänderung und Beanspruchung federnder Ausgleichsröhren. (Mitt. über Forsch., H. 96. VDI. 1910, S. 43ff.)

Um zu verhüten, daß in längeren Dampfrohrleitungen infolge der Wärmeänderungen erhebliche Längskräfte auftreten, werden bekanntlich verschiedene Konstruktionen angewendet; die vorliegende Arbeit beschäftigt sich mit lyraförmigen Ausgleichsrohren. Durch Versuche in der Materialprüfungsanstalt wurde der Zusammenhang zwischen Formänderung und Längskraft für Flußeisenrohre von rund 200 und 125 mm l. W. und rund 2400 mm Baulänge, ferner für ein gußeisernes Rohr und aus Vierkanteisen gebogene Versuchskörper ermittelt. Daran schloß sich die Berechnung dieses Zusammenhangs an Hand der üblichen Rechnung: diese lieferte hinsichtlich der Formänderungen nur für die massiven Stücke und das (starkwandige) Gußeisenrohr befriedigende Übereinstimmung mit dem Versuch, eine Folge der Dünnwandigkeit der Flußeisenrohre.

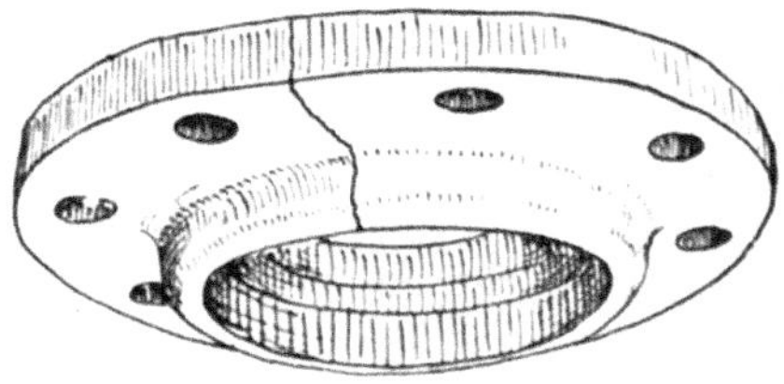

Abb. 125. Gebogene, durchgebrochene Stahlgußflansche. P = 26 000 kg.

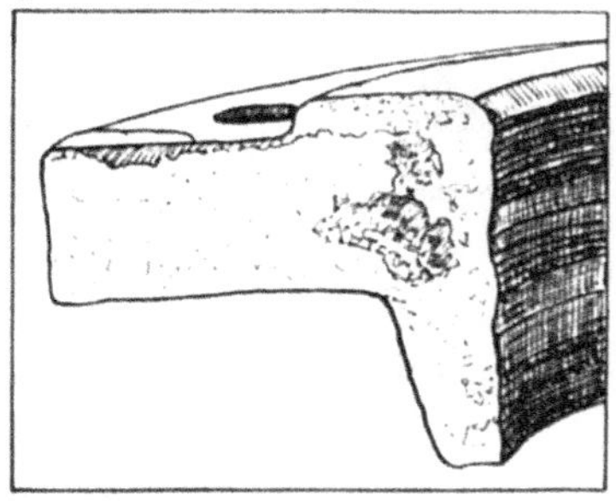

Abb. 126. Bruchfläche einer Stahlgußflansche.

Über die Anwendung des weit einfacheren zeichnerischen Verfahrens auf solche Aufgaben vgl. Nr. XIV, 7.

VII. Gasflaschen.

1. C. Bach: Die Explosion von Kohlensäureflaschen und ihre Ursachen. (Abh. u. Ber. 1897, S. 260. VDI. 1896, S. 346 u. 672.)

Zwei Explosionen, die sich im Beginn des Jahres 1896 ereignet hatten, und von denen eine ein Menschenleben vernichtete, riefen bei der Entwicklung, welche die Kohlensäureindustrie genommen hatte, eine ziemliche Beunruhigung hervor.

Die unmittelbar beteiligten Kreise beriefen sich auf die Vorschriften, die in der Verkehrsordnung für die deutschen Eisenbahnen in bezug auf Kohlensäureflaschen gegeben sind und die erfüllt worden seien, was zu bezweifeln auch kein Grund vorliegt:

1. die Flaschen müssen aus Schweißeisen, Flußeisen oder Gußstahl bestehen. 2. Sie müssen einer Druckprobe von 250 Atm. innerem Überdruck unterworfen werden und dürfen hierbei weder eine bleibende Veränderung ihrer Form, noch Undichtheit zeigen. 3. Diese Druckprobe ist alle drei Jahre zu wiederholen. 4. Jede Flasche muß an leicht sichtbarer Stelle einen Vermerk tragen, welcher das Gewicht der leeren Flasche einschließlich der Ventile nebst Schutzkappe sowie die zulässige Füllung in Kilogramm nach Maßgabe des unter Ziff. 5 Gesagten und den Tag der letzten Druckprobe angibt. 5. Die höchste zulässige Füllung der Flasche darf betragen: 1 kg Flüssigkeit für je 1,34 l Fassungsraum. Beispielsweise gehört zu 10 kg flüssiger Kohlensäure ein Flaschenvolumen von 13,4 l.

Seitens der Fabrik, in welcher die Flaschen, aus Hohlkörpern erzeugt, nach dem Ehrhardtschen Verfahren gefertigt worden waren, wurde die Vermutung ausgesprochen, daß die Ursache der Explosion in chemischer Veränderung zu suchen sein dürfte, welche die Kohlensäure in der Flasche möglicherweise erleide.

Verfasser dagegen vermutete, als ihm das erste Bruchstück von einer der explodierten Flaschen gezeigt wurde, daß die aus Flußstahl gefertigte Flasche nach ihrer Herstellung nicht ausgeglüht worden sei, und daß hierin der Grund für die Explosion zu suchen sein dürfte. Diese Vermutung wurde durch die folgenden Versuchsergebnisse voll bestätigt (Durchschnittswerte).

	Einlieferungszustand	nach dem Ausglühen
Zugfestigkeit . . . . kg/qcm	8429	5770
Bruchdehnung . . . %	4,8	22,5

Die als Maß der Zähigkeit anzusehende Dehnung ist also durch das Ausglühen auf das 22,5 : 4,8 = 4,69-fache des ursprünglichen Wertes erhöht worden: Die Flaschen sind nach ihrer Herstellung nicht ausgeglüht worden.

Während das Material in den ausgeglühten Stäben sich als ein guter, zäher Flußstahl zeigt (Siemens-Martin-Stahl), tritt dasselbe in dem Zustand, in dem er sich in der Flasche befunden hat, als hart und spröde auf. Die Bruchdehnung von 4,8 % ist viel zu gering für Gefäße wie Kohlensäureflaschen, die, unter hohem Überdruck stehend, befördert werden und dabei durch Erzitterungen, Anstoßen, Aufschlagen u. dgl. dynamischen Wirkungen oder auch der Wirkung einseitiger Erwärmung sowie Abkühlung ausgesetzt sein können.

Hieraus war zu schließen, daß die oben angegebenen Vorschriften nicht ausreichen, sie bedurften einer Ergänzung durch eine Bestimmung, die das Mindestmaß der Zähigkeit des Flaschenmaterials festsetzt.

Aus Anlaß der beiden Explosionen wurde Verfasser um Äußerung ersucht, was zu geschehen habe, um die Weiterbenützung der noch vorhandenen Kohlensäureflaschen gleicher Herkunft zu ermöglichen.

Er erwog zunächst als Prüfung die Kaltwasserdruckprobe unter gleichzeitigem Abklopfen, verwarf dies aber wegen ihrer hohen Gefährlichkeit und schlug vor, etwa 1 % der Flaschen herauszugreifen und ihr Material auf seine Bruchdehnung zu untersuchen. Als Mindestbetrag derselben wurden nur 12 % angegeben, um die Durchführung der Vorschrift unbedingt sicherzustellen. Unter diesen Bedingungen wurden die Flaschen zur weiteren Benützung freigegeben.

Verfasser führt sodann aus, daß, wenn allgemein dazu geschritten werden sollte, eine derartige Vorschrift einzuführen, vorher der Erzeuger der Flaschen und die Verbraucher zu hören sein würden. Der Abklopfprobe unter Druck, die an sich durch eine mechanische Vorrichtung ungefährlich gemacht werden könnte, steht auch dann das Bedenken entgegen, daß durch das Abhämmern eine Beeinträchtigung der Zähigkeit des Materials der geprüften Flasche hervorgebracht würde, es sei denn, daß Hämmer aus Holz, Blei oder dgl. zur Verwendung gelangen.

Sodann wird auf die Bedeutung einer Feststellung hinsichtlich der Gleichförmigkeit der Wandstärke bzw. des geringsten Wertes derselben hingewiesen und hervorgehoben, daß geschweißte Flaschen nicht empfohlen werden können.

Alle diese Gesichtspunkte haben heute, allerdings vorwiegend für die unter weit höherem Druck stehenden Sauer- und Wasserstofflaschen, erneute und erhöhte Bedeutung erfahren, weshalb es angezeigt erscheint, das Vorstehende so ausführlich wiederzugeben.

Am Schlusse dieser Arbeit ist über die Prüfung zweier nicht explodierter Kohlensäureflaschen berichtet. Die erlangten Durchschnittswerte seien im folgenden zusammengestellt.

	Einlief.-Zustand		nach dem Ausglühen	
	längs	quer	längs	quer
Zugfestigkeit kg/qcm	5960	6544	5722 u. 6178	7501 u. 6100
Bruchdehnung %	17,9	16,0	21,6 „ 20,2	18,6 „ 13,6

Die Wandstärken schwankten zwischen 4,5 und 5,1 bzw. 4,6 und 6,8 mm.

2. C. Bach: Die Explosion von Kohlensäureflaschen und ihre Ursachen. (Abh. u. Ber., S. 265ff. VDI. 1896, S. 346ff.)

Gegenstand der Untersuchung bildete eine explodierte Kohlensäureflasche, bei der (im rotwarmen Zustand) mittels Gesenke Einschnürungen angebracht worden waren (vgl. Abb. 127), die Drahtumwicklungen trugen,

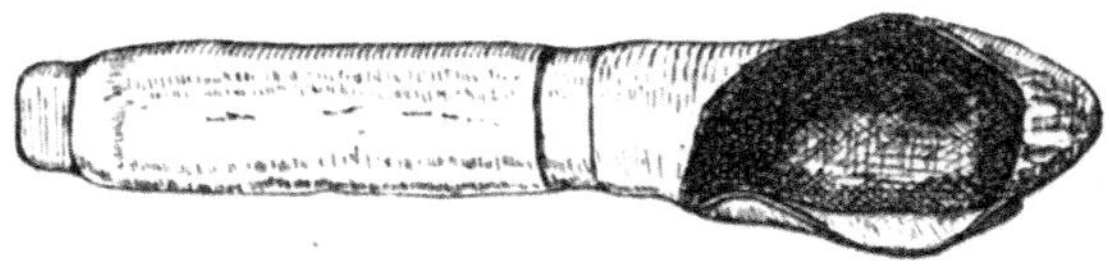

Abb. 127.

welche ihre Widerstandsfähigkeit erhöhen sollten. Heute ist dieser Konstruktionsgedanke verlassen, doch kommt es vor, daß Schilder aufgelötet werden, wobei leicht Härtung des Materials eintreten kann, was die Zähigkeit der Flasche stark vermindert, ganz abgesehen von den möglichen Wärmespannungen.

Die Wandstärke der Flasche schwankte zwischen 2,7 (!) und 5,4 mm. Infolgedessen betrug die Materialbeanspruchung beim Probedruck (250 Atm.) bis zu 5513 kg/qcm!

Prüfungsergebnisse[1])

	Einlieferungszustand	nach dem Ausglühen
Zugfestigkeit . . . . kg/qcm	5714	5037
Bruchdehnung . . . %	4,9	19,4

Wie ersichtlich, ist auch diese Flasche nicht ausgeglüht gewesen.

Zum Schluß wird noch auf das verschiedene Bruchaussehen von gut oder ungenügend geglühten Flaschen beim Aufsprengen durch Wasserdruck hingewiesen.

[1]) Die manchmal anzutreffende Ansicht, das Material explodierter Flaschen werde bei der Explosion so stark beansprucht, daß seine Eigenschaften keinen Schluß auf den Zustand vor der Explosion zulassen, erscheint unzutreffend, wie Versuche in der Materialprüfungsanstalt Stuttgart zeigen (vgl. Festigkeitseigenschaften und Gefügebilder der Konstruktionsmaterialien. 1. Aufl., S. 27, 2. Aufl. S. 33, Fußbemerkung). Dort findet sich als Durchschnitt aus Längs- und Querproben angegeben:

		Zugfestigkeit kg/qcm		Bruchdehnung %	
		geglüht	nicht geglüht	geglüht	nicht geglüht
Flasche vor Entnahme der Probestäbe	durch Wasserdruck gesprengt . .	5515	5930	19,4	17,4
	nicht beansprucht . .	5488	5850	19,8	15,7

Die nach der sehr verschiedenen Vorbehandlung gefundenen Werte unterscheiden sich also im ungeglühten wie im ausgeglühten Zustand nicht erheblich. Ein Schluß auf die ursprünglichen Materialeigenschaften erscheint deshalb nach der Zerstörung noch sehr wohl möglich. Immerhin ist das im Anhang unter VIIIb, 10 Besprochene zu beachten.

3. C. Bach: Durch Stempelung geschädigte Kohlensäureflaschen. (VDI. 1912, S. 724ff.)

Eine beim Transport vom Wagen fallende Flasche war am oberen Ende abgebrochen (vgl. Abb. 128) und das abgebrochene Stück hatte, als Geschoß auf weite Entfernung fortgeschleudert, einen Mann getötet. Die Untersuchung ergab, daß der Bruch von den Stempelzeichen ausging, die nach Prüfung der Flasche geschlagen worden waren und sich an einer zufällig recht schwachen Stelle der Flasche befanden; außerdem war der Hebelarm x der Stoßkraft ziemlich groß gewesen.

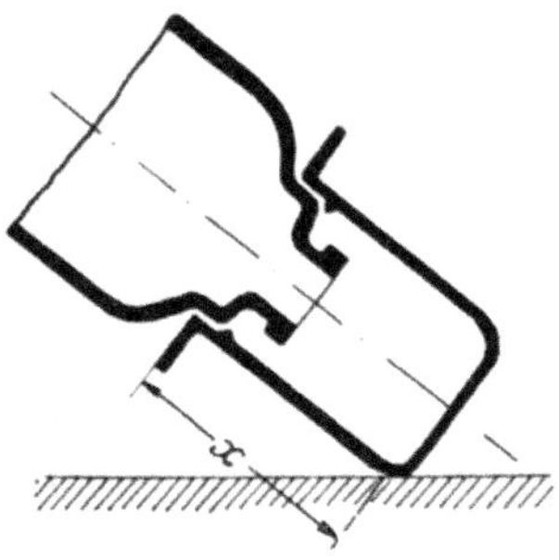

Abb. 128. Oberer Flaschenteil mit Schutzkappe.

Die Durchführung der behördlich vorgeschriebenen Stempelung hatte im vorliegenden Fall zur Beschädigung geführt. Es empfiehlt sich daher, für solche Zeichen geeignete Stellen auszusuchen und nicht so tief

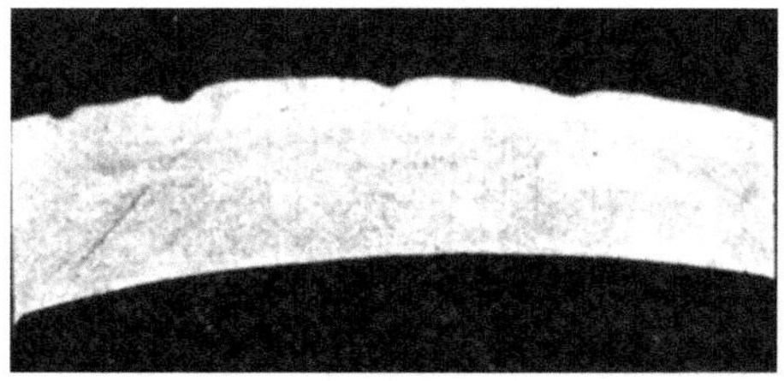

Abb. 129. Einkerbungen in die Flaschenwandungen.

einzustempeln wie Abb. 129 zeigt. Besprechung der Arbeit findet sich in der Z. bayr. Rev.-V. 1912, S. 118.

4. C. Bach: Schäden an Kohlensäureflaschen. (Z. bayr. Rev.-V. 1912, S. 119.)

Vergleiche das unter Nr. VII, 3 Mitgeteilte.

VIIIa. Baustoffeigenschaften und deren Ermittlung bei gewöhnlicher Temperatur.

1. **C. Bach u. R. Baumann: Elastizität und Festigkeit.** (Berlin: Julius Springer. I. Aufl. 1889 bis IX. Aufl. 1924.)

Das Buch ist gekennzeichnet durch die Herstellung des unmittelbaren Zusammenhanges zwischen der theoretischen Erwägung und ihrer Prüfung durch den Versuch für alle wichtigeren Festigkeitsaufgaben der Technik. Der Leser wird also auch in schwierigen Fällen auf den Boden der Tatsachen gestellt, soweit sich dieses Ziel hat erreichen lassen. Dies wird insbesondere auch dadurch zu erreichen gesucht, daß die wesentlichen beim Versuch auftretenden Vorgänge so ausführlich beschrieben werden, daß der Leser gewissermaßen am Versuch teilnehmen kann. Dadurch gelingt es, die Bedeutung der Voraussetzungen wirkungsvoll zu beleuchten, die bei der rechnerischen Behandlung schwieriger wie einfacher Aufgaben gemacht werden müssen und nicht selten stillschweigend gemacht werden. Dieses Vorgehen erscheint um so bedeutungsvoller, je schwieriger die Aufgaben des Ingenieurs werden und je größer seine Verantwortung gegenüber Industrie und Allgemeinheit wird.

2. **C. Bach: Versuche über die Elastizität, Zugfestigkeit, Dehnung und Arbeitsvermögen von Stahlguß.** (VDI. 1899, S. 694. Versuche über die Widerstandsfähigkeit von Kesselwandungen, H. 4.)

Als Ergänzung der Versuche über die Widerstandsfähigkeit von Flanschenverbindungen (vgl. Nr. VI, 1) wurden Versuche mit Stäben aus Stahlguß, wie er zu Ventilgehäusen Verwendung findet, durchgeführt.

Abb. 130 zeigt eine der erlangten Dehnungslinien. Das Arbeitsvermögen ist gerechnet bis zur Zugfestigkeit (Punkt D). Die Werte für das Arbeitsvermögen in mkg/ccm liegen zwischen 8,2 und 8,6 und überschreiten damit die Werte, welche für gewöhnliches Flußeisen (rund 7) sowie für zähe Bronze (rund 2—4) und vollends für Gußeisen (rund 0,1) zur Verfügung stehen.

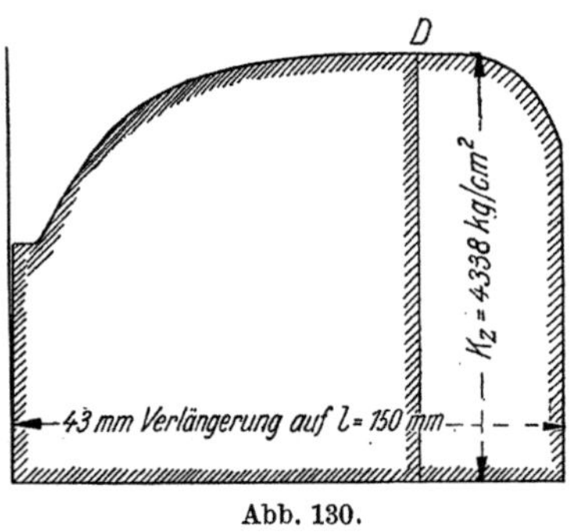

Abb. 130.

Daß die verbreitete Auffassung, als Arbeitsvermögen sei die ganze durch Strichelung bezeichnete Fläche anzusehen, nicht allgemein richtig ist, abgesehen davon, daß der jenseits des Punktes D gelegene Teil nur als ein Sicherheitszuschlag angesehen werden kann, der nach Überschreiten der Zugfestigkeit zur Verfügung steht, ist in den letzten Auflagen der „Elastizität und Festigkeit" gezeigt worden. Überlegung und Versuch lassen erkennen, daß nur der bis zum Punkt D reichende Teil der Dehnungslinie von den Abmessungen des verwendeten Stabes, vorwiegend seiner Meßlänge, unabhängig ist, während der abfallende Teil um so kürzer ausfällt, je länger die Stäbe sind, und um so länger, je kürzer diese gewählt werden. Der Grund ist darin zu erblicken, daß die Einschnürung eine große örtliche Dehnung zur Folge hat, deren verhältnismäßiger Einfluß mit der Länge des Stabes abnimmt. Vergleichbare Werte des Arbeitsvermögens werden also nur erlangt, wenn dessen Größe bis zum Punkt D bestimmt wird.

3. **C. Bach: Versuche über das Arbeitsvermögen und die Elastizität von Gußeisen mit hoher Zugfestigkeit.** (VDI. 1900, S. 409. Mitt. über Forsch., H. 1.)

Da mit Steigen der Zugfestigkeit im allgemeinen die an sich schon geringe Dehnungsfähigkeit bzw. Zähigkeit des Gußeisens nicht selten sinkt, erschien es zweckmäßig, Versuche darüber anzustellen, wie das Verhältnis bei Gußeisen liege, dessen Zugfestigkeit durch geeignete Zusammensetzung und Behandlung beim Gusse gesteigert wird. Solches Gußeisen kann als Material mit hoher Zugfestigkeit bezeichnet werden.

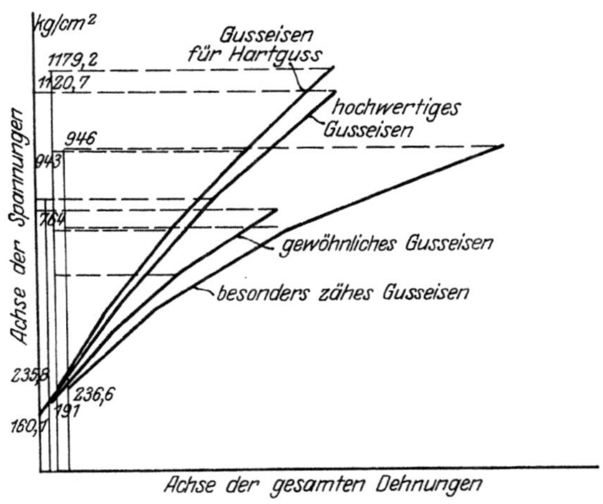

Abb. 131.

Abb. 131 zeigt eine Zusammenstellung der Linienzüge für die gesamten Dehnungen, wie sie beim Zugversuche mit verschiedenartigem Gußeisen erlangt werden können. Deutlich ist zu erkennen, daß für gleiche Beanspruchung die Dehnung um so kleiner ist, je höher die Festigkeit liegt. Damit ist jedoch nicht gesagt, daß die Dehnungsfähigkeit im Augenblick des Bruches in gleichem Verhältnis steht. Um hierüber Aufklärung zu erlangen, wurde das Arbeitsvermögen, d. h. der Flächeninhalt der Dehnungslinien ermittelt. Dabei ergab sich, daß trotz bedeutend höherer Zugfestigkeit die Dehnungsfähigkeit des hochwertigen Gußeisens größer ist, als die des gewöhnlichen Gußeisens, so daß das Arbeitsvermögen fast um die Hälfte gesteigert ist, und Werte bis in die Gegend von 1,5 mkg/ccm erreicht.

4. C. Bach: Zum Begriff „Streckgrenze". (VDI. 1904, S. 1040ff.)

An Hand von sorgfältig aufgenommenen Dehnungslinien wird gezeigt, daß bei Flußeisen zwischen einer oberen und einer unteren Streckgrenze unterschieden werden muß: bei der oberen Streckgrenze (vgl. Abb. 132) beginnt das Strecken, die untere Streckgrenze ist der kleinste Wert der Spannung, bei der das Strecken noch vor sich geht.

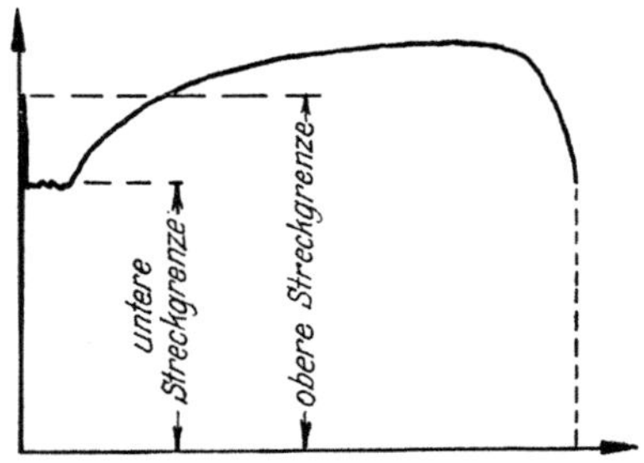

Abb. 132.

5. C. Bach: Die Änderung der Zähigkeit von Kesselblechen mit Zunahme der Festigkeit. (Mitt. über Forsch. 1905, H. 29, S. 51ff.)

Sieben Kesselbleche von 3430 bis 5200 kg/qcm Zugfestigkeit wurden bei gewöhnlicher Temperatur geprüft. Die Bruchdehnung fiel ausgesprochen erst nach Überschreitung der Zugfestigkeit von 3851 kg/qcm, die Streckgrenzen beginnen etwas früher zu steigen. Wird dagegen die Länge der Streckperiode (x in Abb. 133) zum Vergleich herangezogen, so zeigt sich ausgesprochene Abnahme erst nach Überschreiten der Zugfestigkeit von 4139 kg/qcm.

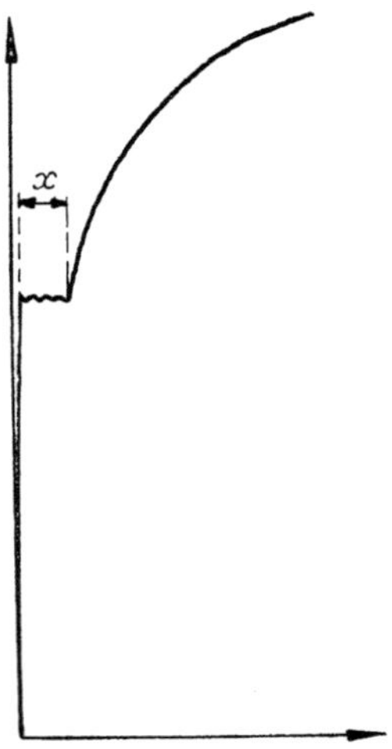

Abb. 133.

6. C. Bach: Zur Kenntnis der Streckgrenze. (Mitt. über Forsch. 1905, H. 29, S. 61ff.)

An Stäben verschiedener Querschnittform, die aus derselben Stange herausgefräst waren, wird gezeigt, daß Zugfestigkeit und Streckgrenze (namentlich die obere) von der Querschnittsgestalt nicht ganz unabhängig sind; sie ergaben sich am höchsten für den Rundstab, am kleinsten für den Stab mit I-Querschnitt. Ausgeprägt trat zutage, daß der Bruch beim I-Querschnitt in der Mitte des Steges weit früher als in den Flanschenmitten und in diesen früher als in den äußeren Flanschenecken erfolgte.

7. C. Bach: Zur Abhängigkeit der Bruchdehnung von der Meßlänge. (Mitt. über Forsch. 1905, H. 29, S. 69ff.)

Die unter Nr. VIIIa, 6 geprüften Stäbe wurden auf verschiedene Längen l ausgemessen und ergaben dann Werte entsprechend Abb. 134, eine Folge der Einschnürung am Bruch; je kürzer die Meßlänge ist, desto stärker beeinflußt die starke örtliche Dehnung am Bruch das Ergebnis. In Abb. 134 ist gestrichelt die Linie eingezeichnet, die der Gleichung

$$\varphi = A + \frac{B}{\sqrt{l}}.$$

entspricht und zwar mit $A = 4$ und $B = 402$.

Viele Messungen haben gezeigt, daß diese Beziehungen für Probestäbe aus allen Baustoffen gute Übereinstimmung zwischen Rechnung und Versuch zeigen. Kann also die Dehnung φ auf zwei Meßlängen l_1 und l_2 ausgemessen werden, so daß zwei Gleichungen entstehen, aus denen A und B sich für das untersuchte Material bestimmen lassen, so kann für jede weitere Meßlänge die Bruchdehnung mit ausreichender Genauigkeit angegeben werden.

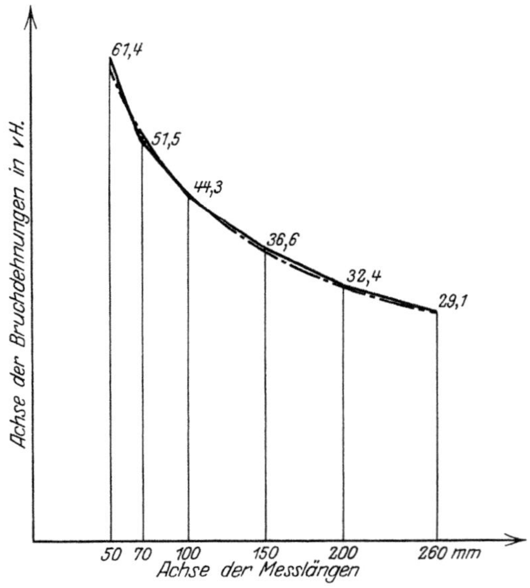

Abb. 134.

8. R. Baumann: Schwefel im Eisen. (Metallurgie 1906, S. 416.)

Wird Bromsilberpapier (nicht Gaslichtpapier) in 5proz. Schwefelsäurelösung getränkt und nach oberflächlicher Trocknung auf Querschnitte von Eisenteilen oder deren Oberflächen gelegt, mit der Handfläche angedrückt und nach etwa einer Minute abgezogen, so erscheinen schwefelreiche Stellen dunkelgefärbt. Diese „Schwefeldrücke" können im Fixierbad fixiert werden und halten nach Auswaschen lange Zeit. Das einfache Verfahren, das ohne Dunkelkammer ausgeübt werden kann, hat weite Verbreitung gefunden, sollte aber in der Werkstatt noch mehr angewendet werden. Die Schätzung des Schwefelgehaltes ist innerhalb gewisser Grenzen möglich, doch empfiehlt es sich, dazu die zweiten Abdrücke von derselben Stelle zu verwenden. Auch bei Gußeisen lassen sich wertvolle Aufschlüsse erzielen. Die von anderer Seite zunächst gehegte Befürchtung, auch Phosphorgehalt könne so starke Dunkelfärbung bewirken, daß Täuschungen möglich seien, hat sich nicht bestätigt.

9. C. Bach: Versuche mit Gußeisen. (VDI. 1909, S. 299ff. Mitt. über Forsch., H. 70.)

Um die Frage zu klären, welche Biegungsfestigkeit und Durchbiegung für kreiszylindrische Probestäbe aus Gußeisen verlangt werden können, nachdem bisher quadratische Stäbe Verwendung gefunden hatten, wurden Versuche mit Gußeisen aus fünf leistungsfähigen deutschen Gießereien in die Wege geleitet. Dabei wurde neben dem Biegungsversuch auch der Zugversuch einschließlich der Ermittlung des Arbeitsvermögens ausgeführt und die Kerbschlagprobe herangezogen. Außerdem wurde die Gelegenheit benützt, um den Einfluß des Durchmessers der Probestäbe auf die Versuchsergebnisse zu verfolgen. Auch die chemische Untersuchung wurde vorgenommen. Ein Teil der Versuchsergebnisse ist im folgenden zusammengestellt, wobei die einzelnen Zahlenangaben je Mittelwerte aus 3 bis 4 Versuchsreihen darstellen.

Biegungsversuche.

Bezeichnung des Materials	K_b in kg/qcm				y in mm			
Stabform	30 mm □	40 mm ○	30 mm ○	20 mm ○	30mm □	40mm ○	30mm ○	20mm ○
a	3831	4370	4568	4957	23,9	16,7	11,6	6,9
b	3988	4561	4855	5739	23,7	15,6	11,2	7,5
c	3476	4109	4571	4786	23,4	16,0	12,6	8,0
d	3013	3011	3678	4793	19,4	10,1	9,5	6,7
e	4072	4264	4138	4991	25,1	15,1	9,1	6,3

Zugversuche.

Bezeichnung des Materials	Zugfestigkeit in kg/qcm			Arbeitsvermögen in kg/qcm		
Stabform	30 mm □	40 mm ○	30 mm ○	30 mm □	40 mm ○	30 mm ○
a	2666	2233	2547	0,140	0,118	0,119
b	2542	2377	2801	—	—	—
c	2381	2118	2484	—	—	—
d	1956	1670	2001	0,100	0,071	0,081
e	2750	2608	2757	0,197	0,166	0,145

Diese Ergebnisse kennzeichnen die hohe Leistungsfähigkeit der deutschen Gießereien. Der Verband Deutscher Dampfkessel-Überwachungsvereine faßte auf Grund der Arbeit den Beschluß: Zu Dampfleitungen, bei deren Bruch eine Gefährdung von Menschen eintreten kann, ist Maschinenguß von hoher Festigkeit zu verwenden.

Dabei wurde die Frage offen gelassen, welche Anforderungen an solches Gußeisen zu stellen seien, und es wurde der vom Deutschen Verband für die Materialprüfungen der Technik vereinbarte Wert: Biegungsfestigkeit $k_b = 3400$ kg/qcm, Durchbiegung $y = 10$ mm als Mindestwert angesehen (Stabdurchmesser 30 mm, Entfernung der Auflager 600 mm).

10. C. Bach: Anforderungen an Gußeisen, das für Dampfrohrleitungen bestimmt ist. (Z. bayr. Rev.-V. 1909, S. 31ff.)

Gegen die vom Deutschen Verband im Herbst 1908 für die Materialprüfung der Technik aufgestellten Vorschläge für die „Vorschriften über die Lieferung von Gußeisen":

	Biegefestigkeit kg/qmm	Durchbiegung mm
1. gewöhnlicher Maschinenguß	28	7
2. Maschinenguß von hoher Festigkeit	34	10
3. Bau- und Säulenguß	26	6
4. Gas- und Wasserleitungsrohre . . .	26	6
5. Dampfleitungsrohre bis 7 Atm. Druck und Temperaturen unter 165° C, . .	26	6
6. ebenso über 7 Atm. und 165° C . . .	34	10

(30 mm Rundstab bei 600 mm Auflageentfernung)

hat der Verband Deutscher Dampfkessel-Überwachungsvereine insbesondere in bezug auf Ziff. 5 Stellung genommen und beschlossen, daß für Dampfleitungen nur Maschinenguß von hoher Festigkeit zu verwenden sei.

Um zu prüfen, ob die angegebenen Zahlen 34 und 10 zu erhöhen seien, wurden Versuche unternommen, über welche unter Nr. VIIIa, 9 berichtet ist.

11. C. Bach: Äußerung betreffs Gußeisen für Dampfrohrleitungen. (Dt. Verb. f. d. Materialprüfungen d. Techn. 1909, S. 43.)

Die Veröffentlichung enthält eine Zusammenstellung der Äußerungen, welche die deutschen Revisionsvereine in bezug auf die gekennzeichnete Frage abgegeben haben.

12. R. Baumann: Kurze Einführung in die Metallographie von Kesselblechen. (Z. bayr. Rev.-V. 1910, Nr. 5, 6 u. 7. Mitt. über Forsch., H. 83/84, S. 71ff.)

Die Abhandlung sollte den Fachgenossen einen Überblick über den damaligen Stand der Anschauungen geben und ihnen an Hand vieler Abbildungen beim Lesen von Berichten über metallographische Untersuchungen von Kesselblechen als Anleitung dienen.

13. R. Baumann: Der Einfluß der Breite der Kerbschlagproben. (VDI. 1912, S. 1311ff.)

Nachdem für die Kerbschlagprobe durch den deutschen Verband für die Materialprüfungen der Technik ein Normalstab vereinbart war, dessen Breite bei Kesselblechen je nach deren Dicke in weiten Grenzen veränderlich ausfallen muß, war es geboten, den Einfluß dieser Abmessung festzustellen. Dabei ergab sich die auffallende Beobachtung, daß die in üblicher Weise berechnete Kerbzähigkeit von einer gewissen Stabbreite an bei geglühtem Material sprungartig abnimmt,

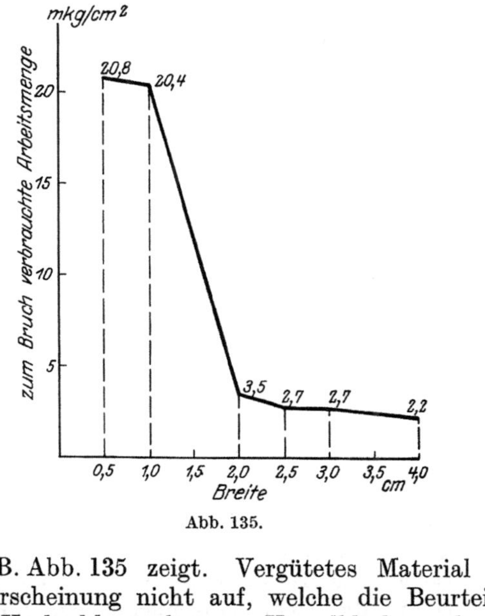

Abb. 135.

wie z. B. Abb. 135 zeigt. Vergütetes Material wies diese Erscheinung nicht auf, welche die Beurteilung der bei Kerbschlagproben aus Kesselblechen erlangten Werte stark erschwert.

Querbohrungen verhüten das Eintreten des Abfalls. Auch die Formänderungsgeschwindigkeit erwies sich als bedeutungsvoll. Bei Gußeisen erwies sich die Schlaggeschwindigkeit insofern als sehr einflußreich, als von ihr die Arbeitsmenge abhängt, die in den Bruchstücken enthalten ist.

Aus der Arbeit ergab sich die Notwendigkeit, bei dicken Kesselblechen die Breite der Kerbschlagproben kleiner als die Blechdicke zu wählen, d. h. diese zu teilen oder durch Abhobeln zu vermindern. Bei Berücksichtigung dieser Notwendigkeit hat sich die Kerbschlagprobe bei den vielen Tausenden von Versuchen, die gelegentlich der Studienproben der Vereinigung der Großkesselbesitzer ausgeführt worden sind, ohne Anstand durchführen lassen und den einzigen zurzeit möglichen Anhaltspunkt über den (richtigen) Glühzustand der Bleche gewährt.

Selbstverständlich muß bei den Kerbschlagproben zu geringe Temperatur vermieden werden (etwa 18° C), worauf seit Beginn dieses Jahrhunderts von vielen Seiten hingewiesen worden ist, sofern nicht angestrebt wird, den Einfluß tiefer Temperaturen ausdrücklich festzustellen.

Vgl. auch Nr. VIIIb, 9.

14. R. Baumann: Zugversuche mit Stäben, die Eindrehung besitzen. (VDI. 1912, S. 1314ff.)

Für die bekannte Erscheinung, daß die Zugfestigkeit bei Zerreißversuchen an Stäben mit kurzen zylindrischen

Abb. 136.

Strecken (Abb. 136) bei Verwendung der üblichen Gleichungen um so höher gefunden wird, je stärker die anschließenden Teile sind, und je kürzer die Eindrehung ist, werden empirische Formeln aufgestellt. Die Verminderung des Arbeitsvermögens solcher Stäbe (Inhalt der Flächen in Abb. 137) ist für den Konstrukteur von erheblichem Interesse. Die

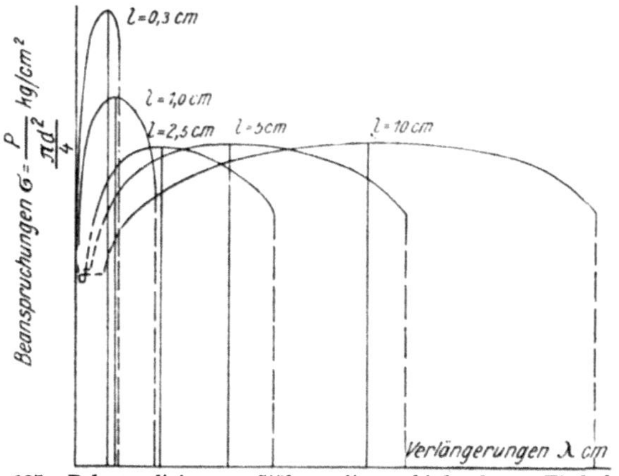

Abb 137. Dehnungslinien von Stäben mit verschieden langer Eindrehung. $D = 4{,}8$ cm, $d = 2{,}5$ cm.

alte Erfahrungsregel, daß Kerben und ähnliche Eindrehungen sehr schädlich zu sein pflegen, findet dadurch eine anschauliche Begründung, die den bisher üblichen Hinweis auf die Ungleichförmigkeit der Spannungsverteilung an solchen Stellen, mit der notwendig eine örtliche Spannungserhöhung verbunden ist, wesentlich ergänzt.

15. R. Baumann: Mitteilungen über die Unsicherheit der Beurteilung des Materials nach den Ergebnissen der Kerbschlagproben. (Prot. d. int. Verb. d. D.-Ü.-V. zu München 1912, S. 84.)

Die Versuche sind eingehend unter Nr. VIIIa, 13 besprochen. In höherer Temperatur pflegt sich Flußeisen bei der Kerbschlagprobe günstiger zu verhalten. Es scheint jedoch geboten, auf die weit geringere Bruchdehnung zu achten, die das Material bei stärkerer Erwärmung aufweisen kann und daher die Beurteilung nicht auf eine Versuchsart allein zu gründen.

16. R. Baumann: Sprödigkeit von Flußeisen als eine Folge der Erwärmung gequetschten Materials. (VDI. 1915, S. 628.)

Beobachtungen an Kesselblechen, die durch zu tiefe Kesselhammerhiebe geschädigt waren, zeigten, daß die nächstliegende Annahme, daß eben die Zähigkeit des Bleches durch die oberflächliche Verletzung und Quetschung geschädigt werde, nicht ausreicht. Vielmehr wurde erkannt, daß die im Betrieb unvermeidliche Erwärmung hinzutreten müsse, um die festgestellte Sprödigkeit herbeizuführen. Ähnliches Verhalten konnte durch Einpressen einer zylindrischen Walze und nachfolgendes Erwärmen bis zur gelben Anlauffarbe erzeugt werden, wodurch ein einfaches Prüfungsverfahren gegeben erscheint.

Besonders bemerkenswert war, daß sich bei dieser Prüfung ein Kesselblech, das im Betrieb Risse erhalten hatte, an einer Stelle, nämlich in der Nähe des Risses, gegen diese Behandlung als sehr empfindlich erwies, vgl. Abb. 138, während dies in einer gewissen Entfernung davon nicht zu beobachten war.

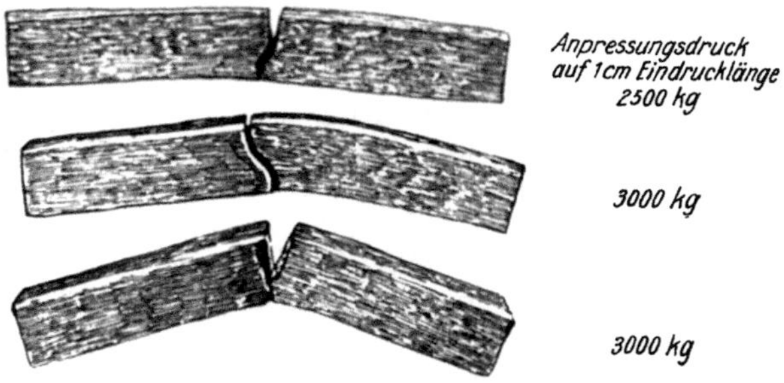

Abb. 138. Kesselblech mit Rißbildung. Material in der Nähe der Bruchstelle gelb angelassen, kalt gebogen.

Daß die besprochene Erkenntnis große Bedeutung für die verschiedensten Bearbeitungsarten und Konstruktionsteile besitzt, ist heute bekannt. Unmittelbar anzuwenden war sie auf die Vorgänge beim Nieten. (Vgl. den Schluß von Anhang Nr. I, 12.) Später sind dann von anderer Seite unter der Bezeichnung „Altern" dieselben Erscheinungen näher besprochen worden, was aber irreführend ist. Nicht das Älterwerden an sich, sondern die Folgen der vorangegangenen Überanstrengung sind das Wesentliche.

17. R. Kittel: Flußeisenbleche zu Lokomotivfeuerbüchsen. (VDI. 1916, S. 745.)

Nach Erörterung der für den Bau von flußeisernen Feuerbüchsen maßgebenden Gesichtspunkte wird über Versuche der Materialprüfungsanstalt Stuttgart mit Kruppschem Sonderbaustoff berichtet, der Vergütung erfahren hatte. Diese werden besonders wertvoll, weil daneben Versuche mit einem Blech hergehen, daß im Betrieb Risse erhalten hatte. Das vergütete Blech zeigt bei höheren Temperaturen bis gegen 300° C hin nur sehr geringe Veränderung der Zugfestigkeit und kleinere Dehnungsänderung als sonst üblich, seine Kerbzähigkeit ist sehr hoch, sein Gefüge gleichförmiger als bei geglühten

Kesselblechen. Die Wärmebehandlung ist erkennbar. Selbstredend dürfen solche Bleche keine Feuerbehandlung erfahren, welche die guten, durch Vergütung erzeugten Eigenschaften beseitigt.

18. C. Bach und R. Baumann: Zur Abhängigkeit der Bruchdehnung flußeiserner Kesselbleche von der Meßlänge. (VDI. 1916, S. 854.)

Im Anschluß an das unter Nr. VIII a, 7 Ausgeführte, ergibt sich ohne weiteres die Möglichkeit, aus Messungen an verhältnismäßig kurzen Stäben die Dehnungen zu bestimmen, die sich ergeben würden, wenn die Meßlängen der Beziehungen $l = 11{,}3\sqrt{f}$ entsprächen. Es war zu prüfen, ob das Verfahren für dicke Kesselbleche ausreichend zuverlässig sei, und wie sich schmale Stäbe, mit geringer Walzhautfläche gegenüber breiten Stäben verhalten.

In kurzen Worten fand sich Übereinstimmung beider und befriedigendes Zutreffen des genannten Verfahrens.

Ferner fand sich eine einfache Beziehung für die Umrechnung, deren Zutreffen allerdings zunächst auf das durch die Versuche gedeckte Gebiet zu beschränken war, die aber den großen Vorzug hat, die Umrechnung auf Grund einer einzigen Messung zu ermöglichen.

Die Beziehung lautet:

$$\varphi\, 11{,}3\sqrt{f} = y \cdot \varphi\, 200,$$

wobei y dem Werte der Abb. 139 entspricht und es bedeutet

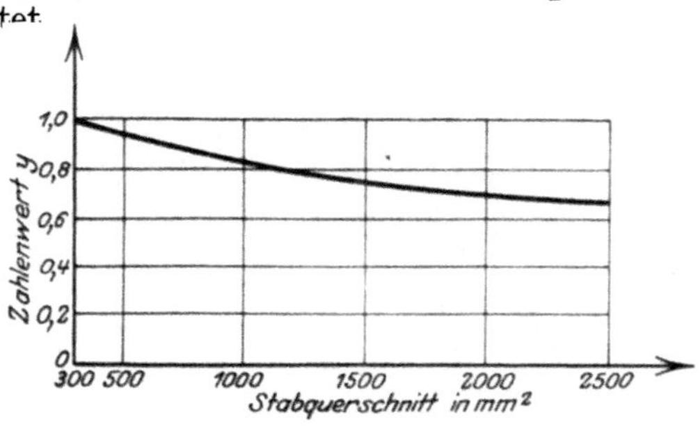

Abb. 139.

$\varphi\, 11{,}3\sqrt{f}$ die Dehnung auf der Meßlänge $l = 11{,}3\sqrt{f}$-mm
$\varphi\, 200$ „ „ „ „ „ $l = 200$ mm.

19. R. Baumann: Über das Vergüten von Eisen und Stahl. (Stuttgart: Konrad Wittwer 1917.)

Häufig war der Verfasser gebeten worden, die unter Nr. VIII a, 12 angeführte Einführung in die Metallographie der Kesselbleche zu erweitern, so daß das Gebiet der Stahlbehandlung umfaßt werde. Dies ist durch die kleine Schrift geschehen, sie sich hinsichtlich der Abbildungen auf Nr. VIII a, 21 stützt.

20. R. Baumann: Neuere Beobachtungen an Bördelblechen. (VDI. 1918, S. 637 ff.)

Bei der Bearbeitung im Feuer durch Bördeln, Schweißen usf. erhielten einige Kesselbleche erhebliche Risse, wie sie aus dem Querschnitt Abb. 140 und der Ansicht Abb. 141 hervorgehen. Im Gefüge treten bei der Untersuchung die Anzeichen der Verbrennung auf, ferner reichlicher Gehalt an nichtmetallischen Bestandteilen. Mehrfach wurde die Hartbiegeprobe nicht bestanden. Als besonderes Kennzeichen der Bleche erscheint jedoch, daß dieselben zwar die gewöhnliche Warmbiegeprobe bestanden, jedoch Rißbildung verschiedener Art — teils Aufreißen parallel zur Walzhaut, teils senkrecht zu dieser zeigten, wenn die Erwärmung auf etwas höhere Temperatur erfolgt. Gleiches Verhalten ist in einigen Fällen in den Kesselschmieden

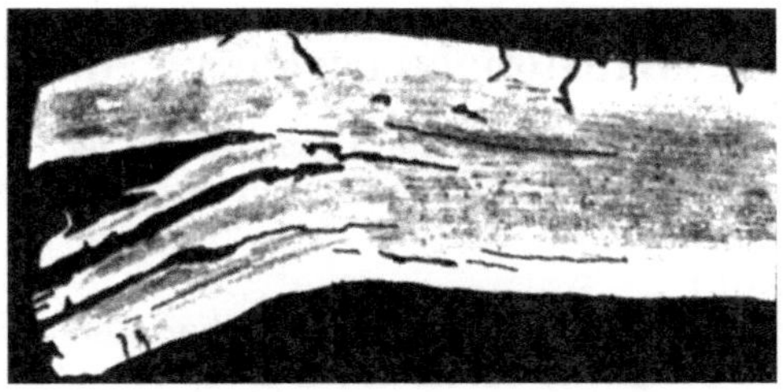

Abb. 140.

beobachtet worden; die Bleche ließen sich bei geringerer Erhitzung ohne Rißbildung verarbeiten. Von den sechs untersuchten Blechen lag die Zugfestigkeit in zwei Fällen bei oder unter 3400 kg/qcm, in zwei Fällen zwischen 3600 und 3900 kg/qcm, in einem Fall bei 4100 kg/qcm.

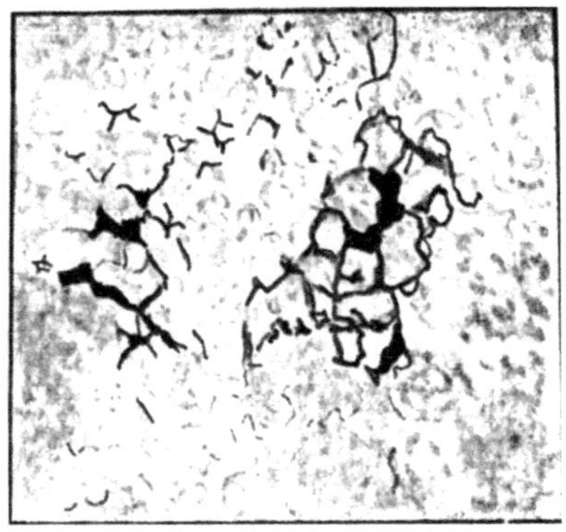

Abb. 141.

Der Gehalt an nichtmetallischen Stoffen dürfte vorwiegend das ungünstige Verhalten der Bleche erklären (vgl. hierzu das in Kap. X, 13 Bemerkte). Solche Bleche vertragen also Hitzegrade bei der Feuerbearbeitung nicht mehr, die gute Bleche, ohne zu verbrennen, aushalten.

21. C. Bach und R. Baumann: Festigkeitseigenschaften und Gefügebilder der Konstruktionsmaterialien. (Berlin: Julius Springer. Erste Aufl. 1914, zweite Aufl. 1921.)

Das für die täglichen Aufgaben des Betriebsingenieurs und des Konstrukteurs notwendige Anschauungsmaterial konnte in „Elastizität und Festigkeit“, vgl. Nr. VIII a, 1, nicht geboten werden, ohne die Übersichtlichkeit zu stören. Es erschien aber notwendig, die neueren Materialkenntnisse einschließlich der Metallographie gerade dadurch weiteren Kreisen zugänglich zu machen. So ist das Buch entstanden, das gewissermaßen einen reichhaltigen Bilderatlas wichtiger Fälle darstellt, mit stichwortartigen Hinweisen auf die Erklärung für die gezeigten Erscheinungen, je auf gleicher Seite mit dem Bild.

VIIIb. Baustoffeigenschaften und deren Ermittlung bei höherer Temperatur.

1. C. Bach: Versuche über die Abhängigkeit der Festigkeit und Dehnung der Bronze von der Temperatur. (Mitt. über Forsch. 1901, H. 1, S. 32ff. VDI. 1900, S. 1745ff.)

Die Frage zu klären, bis zu welcher Temperatur Bronze als geeignetes Material für Absperrventile usf. in Dampfleitungen geeignet erscheint, bildete den Anlaß zu den Versuchen.

Die Bronze war von der Kais. Werft, Kiel, geliefert worden; sie enthielt 91% Kupfer, 4% Zink, 5% Zinn.

Bei gewöhnlicher Temperatur ergab sich eine Dehnungszahl von ungefähr 1: 1000000, eine Zugfestigkeit von 2400 kg/qcm, eine Bruchdehnung von 36,3 % und ein Arbeitsvermögen von 6,9 mkg/ccm.

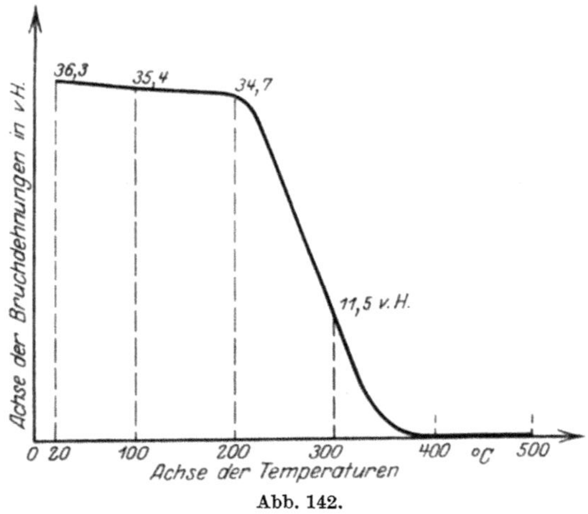

Abb. 142.

Die Ergebnisse der Zugversuche bei höheren Wärmegraden gehen aus Abb. 142 u. 143 hervor. Insbesondere die letztere zeigt, daß die Bronze von 200° C an für Konstruktionsteile nicht mehr verwendbar erscheint.

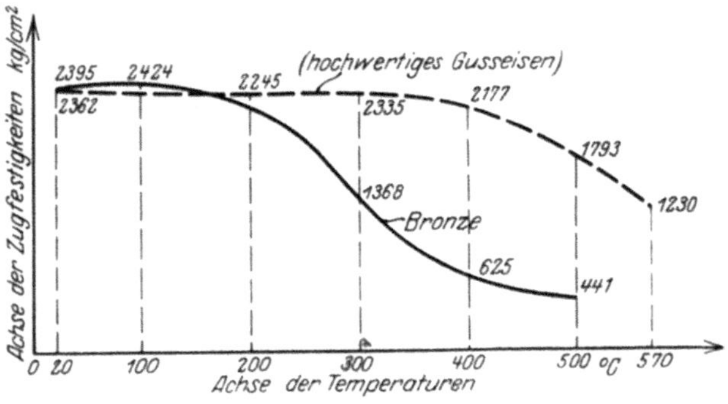

Abb. 143.

Zusammensetzung der Bronze: Kupfer 91,35%, Zinn 5,45 %, Zink 2,87 %, Blei 0,28 %, Eisen 0,025 %, Phosphor, Arsen, Schwefel, Antimon kaum Spuren.

2. C. Bach: Versuche über die Druckfestigkeit hochwertigen Gußeisens und über die Abhängigkeit der Zugfestigkeit desselben von der Temperatur. (VDI. 1901, S. 168ff. Mitt. über Forsch., H. 1.)

Abb. 143 läßt die Ergebnisse der Zugversuche erkennen. Von der chemischen Zusammensetzung sei angeführt: Gesamtkohlenstoff 3,65 %, Graphit 2,91 %, Mangan 1,53 %, Silizium 1,13 %, Schwefel 0,09 %, Phosphor 0,19 %. Schliffbild Abb. 143a.

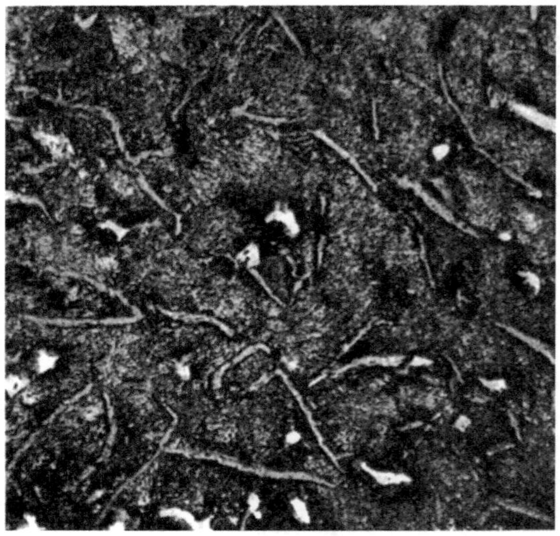

Abb. 143a.

3. C. Bach: Versuche über die Abhängigkeit der Zugfestigkeit und Bruchdehnung der Bronze von der Temperatur. (Mitt. über Forsch. 1902, H. 4, S. 1ff. VDI. 1901, S. 168ff.)

Die Arbeit bildet eine Fortsetzung der unter Nr. VIIIb, 1 besprochenen Versuche mit Material anderer Herkunft und ähnlicher Zugfestigkeit (2491 kg/qcm bei 20° C). Die Bruchdehnungen fallen nach Überschreiten der Prüfungstemperatur von 200° C wesentlich weniger rasch als bei den zuerst durchgeführten Versuchen. Auch dieses Material kann jedoch für Leitungen zu überhitztem Dampf nicht mehr empfohlen werden. Zusammensetzung: Kupfer 85,95—87,00%, Zinn 9,75 bis 8,88 %, Zink 3,64—4,30 %, Blei 0,35—0,498 %, Eisen 0,036—0,09 %, Phosphor 0,015—0,040.

4. C. Bach: Versuche über die Festigkeitseigenschaften von Stahlguß bei gewöhnlicher und höherer Temperatur. (VDI. 1903, S. 1762ff. u. 1812ff. Mitt. über Forsch., H. 24 [Versuche A].)

Ohne auf den weiteren Inhalt im einzelnen einzugehen, seien aus den Ergebnissen die Linienzüge für die durchschnittlichen Festigkeits- und Dehnungswerte K_z und φ in Abb. 144 u. 145 zusammengezeichnet. Geprüft wurden die drei verschiedenen Erzeugnisse *O*, *M*, *K*. Bemerkenswert war, daß auch das bei gewöhnlicher Temperatur gleichförmige Material in höhe-

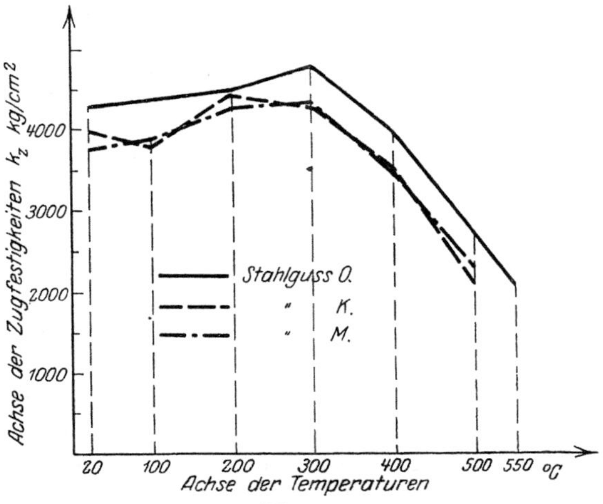

Abb. 144.

ren Wärmegraden sich recht ungleichförmig verhält, und daß nach Überschreiten von 300° C der Einfluß der Belastungsdauer ein recht erheblicher war.

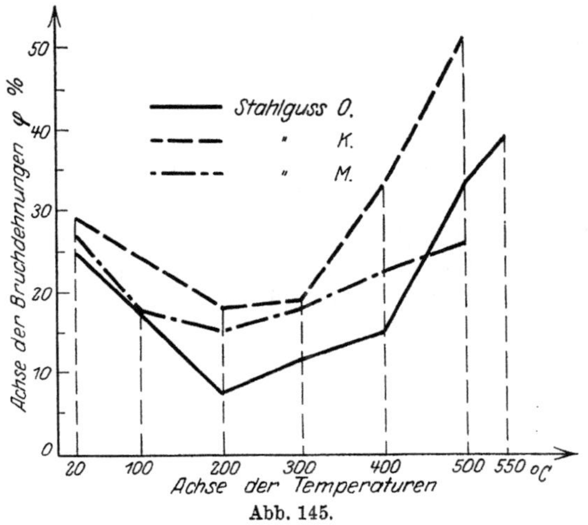

Abb. 145.

5. C. Bach: Versuche über die Festigkeitseigenschaften von Stahlguß bei gewöhnlicher und höherer Temperatur. (VDI. 1904, S. 385ff. Mitt. über Forsch., H. 24 [Versuche B].)

Der Erzeuger von Stahlguß *O* unter Nr. VIII, 4 beantragte Wiederholung der Versuche, wofür er das Material O_b einlieferte. Wie aus Abb. 146 u. 147 im Vergleich zu Abb. 144 u. 145 ersichtlich, verhielt sich dieses wesentlich günstiger als das zuerst eingelieferte Material *O*. Wie spätere Untersuchung ergab, ist dies vorwiegend eine Folge der besseren Wärmebehandlung (die bei Material *K* ebenfalls vorlag). Der Vollständigkeit halber seien noch die chemischen Analysen angeführt.

Material	Kohlenstoff	Mangan	Silizium	Kupfer	Schwefel	Phosphor
K %	0,165	0,726	0,498	0,121	0,038	0,019
M %	0,200	0,819	0,112	0,273	0,048	0,053
O %	0,193	0,322	0,187	0,096	0,087	0,081
O_b %	0,180	0,369	0,280	0,060	0,080	0,071

6. C. Bach: Versuche über die Festigkeitseigenschaften von Flußeisenblechen bei gewöhnlicher und höherer Temperatur. (VDI. 1904, S. 1300ff. Prot. d. 33. D.- u. I.-Vers. d. int. Verb. d. D.-Ü.-V. in Barmen-Elberfeld 1904, S. 18ff. Versuche über die Widerstandsfähigkeit von Kesselwandungen, H. 7.)

Angeregt durch die Ergebnisse der Versuche mit Stahlguß (vgl. Nr. VIIIb, 4 u. 5) beantragte der Inter-

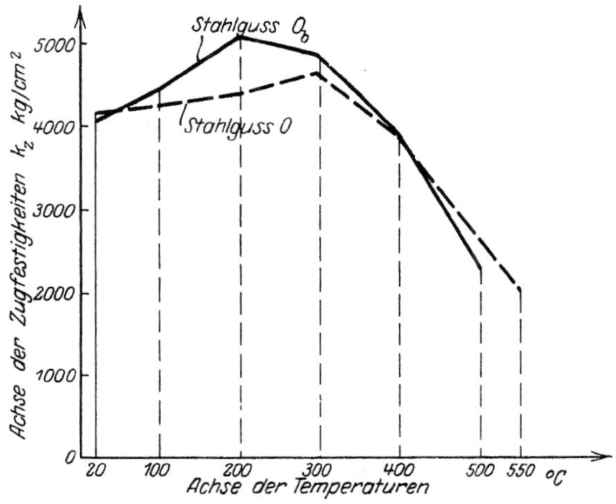

Abb. 146.

nationale Verband der Dampfkessel-Überwachungsvereine die Untersuchung von Kesselblechen, die teils neu waren, teils schon in Betrieb gestanden hatten. Die

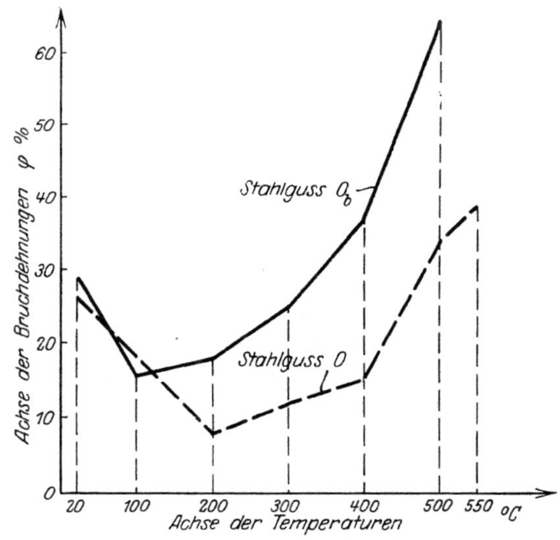

Abb. 147.

Ergebnisse konnten daher in besonders zuverlässiger Weise für die Verhältnisse des Dampfkesselbaues verwertet werden.

Eingeliefert wurden nämlich:

6 neue Feuerbleche,
4 ,, Mantelbleche höherer Festigkeit,
1 ,, Mantelblech gewöhnlicher Festigkeit,
2 alte Feuerbleche,
2 ,, Mantelbleche.

Von den Ergebnissen sei hier nur folgendes angeführt.

Die ausgeprägte Streckgrenze war letztmals zu beobachten

noch bei 300° C an 1 neuen Feuerblech und 5 neuen Mantelblechen,
„ „ 200° C „ 5 „ Feuerblechen,
„ „ 200° C „ 1 alten Mantelblech,
„ „ 100° C „ 2 „ Feuerblechen und 1 alten Mantelblech.

Die ausgeprägte Streckgrenze verschwindet also bei den alten Kesselblechen früher als bei den neuen: sie fällt für Flußeisen bei steigender Prüfungstemperatur mehr oder weniger stark. Im folgenden sind die Grenzwerte für die untere Streckgrenze aufgeführt und in der letzten Spalte die Verhältniszahlen der bei 20° C beobachteten Werte gegenüber der bei der höchstangegebenen Temperatur (300 bzw. 200° C) ermittelten Streckgrenze.

Art der Bleche	20°	200°	300°	Verhältnis
Neue Feuerbleche	2176	2105	1373	1,58 : 1
	2039	1904		1,06 : 1
	2438	2259		1,08 : 1
	1924	1705		1,13 : 1
	2579	2464		1,04 : 1
	2261	2121		1,07 : 1
Neue Mantelbleche .	2595	2201	1685	1,54 : 1
	2245	2145	2002	1,07 : 1
	3414	3013	2732	1,25 : 1
	2524	2285	2247	1,12 : 1
	3548	2914	2811	1,26 : 1

Im Gegensatz hierzu steigt die Zugfestigkeit bis zu den genannten Wärmegraden (nach deren Überschreitung sie rasch abnimmt). Das Maß der Zunahme ist sehr verschieden. Es schwankt zwischen folgenden Grenzen:

Art der Bleche	20°	200°	Verhältnis
Neue Feuerbleche	3133	3985	1 : 1,27
	3394	5365	1 : 1,58
Neue Mantelbleche	5745	6551	1 : 1,14
	3934	5018	1 : 1,28

Die alten Bleche lieferten Verhältniszahlen von 1,19 bis 2,24.

Die Bruchdehnung, die als Maß der Zähigkeit angesehen zu werden pflegt, sinkt nach Überschreiten der gewöhnlichen Temperatur meist sehr rasch und weist zwischen 100 und 200° C einen kleinsten Wert auf. Auch hierbei verhalten sich die Bleche sehr verschieden, wie die folgende Zahlenreihe, die die Grenzwerte enthält, zeigt:

Art der Bleche	20°	200°	Verhältnis
Neue Feuerbleche	34,7	14,8	2,3 : 1
	28,6	26,4	1,1 : 1
Neue Mantelbleche	21,4	9,7	2,2 : 1
	24,5	14,8	1,7 : 1

Bei den alten Blechen lagen die Verhältniszahlen zwischen 1,5 und 1,9. Hiernach gibt es Flußeisen, das bei 200° C nur etwa 10 % seiner bei 20° C vorhandenen Bruchdehnung verloren hat.

Der Einfluß längerer Belastungsdauer auf die Größe der Bruchdehnung erwies sich schwankend; teils war diese bei längerer Belastung größer, teils kleiner.

Für Dampfkessel, Dampfgefäße, Dampfleitungen usw., welche Gegenstände im Betriebe höhere Temperatur annehmen und von denen man natürlich verlangt, daß sie in diesem Zustande volle Widerstandsfähigkeit besitzen, müssen die Festigkeitseigenschaften der Baustoffe bei diesen höheren Temperaturen beachtet werden. Das Material lediglich nach den Festigkeitseigenschaften bei gewöhnlicher Temperatur zu beurteilen, wie es jetzt geschieht, erscheint nicht richtig. Jedenfalls muß, abgesehen von anderem, die Zähigkeit des Materials bei höherer Temperatur als maßgebend angesehen werden.

Bach stellt demzufolge auf der 33. Delegierten- und Ingenieurversammlung des Internationalen Verbands der Dampfkessel-Überwachungsvereine zu Barmen-Elberfeld den Antrag, folgende Beschlüsse zu fassen:

1. Es ist darauf hinzuwirken, daß zu Dampfkesseln, Dampfgefäßen u. dgl. nur solche Bleche zur Verwendung gelangen, die bei höherer Temperatur nicht mehr an Zähigkeit verlieren, als es der Stand der Eisenhüttentechnik bedingt.

2. Die Grobblechwalzwerke sind zu ersuchen, dahingehende Angaben über ihre Bleche zu machen.

Dieser Antrag wurde einstimmig angenommen. Jedoch scheint diese Forderung erst in neuester Zeit (1924) einigermaßen die ihr schon so lang gebührende Beachtung finden zu sollen.

7. R. Baumann: Die Festigkeitseigenschaften der Metalle in Wärme und Kälte. (Stuttgart: Alfred Kröner 1907.)

Zusammenstellung der vorliegenden Versuchsergebnisse, genaue Schilderung und kritische Besprechung der benützten Einrichtungen.

Der Hinweis auf diese Arbeit kann vielleicht heute, wo sich die Erkenntnis von der Wichtigkeit der Ermittlung der Eigenschaften der Baustoffe in den Betriebstemperaturen Bahn bricht, manchem erwünscht sein.

8. R. Baumann: Druckversuche mit Vulkanfiber, Hartgummi und Metall zu Stopfbüchsenpackungen bei gewöhnlicher und bei höherer Temperatur. (VDI. 1913, S. 907ff.)

An dieser Stelle genügt es, von dem letzten Teil der Arbeit Abb. 148 anzuführen, die erkennen läßt, wie

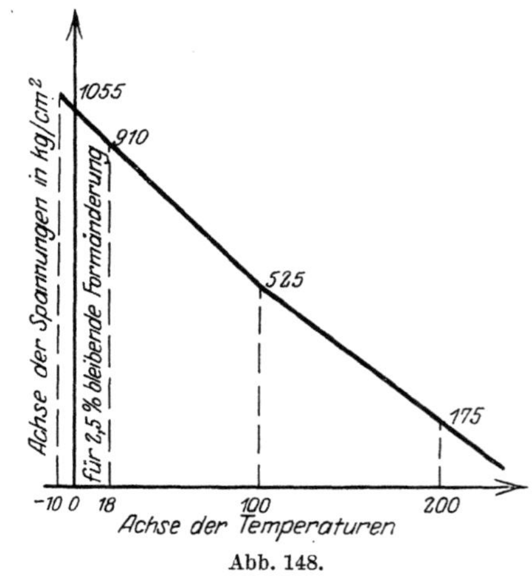

Abb. 148.

überaus empfindlich derartige Metalle (auch Lagermetalle) gegenüber geringen Temperaturerhöhungen sind, wie rasch ihre Tragfähigkeit abnimmt, wenn die Temperatur auch nur wenig steigt.

9. R. Baumann: Versuche mit Einsatzmaterial. (Jahrb. d. Schiffsbaut. Ges. 1915, S. 156)[1].

[1] Vgl. auch Nr. II, 5: Versuche mit Aluminium.

Der überwiegende Teil der Versuche ist an dieser Stelle nicht zu besprechen. Erwähnt sei jedoch das

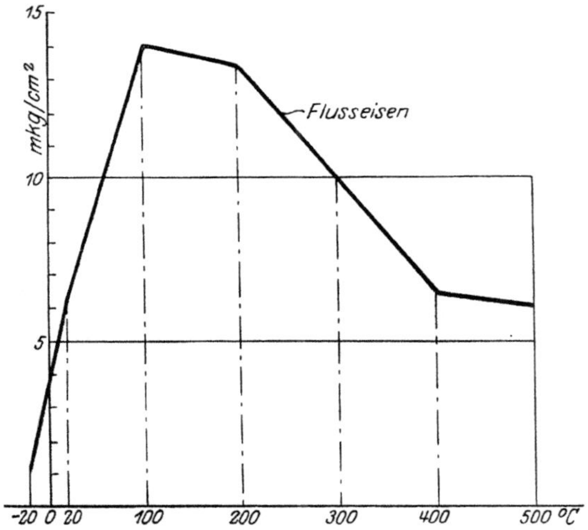

Abb. 149.

Verhalten der Materialien bei der Kerbschlagprobe in verschiedenen Wärmegraden, weil die Kerbschlagprobe neuerdings auch für Kesselbleche ausgeführt wird und sich ein so starker Einfluß der Prüfungstemperatur in der Nähe der gewöhnlichen Temperatur ergibt, was dem Wesen nach schon lange bekannt war, ohne daß viele Zahlenangaben vorlagen.

Abb. 149 zeigt, daß die Linie der Kerbzähigkeit für das geprüfte zähe Flußeisen sehr steil abfällt,

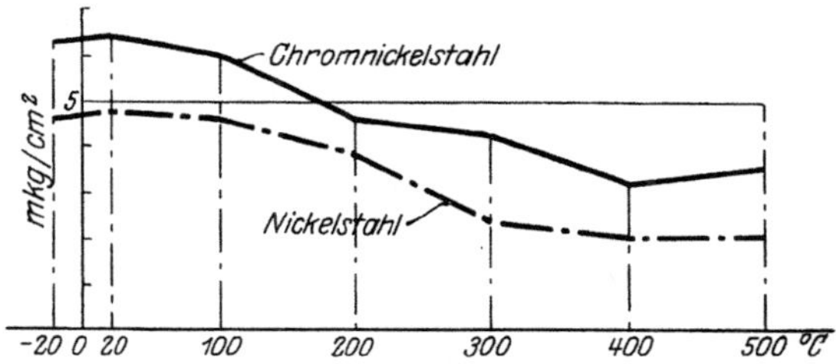

Abb. 150.

so daß ein Unterschied von wenigen Grad C sehr erheblichen Einfluß äußert. Nickel und Chromnickelstahl erweisen sich nach Abb. 150 als wesentlich weniger empfindlich. Bemerkt sei, daß kleine Stäbe (Querschnitt 10 × 10 mm, Kerbe 1,3 mm) verwendet wurden. Bei den üblichen großen Stäben (Querschnitt 30 × Blechdicke, Kerbe 4 mm) steht ein noch steilerer Verlauf zu erwarten.

IX. Einfluß des Betriebes[1], Wärmestauung, Wärmespannung, Wasserumlauf usw.

1. C. Bach: Zur Frage der Einbeulungen von Tenbrink-Feuerrohren. (VDI. 1887, S. 458ff.)

An sechs Tenbrink-Kesseln der Zuckerfabrik Stuttgart, die sehr hohe und stark wechselnde Beanspruchung erfuhren, wurden nach mehrjährigem Betrieb in sämtlichen zwölf Feuerrohren mehr oder minder starke Einbucklungen beobachtet, deren Tiefe teils sehr gering war, teils 20 mm erreichte.

Als Ursache wurde zeitweilige starke Überanstrengung durch Anwendung übermäßigen Zuges und die Verwendung unreinen Speisewassers angesehen. Nachdem die Zugstärke Beschränkung erfahren hatte und reines Wasser zur Verwendung gelangte, konnte bei sorgsamer Überwachung festgestellt werden, daß sich die Beulen nicht vergrößerten, trotzdem die Beanspruchung der Kessel eine sehr starke war.

Diese Tatsachen berechtigen zu dem Schlusse, daß die übertriebene — wenn auch nur kurze Zeit währende — Anstrengung der Kessel die Veranlassung zur Entstehung der Einbeulungen gewesen ist, möglicher- oder wahrscheinlicherweise unterstützt durch die Verwendung verhältnismäßig unreinen Speisewassers.

Der Verfasser erklärte sich das Vorkommnis auf folgende Weise:

In der Gegend der Einbucklungen herrscht im Innern des Feuerrohres eine sehr hohe Temperatur (der bei scharfem Zug fast weißglühende Koks befindet sich in unmittelbarer Nähe), während an der Außenwand eine außerordentlich starke Dampfentwicklung vor sich geht, und zwar um so stärker, je mehr der Kessel angestrengt wird. Die sich hier bildenden Dampfblasen brauchen nun zur Erlangung ihrer Größe und zum Lösen von der Heizfläche eine gewisse, wenn auch kleine Zeit. Dieselbe wird größer sein an vertikal gelegenen Flächenelementen, als an horizontalen, sie wird um so bedeutender ausfallen, je weniger rein das Wasser ist (wie man ganz deutlich beim Kochen von unreinen Flüssigkeiten, z. B. von Säften, in allerdings vergleichsweise übertriebenem Maßstabe, beobachten kann). Damit hängt dann auch eine Vergrößerung der Dampfblasen selbst zusammen. Während der Zeit, während welcher die einzelnen Flächenelemente von derartigen Dampfblasen berührt werden, muß der Wärmedurchgang, der bei Berührung mit Wasser ein sehr energischer ist, gehemmt sein, die Wärme wird sich stauen, die Temperatur der Heizwandung muß steigen, und zwar um so höher, je mehr Dampf sich pro Flächenelement des Feuerrohres entwickelt, d. h. je weiter die Wärmeerzeugung getrieben, je stärker die Anlage angestrengt wird. Auf diese Weise kann es dahin kommen, daß die Wandung, insbesondere diejenige eines Tenbrink-Feuerrohrs, an den einzelnen Stellen eine wesentlich verschiedene Temperatur annimmt: die höchste, da, wo die Resultante aus der positiven Wirkung der im Innern vorhandenen Wärme und aus dem negativen Einfluß des außen vorhandenen Dampfpelzes am größten ausfällt. Mit einem derartigen Temperaturunterschied entsteht an der wärmeren Stelle das Bestreben, sich auszudehnen, und da die Umgebung dies nicht genügend gestattet, die Neigung, nach der Seite auszuweichen, d. h. sich auszubauchen. Nach welcher Seite die Abweichung vor sich gehen wird, das bestimmt der Dampfdruck. Diese Abweichung erfolgt schließlich zunächst als einfache Durchbiegung, wobei das Blech noch lange nicht die Glühtemperatur zu besitzen braucht. Die unbedeutenden Einbucklungen, fast von Null anfangend und zu einigen Millimetern fortschreitend, scheinen einen Beweis hierfür zu bilden. Wäre das Blech glühend und damit weich geworden, so ist nicht leicht einzusehen, warum der Dampfdruck, welcher als äußerer Überdruck nach Störung der kreiszylindrischen Form an Wirksamkeit außerordentlich rasch zunimmt, so plötzlich halt machen soll, nachdem er erst zu wirken begonnen hat.

Zum Schluß wird die Ansicht ausgesprochen, daß die Einbucklungen in den Tenbrink-Rohren des Wiener Rathauses, welche die Fachwelt damals lebhaft, aber vergeblich beschäftigt hatten, auf dieselben Ursachen zurückzuführen seien.

Hierzu vgl. auch Nr. III, 10 zur Frage der zulässigen Abweichung der Flammrohre von der Kreisform.

2. C. Bach: Einbeulung und Ausbauchung von zylindrischen Kesselwandungen infolge Wärmestauung. (Abh. u. Ber., S. 223ff. VDI. 1894, S. 1420ff.)

Unter Bezugnahme auf die in der Abhandlung IX, 1 gegebenen Darlegungen werden einige Fälle eingetretener Einbeulungen und Ausbauchungen besprochen, die hier kurz beschrieben seien mit der Bemerkung, daß bis in die neueste Zeit solche Schäden aufgetreten sind meist aus denselben Ursachen und deshalb, weil dieselben Fehler erfahrungsgemäß mit großer Ausdauer immer wieder gemacht werden. Auch bei ganz anderen

---

[1] Vgl. auch:

Nr. XIV, 10. C. Bach: Anfressungen in Flammrohren, an Stellen, die mit Ölfarbe gestrichen waren. (VDI. 1913, S. 1061.)

Nr. XIV, 12. R. Baumann: Vorbericht über die Versuche betr. Einwirkung von Lauge auf das Flußeisenblech von Laugenkesseln. (Prot. d. 44. D.- u. I.-Vers. d. int. Verb. d. D.-Ü.-V. zu Chemnitz 1914, S. 66ff.)

Nr. X, 10. C. Bach: Über die Bedeutung von Hieben, die dem Kesselblech beim Abklopfen des Kesselsteins zuteil werden. (Prot. d. 41. D.- u. I.-Vers. d. int. Verb. d. D.-Ü.-V. zu Konstanz 1911, S. 31ff.)

Anhang zu Nr. XIV, 15. R. Baumann: Kesselschäden. (VDI. 1923, S. 1109ff.)

Konstruktionen sind die erörterten Gesichtspunkte voll zu beachten, wie Erfahrungen aus neuester Zeit zeigen.

a) Fall der Einbeulung. In einer Anlage aus zwei nebeneinanderliegenden Batteriekesseln mit Tenbrink-Vorlage (je 35 qm Heizfläche, 0,9 qm Rostfläche, 7 Atm. Überdruck, Tag- und Nachtbetrieb), die gut gewartet und nicht überanstrengt war, wurden nach kurzer Mittagspause, während deren die Kessel nur sehr wenig Dampf zu liefern hatten, an beiden Feuerrohren je links und rechts, also paarweise vorhandene Einbeulungen beobachtet, deren Tiefe aus Abb. 151 hervorgeht.

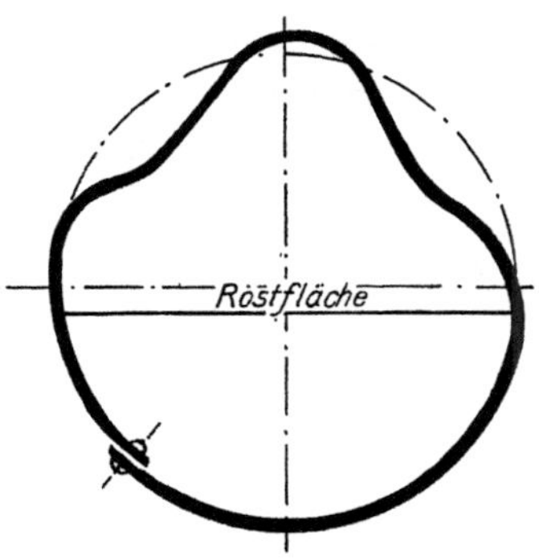

Abb. 151.

Wassermangel war nicht vorhanden, auch die zulässige Dampfspannung nicht überschritten worden.

Die eingebeulten Rohre, an denen festgestellt werden konnte, daß sie nicht glühend geworden waren, zeigten auf der Wasserseite Kesselsteinbelag von Zeichenpapierdicke, der sich fettig anfühlte. Die chemische Untersuchung ergab einen Gehalt des Kesselsteins von etwa 10 % Öl bzw. Fettsäure, was darauf zurückzuführen ist, daß zum Speisen des Kessels ein vegetabilisches Öl enthaltendes Wasser verwendet worden war.

In der Tat wurde der durch Oberflächenkondensation niedergeschlagene Abdampf, vermehrt durch weiches Quellwasser, gespeist. Die ölige Beschaffenheit des Kesselsteins erschwert den Wärmeübertritt in das Wasser außerordentlich und ruft eine starke Wärmestauung in der Kesselwand hervor, die schließlich an den am stärksten erwärmten Stellen der letzteren zur Einbeulung führt.

Die beiden eingebeulten Feuerrohre wurden nun durch neue ersetzt und das Speisewasser durch Holzwolle filtriert; nach zwei Wochen zeigte das eine der neuen Feuerrohre eine Einbeulung. Die innere Untersuchung ergab, daß trotz des Filtrierens ziemlich viel Öl in den Kessel gelangt war.

b) Fall der Ausbauchung. An einem über einem Schrägrost liegenden Quersieder (6 Atm.) trat im ersten Betriebsjahr Ausbauchung dort ein, wo die Kesselwand der Rostfläche am nächsten lag. Die Kesselsteinschicht im Innern war etwa 6 mm dick, auch hatten sich Kesselsteinsplitter abgelagert. Damit war der Wärmestauung Vorschub geleistet worden, die, da innerer Überdruck herrschte, zur Ausbauchung führte.

Beide Beispiele zeigen, wie nachteilig Verunreinigung des Kesselwassers durch Öl, Fett oder Fettsäuren sowie starker Kesselsteinbelag wirken können, insbesondere wenn der Kessel Heizflächenteile enthält, für welche die Wärmemenge, die, bezogen auf die Flächen- und Zeiteinheit, überzuleiten ist, hohe Werte besitzt.

Diese Gesichtspunkte haben nicht nur in bezug auf Einbeulungen und Ausbauchungen Bedeutung, sie mahnen ganz allgemein zur sorgfältigen Beobachtung empfindlicher Heizflächenteile und zur Beachtung der Ausdehnungen, die mit Wärmestauungen, wie sie auch durch Dampfpelz verursacht werden können, verknüpft sind: sie können auch bei anderen Kesselkonstruktionen Spannungen im Gefolge haben, deren Bedeutung leicht übersehen wird. Viele Kesselschäden die in neuester Zeit eingetreten sind, gaben Veranlassung, auf die hier besprochene Arbeit aus dem Jahr 1894 zu verweisen, die dabei meist als unbekannt sich herausstellte. Die Erscheinungen wurden als neu betrachtet, während sie heute nichts Neues bieten sollten.

3. C. Bach: Stark deformiertes Feuerrohr. (VDI. 1896, S. 315. Abh. u. Ber., S. 258.)

Im Gegensatz zu den Fällen, in denen Einbeulung infolge Wärmestauung ohne Erglühen eingetreten war (vgl. Nr. IX, 2), wird das Beispiel eines Feuerrohres besprochen, das infolge Wassermangels fast weißglühend geworden und dann weitgehend zusammengedrückt worden war, ohne einen Riß zu erhalten oder einen Unfall herbeizuführen, ein Zeichen für die Güte des Materials.

4. C. Bach: Unfall an einem Dampfkessel. (VDI. 1900, S. 548.)

An dem neuen Quersieder eines Dampfkessels mit Schrägrostfeuerung und zurückschlagender Flamme (Abb. 152) trat nach neunwöchigem Betriebe folgender

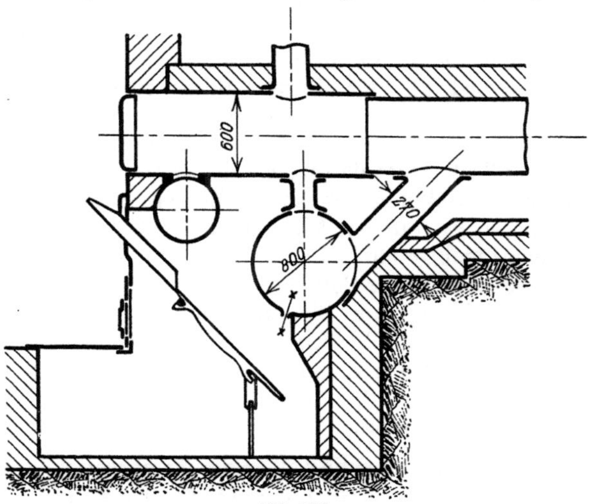

Abb. 152.

Unfall ein. Der Heizer hörte nachts gegen 1 Uhr einen peitschenartigen Knall. Die Untersuchung ergab, daß der Quersieder bei x (Abb. 152) eine Ausbeulung erfahren hatte, welche in der Mitte aufgeplatzt war, so daß ein Loch von reichlich 20 mm Weite entstand.

Abb. 153 u. 154 zeigen den Quer- bzw. Längsschnitt des Quersieders an der betreffenden Stelle. Wäre diese

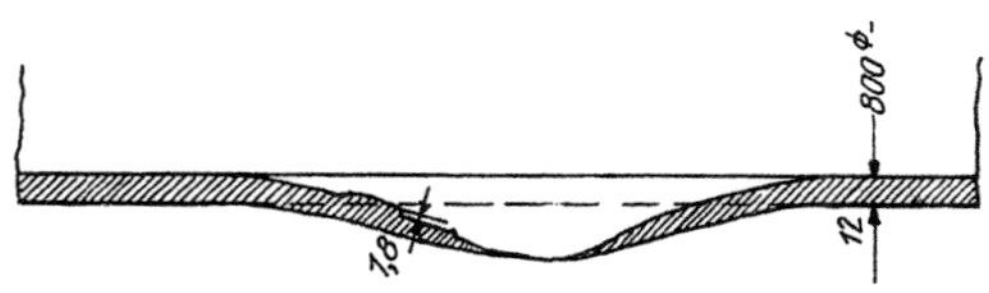

Abb. 153.

Öffnung infolge geringerer Zähigkeit des Materials oder infolge eines Materialfehlers an der Roststelle bedeutend größer ausgefallen, so würde der Unfall zur Explosion geworden sein.

Ursache: Wärmestauung infolge Hinderung des Wärmedurchgangs durch Bildung von Kesselstein bei starker Inanspruchnahme des Kessels, Ausfressungen im Blech (vgl. insbesondere Abb. 154) infolge der Beschaffenheit des Speisewassers.

Eine frühere Analyse des Wassers hatte ergeben:

Kalk, Härte entsprechend	37,80 deutschen Graden
Magnesia „ „	16,94 „ „
Karbonat „ „	22,57 „ „
Gesamthärte „	54,74 „ „
Freie Kohlensäure	Spuren
Schwefelsäure und Chlor	bedeutende Mengen
Schwefelsäure usw.	Spuren

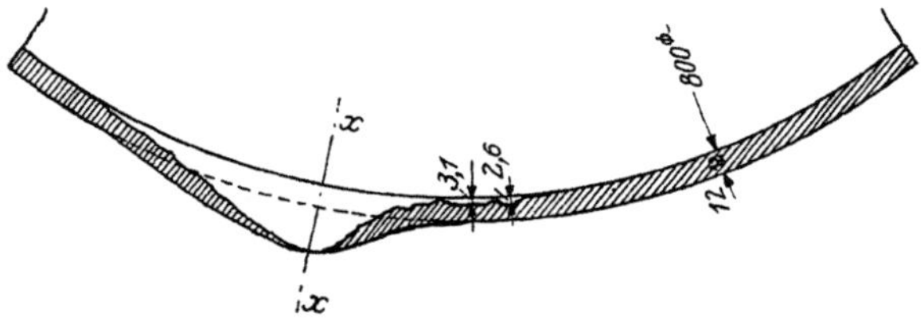

Abb. 154.

Schon der Vorgänger des geplatzten Quersieders war durch starke Ausbeulung (infolge Wärmestauung) unbrauchbar geworden, ein Aufreißen der Beule hatte jedoch nicht stattgefunden.

Das Vorkommnis bestätigt aufs neue die Regel: Ein Kessel[1]) darf nicht so betrieben werden, daß sich Beulen bilden. Entsteht eine solche, so ist dies stets ein Zeichen, dafür, daß das Kesselmaterial an der betreffenden Stelle durch die Erhitzung stärker beansprucht wird, als zulässig ist. Bildet sich eine Beule, so entsteht sofort für den Betriebsleiter die Pflicht, den Betrieb derart abzuändern, daß dies nicht wieder vorkommt. Tritt trotz dahingehender Bemühungen nochmals Beulenbildung auf, so ist dies ein Beweis dafür, daß die so getroffenen Maßregeln das Gefährliche des Betriebes nicht oder nicht ausreichend beseitigt haben. Dann hat seitens der Betriebsleitung alles zu geschehen, um die Bildung von Beulen endgültig fernzuhalten, zunächst wird der Bildung von Kesselstein, Schlammablagerung, Ölbelag u. dgl. entgegenzuwirken sein.

Ein Kesselbetrieb mit fortgesetzter Beulenbildung muß als durchaus unzulässig bezeichnet werden.

5. C. Bach: Untersuchung über die Temperaturverhältnisse im Innern eines Lokomobilkessels während der Anheizperiode. (Mitt. über Forsch. 1901, H. 1, S. 65ff.)

In einem Lokomobilkessel üblicher Bauart 1400 mm Durchmesser, 3300 mm Länge (Planrostfeuerung im Wellrohr, von 1050 mm Länge und 800 mm Durchmesser, 31 Heizrohre von 63 mm Durchmesser) waren an zwölf Stellen Thermometer eingebaut. Als Beispiel der Versuchsergebnisse sei Abb. 155 angeführt. Im Durchschnitt fand sich der Temperaturunterschied im Wasser zwischen oben und unten zu 141° C. Im Anschluß daran wird besprochen, in welch hohem Maße ein Dampfkessel durch die Temperaturunterschiede beansprucht werden kann. Diese aus dem Jahre 1901 stammende Mitteilung hat erst in den letzten Jahren allgemeinere Würdigung erfahren. Die Bedeutung der Temperaturunterschiede in Dampf-

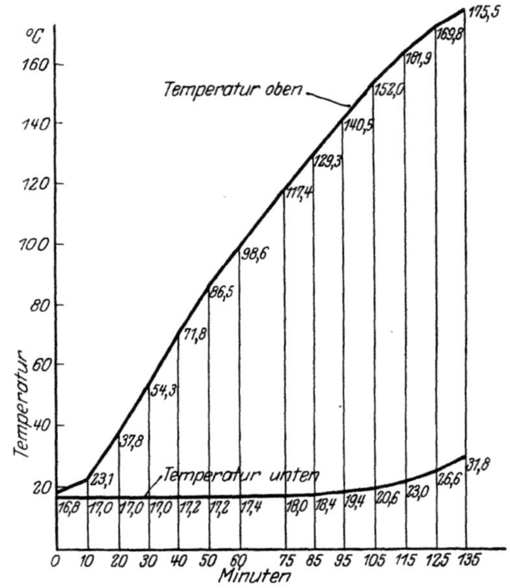

Abb. 155.

kesseln und deren Teilen verdient dauernde und scharfe Beobachtung durch Konstrukteur, Betrieb und Überwachung.

6. J. Reischle: Zur Frage der Änderung schweißeiserner Kesselbleche durch den Betrieb. (Z. bayr. Rev.-V. 1911, S. 85ff.)

Nach kurzem Rückblick über das bisher zu der Frage Veröffentlichte wird über Versuche zur weiteren Klarstellung berichtet, die der Bayrische Revisionsverein in Stuttgart hat durchführen lassen.

Als wesentlichstes Ergebnis dürfte die Erkenntnis anzusehen sein, daß bei Untersuchungen zu dem genannten Zweck sorgfältig darauf zu achten ist, daß die Wirkungen von Kesselhammerhieben und ähnliche Nebenerscheinungen des Betriebes zu trennen sind von den Wirkungen der Erwärmung, der Feuergase, etwaiger Angriffe usw.

[1]) Auch ein Wasserrohrkessel!

X. Rißbildung in Kesselblechen usw.[1]).

1. C. Bach: Das Auftreten von Rissen bei Dampfkesseln im Betriebe. (Prot. d. 33. D.- u. I.-Vers. d. int. Verb. d. D.-Ü.-V. zu Barmen-Elberfeld 1904, S. 150ff.)

An den Ursachen des Auftretens der Risse können beteiligt sein:

1. Das Material des Kessels,
2. die Behandlung des Materials bei der Herstellung des Kessels,
3. der Betrieb durch die Höhe der Temperaturen und deren Unterschiede.

Es wird namentlich darauf aufmerksam gemacht, daß größere Temperaturunterschiede in den Kesselwandungen zum Eintritt von Rissen im Blech führen können und tatsächlich auch häufiger dazu führen, als man anzunehmen geneigt sein wird, und daß es deshalb zur Klärung der hier zur Erörterung stehenden Frage dringend geboten erscheint, in jedem Falle beobachteter Rißbildung gründliche Untersuchung in der bezeichneten Richtung eintreten zu lassen.

Solche schädliche Temperaturunterschiede können infolge rascher Abkühlung (durch Einströmenlassen kalter Luft in die Züge, durch Bespritzen mit Wasser, durch rasche Entleerung des Kessels, durch Einführung von weniger warmem oder sogar kaltem Wasser in den Kessel usw.) oder z. B. auch dadurch veranlaßt werden, daß, während der eine Teil der Kesselwandung auf glühendem Mauerwerke lagert, ein anderer Teil derselben Blechtafel von der Luft oder von Gasen, die eine niedrige Temperatur besitzen, bespült wird.

Dabei ist auch insbesondere auf das Verschwinden der ausgeprägten Streckgrenze von gewissen Temperaturen an zu verweisen.

2. C. Bach: Untersuchung einer im Kesselblech eingetretenen Rißbildung. (Z. bayr. Rev.-V. 1905, S. 1ff.)

Der Bericht ist unter Nr. X, 3 kurz besprochen. Erwähnt sei hier, daß die Nietlöcher gestanzt waren und der bei der Wasserdruckprobe eintretende Riß der Nietreihe folgte.

3. C. Bach: Die Bildung von Rissen in Kesselblechen. (Mitt. über Forsch. 1906, H. 33, S. 43ff.)

Unter Eingehen auf die in Nr. IX, 1 und 2 erörterten Gesichtspunkte wird über die Untersuchung von fünf im Betrieb gerissenen Blechen berichtet.

Ein Flammrohrkessel für 10 Atm. riß bei der wiederholten Wasserdruckprobe in der Längsnaht auf. Hoher Schwefel- und Phosphorgehalt, erhebliche Seigerung, starke Abnahme der Bruchdehnung in höherer Temperatur zeigen, daß das Blech, trotz Bestehens der Abnahmeprüfung für Dampfkessel ungeeignet ist. Das Werksattest hatte übrigens wesentlich geringere Zugfestigkeit und größere Bruchdehnung ergeben als die Nachprüfung.

Ein zweiter Flammrohrkessel von anderer Herkunft verhielt sich ganz ähnlich, wies jedoch geringeren Schwefel- und Phosphorgehalt auf.

Bei einem dritten Fall lag die Zugfestigkeit der zulässigen unteren Grenze von 3400 kg/qcm nahe.

Ein Tenbrink-Kessel hatte im Betrieb zu rasche Abkühlung erfahren. Die Zugfestigkeit des Bleches lag unter der zulässigen Grenze.

Das Material des fünften Kessels war Schweißeisen von geringer Kerbzähigkeit.

4. C. Bach: Aufreißen eines Kesseldomes bei der Druckprobe. (VDI. 1907, S. 465ff.)

An einem für 10 Atm. bestimmten Kessel von 150 qm Heizfläche riß bei der Wasserdruckprobe der Dom auf (vgl. Abb. 156). Das austretende Wasser schleuderte einen Arbeiter 8 m weit fort, was seinen Tod zur Folge hatte[1]). Der entstandene etwa 1 m lange Riß klaffte 7 cm weit auf.

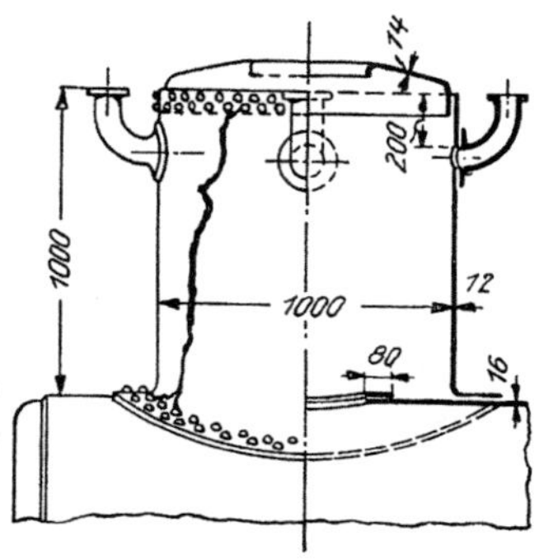

Abb. 156.

Die mechanische Prüfung ergab im Einlieferungszustande geringe Bruchdehnung (13,9 und 20,1 %), nach dem Ausglühen 28,8 %. Bei Prüfung in höherer Temperatur zeigte sich schon bei 200° C. keine ausgeprägte Streckgrenze mehr. Die Zugfestigkeit stieg sehr hoch an (von 4690 kg/qcm bei 20° C. auf 6496 kg/qcm bei 200° C.).

Die Hartbiegeprobe wurde nicht bestanden (vgl. Abb. 157).

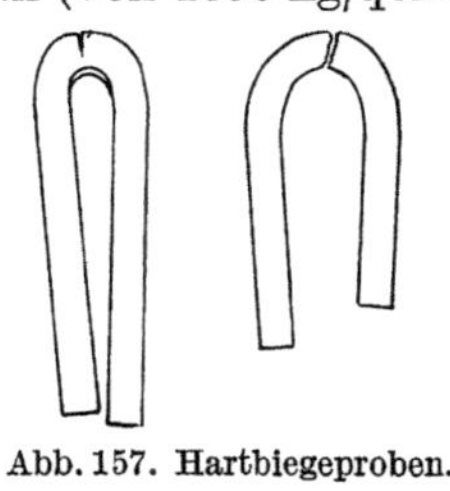
Abb. 157. Hartbiegeproben.

Bei der Kerbschlagprobe (scharfe Kerbe) verhält sich das Blech sehr spröde.

Die chemische Untersuchung ergab u. a. 0,126 % C., 0,04 % S., 0,112 % P. Das Gefüge deutet auf etwas rasche Abkühlung hin.

---

[1]) Vgl. auch Nr. XIV, 12: Vorbericht über die Versuche betr. Einwirkung von Lauge auf das Flußeisenblech von Laugenkesseln.

[1]) Das Beispiel zeigt, daß die Zusammendrückbarkeit des Wassers, selbst abgesehen von der Elastizität der Kesselwandungen, nicht unterschätzt werden darf. Sie führt zu einer elastischen Aufspeicherung von Druckwasser, die im Falle des Bruches gefährlich werden kann.

Das Material hatte hiernach augenscheinlich eine ungeeignete Behandlung erfahren, auch enthielt es Spannungen (starkes Klaffen des Risses).

5. C. Bach: Untersuchung eines im Betrieb aufgerissenen Kupferrohres. (VDI. 1907, S. 1667ff.)

Ein zur Fortleitung überhitzten Dampfes bestimmtes gelötetes Kupferrohr von 250 mm l. W. ist im Betrieb aufgeplatzt; dabei sind zwei Menschen getötet, drei verbrüht worden.

Das Rohr war rund zehn Jahre im Betrieb (12 Atm. Überdruck, 200 bis 210° C. Dampftemperatur). Der Riß folgte der Lötnaht und begann an einer der beiden Endflanschen.

Bei der mechanischen Prüfung ergab sich die Zugfestigkeit mit zunehmender Prüfungstemperatur in der üblichen Weise fallend von 2059 kg/qcm bei 20° C auf 900 kg/qcm bei 300° C (Abb. 158). Die Bruchdehnung zeigte (Abb. 159) raschen Abfall namentlich von 200° C an (31,8 % bei 20°, 21,2 % bei 200°, 7,6 % bei 300° C). Die Querschnittsverminderung verhielt sich ähnlich.

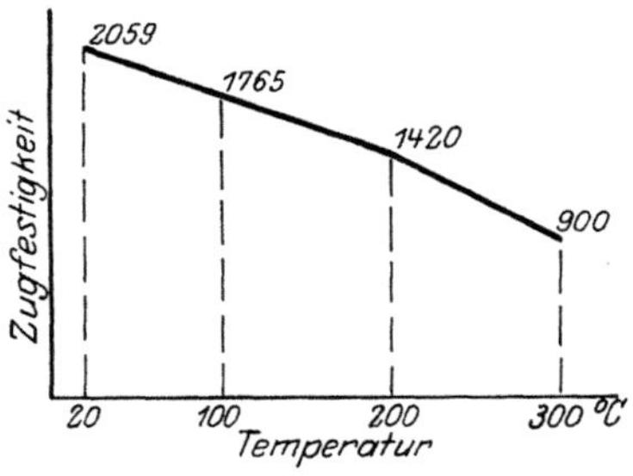

Abb. 158.

Die metallographische Untersuchung ergab, daß das Kupfer außerhalb der überlappten Lötnaht grobkörnig war (eine Folge der hohen Erhitzung beim Löten) und der Bruch durch das grobkörnige Material erfolgte. Anzeichen für eigentliche Überhitzung oder für Verbrennen sind nur in geringer Ausdehnung und in nächster Nähe der Lötschicht beobachtet worden.

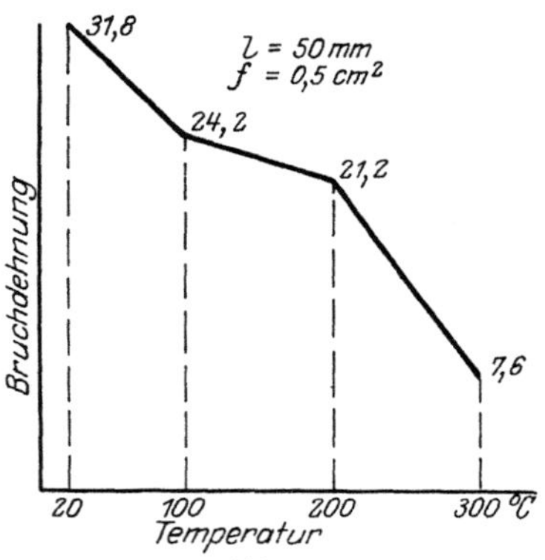

Abb. 159.

Aus dem Querschnitt durch die Lötnaht (Abb. 160) geht hervor, daß an den Rändern der Überlappung außer der Zugbeanspruchung von 300 kg/qcm noch bedeutende Biegungsbeanspruchungen auftreten müssen, ähnlich wie sie sich in Überlappungsnietungen bei Dampfkesseln einstellen[1]). Die Höhe dieser Biegungsbeanspruchung hängt von der Ausführung der Überlappungsformgebung und Ausfüllung der Fuge mit Lot ab. Die vorliegende Ausführung muß als schlecht bezeichnet werden.

Abb. 160. Lötnaht und Bruchstelle.

[1]) Wird die Exzentrizität zu nur 1 mm angesetzt, so gesellt sich für ein 7 mm dickes Blech zu der Zugbeanspruchung K_z eine Biegungsbeanspruchung $K_b = \frac{0{,}7 \cdot K_z \cdot 0{,}1}{\frac{1}{6} \cdot 10{,}7^2} = 0{,}8 K_z$ kg/qcm, d. h. fast Verdopplung der Inanspruchnahme.

Verwendung der Überlappungslötung muß daher bei stark beanspruchten Rohren überhaupt und sonst nach Möglichkeit vermieden werden. Kupfer sollte zur Fortleitung überhitzten Dampfes von mehr als 250° C in der Regel nicht verwendet werden.

6. R. Baumann: Der heutige Stand der Frage der Rißbildung in Kesselblechen. (VDI. 1907, S. 1882ff.)

Die Erörterungen, welche noch heute zutreffen, sind auf Flußeisenmaterial beschränkt. Rißbildung kann verursacht sein durch ungeeignete Konstruktion des Kessels, durch mangelhafte Beschaffenheit des vom Walzwerk gelieferten Materials, durch unrichtige Behandlung desselben in der Kesselschmiede, durch Einflüsse, die sich während des Betriebes geltend machen.

Zuerst sind die Materialfragen behandelt worden. Es ist nicht möglich, an dieser Stelle auf die Einzelheiten einzugehen, obwohl diesen große Bedeutung zukommt. Erwähnt sei nur, daß auch erörtert ist, welche Tragweite dem Zugversuch und der Kerbschlagprobe zukommt. Sodann wird auf die Einflüsse der chemischen Zusammensetzung aufmerksam gemacht. Insbesondere wird die Forderung aufgestellt, daß die schlechteren Teile des Blockes von Kesselblechen durch Abschneiden ausreichend fernzuhalten sind und unter Anführung der Äußerung eines Vertreters der Eisenhüttenleute festgestellt, daß dies nicht immer geschehe. Sodann wird die Wärmebehandlung besprochen, wie sie im Walzwerk und außerhalb desselben erfolgen kann oder soll. Dabei war auch der Schädigung durch Bearbeitung in der Blauwärme zu gedenken.

Der zweite Teil beschäftigt sich mit den Einflüssen im Betriebe, wobei sowohl der Temperaturschwankungen als auch der Schädigungen besonderer Art zu gedenken war, insbesondere der Wärmespannungen und Temperaturunterschiede, ferner auch der Einflüsse sehr angestrengten Betriebes. Am Schlusse ist die Wirkung zu hohen Nietdrucks angedeutet, mit der sich spätere Arbeiten so eingehend zu befassen hatten.

7. C. Bach: Ergebnisse der Untersuchung eines bei der Druckprobe aufgerissenen Kesselbleches. (VDI. 1907, S. 747ff. Mitt. über Forsch. 1909, H. 70, S. 11ff.)

Der Mantel eines Flammrohrkessels mit 101 qm Heizfläche, 7,5 Atm. Betriebsdruck war nach zehnjährigem Betrieb bei der Wasserdruckprobe an einer Rundnaht gerissen, nachdem schon drei Jahre zuvor Undichtigkeiten aufgetreten waren. Nach der Ausbesserung war die Wasserdruckprobe zu wiederholen, wobei die untere Längsnaht der zweiten Manteltafel vollständig aufriß.

Das Material befriedigte die Würzburger Normen; es enthielt stellenweise bis zu 0,23 % Schwefel, war auch sonst stark verunreinigt.

Die wichtigste Beobachtung war jedoch die Feststellung zahlreicher strahlenförmig verlaufender Risse am Nietloch (vgl. Abb. 161), weil sie Anlaß gab zur Aufnahme der Nietversuche (vgl. Anhang Nr. I, 12).

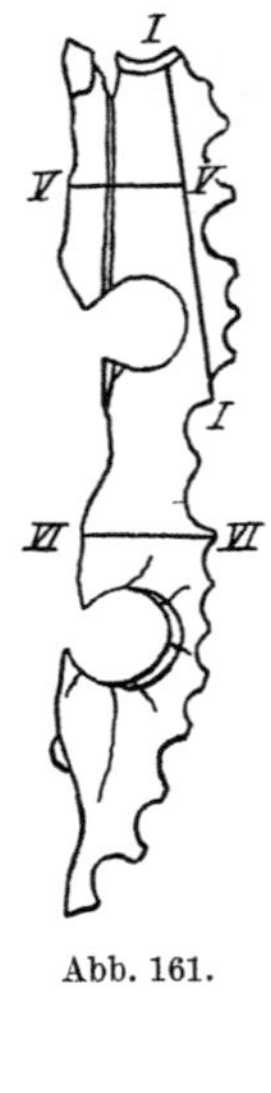

Abb. 161.

8. C. Bach: Ergebnisse der Untersuchung von Kesselblechen, bei denen Rißbildungen aufgetreten sind. (VDI. 1910, S. 1809ff.)

Über die Untersuchung von drei Blechen, die sich als „weiche" ausweisen, wird eingehend berichtet. Wenn die Mitteilungen auch für sich betrachtet wenig Neues enthalten, so haben die besprochenen Untersuchungen auch für die, welche sie durchgeführt haben, viele Anregungen geliefert, die später zu verwerten waren.

Das erste Blech wies zahlreiche Risse auf, die zum großen Teil dort vorhanden waren, wo infolge Überlappungsnietung und des Einflusses heißen Mauerwerkes starke Beanspruchung entstanden.

Das zweite, aus Österreich stammende, Blech ließ auf starke Überhitzung schließen. Die Bruchdehnung war zu gering (18,6 %).

Das dritte Blech wies zahlreiche gröbere und feinere Schlackenteile auf. Ein Teil der Hartbiegestäbe brachen bei der Probe.

Die Arbeit befindet sich, kurz besprochen, in der Zeitschrift des Bayerischen Revisionsvereins 1911, S. 24ff. und S. 42.

9. C. Bach: Zur Frage der Bildung von Rissen in Kesselblechen. (VDI. 1911, S. 1296.)

An mehreren Beispielen wird gezeigt, welchen nachteiligen Einfluß Kesselhammerhiebe auf die Zähigkeit der Bleche zu äußern vermögen, derart, daß nicht das Material an sich, sondern nur die nach der Wasserseite gelegene Schicht spröde wird.

10. C. Bach: Über die Bedeutung von Hieben, die dem Kesselblech beim Abklopfen des Kesselsteins zuteil werden. (Prot. d. 41. D.- u. I.-Vers. d. int. Verb. d. D.-Ü.-V. zu Konstanz 1911, S. 31ff.)

Vergleiche Nr. X, 9 zur Frage der Bildung von Rissen in Kesselblechen.

11. R. Baumann: Zwanzig Kesselbleche mit Rißbildung. (VDI. 1912, S. 1115ff.)

Da die zwanzig besprochenen Bleche zu den dreißig bei Nr. X, 13 untersuchten Blechen gehören, darf näheres Eingehen hier unterbleiben.

12. C. Bach: Über die Entstehung der Risse in der Rohrwand von Lokomobil- und ähnlichen Kesseln. (VDI. 1913, S. 461ff.)

Die Rißbildungen gehen aus Abb. 162 hervor.

Bei Aufwalzen der Rohre erfährt das Material der Rohrwände Beanspruchung über die Streckgrenze, was die Verteilung der Dehnung über die Länge eines der Wand entnommenen Stabes veranschaulicht (Abb. 163).

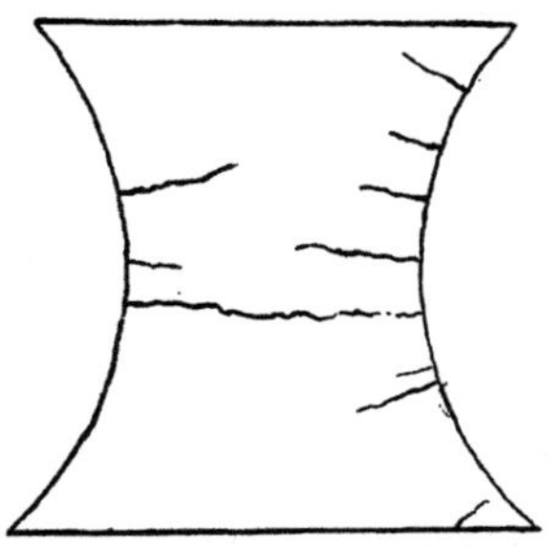

Abb. 162. Lochrisse in der Rohrwand eines Lokomobilkessels.

Hierzu gesellt sich im Betrieb der nachteilige Einfluß der Erwärmung der Rohrwand auf die Spannungen und auf die Materialeigenschaften (Vgl. hierüber Nr. VIIIa, 16 und Nr. VIIIb, 6).

So kommt es, daß derselbe Kessel, mäßig beansprucht, rißfrei bleibt, bei Erzeugung größerer Dampfmengen aber Rohrwandrisse erhalten kann.

Der Hinweis auf die Möglichkeit eines Einflusses verschiedener Verhältnisse der Festigkeiten von Rohr- und Rohrwandmaterial erscheint beachtenswert.

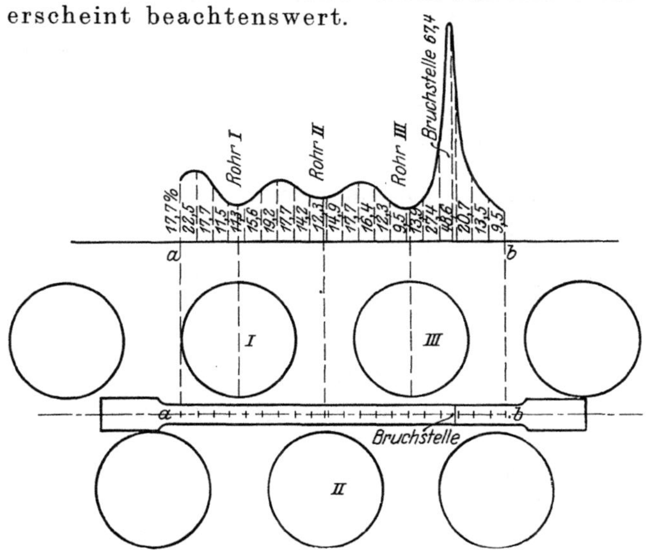

Abb. 163. Zugstab aus der Rohrwand eines Lokomobilkessels Linie der Querschnittsverminderungen.

13. R. Baumann: 30 Kesselbleche mit Rißbildung. (Mitt. über Forsch. 1913, H. 135/136.)

Auf die Einzelheiten der Versuchsergebnisse kann naturgemäß nicht eingegangen werden. Untersucht wurden Bleche und Kessel mit den verschiedenartigsten Mängeln und Ursachen der letzteren. Alle Einzelheiten, die bekannt waren, sind angegeben worden, so daß der Leser jederzeit ein eigenes Urteil sich zu bilden vermag.

Das 1. und 21. Blech enthielt Doppelungen und Lunkerteile. Das 3., aus einer Tenbrink-Anlage stammend, dürfte durch die großen Wärmeschwankungen im Betrieb, allerdings in Verbindung mit der viel zu kleinen Zugfestigkeit (herab bis zu 3252 kg/qcm) gerissen sein. Das 4. und 11. Blech war beim Schweißen verdorben, beim 5. Blech war das Einwalzen der Heizrohre beteiligt. Beim 7. Blech ist die äußerst mangelhafte elektrische Verschmelzung wesentlich, das 8. und 12., 13. und 18. Blech wiesen Bearbeitungsfehler auf. Auch ein Wellrohr ist vorhanden, dessen Blech den Anforderungen nicht genügt. Kesselhammerhiebe schädigten das 19. Blech. Unsachgemäße Wärmebehandlung läßt das 23. Blech ersehen. Ein schweißeiserner Quersieder hat Risse erhalten, an denen die falsche Anordnung der Faserrichtung nicht unbeteiligt sein dürfte. Bei schweißeisernen Flammrohrschüssen scheinen die Wärmespannungen an der Feueroberkante zur Rißbildung geführt zu haben, das Material war übrigens verbrannt.

Aus dem Schlußwort, das die Ergebnisse von 53 Blechuntersuchungen zusammenfaßt, sei folgendes entnommen.

Es ergaben sich:

weniger als 3400	kg/qcm	Zugfestigkeit	i.	ausgef.	Zust.	9	Bleche
von 3400 bis 3600	„	„	„	„	„	15	„
„ 3600 „ 4100	„	„	„	„	„	24	„
weniger als 4100	„	„	„	„	„	48	„
mehr als 4100	„	„	„	„	„	5	„

48 von 53 Blechen gehören also zu dem sogenannten „weichen" Material. Die Ergebnisse der Versuche zeigen anschaulich, daß diese Bezeichnungen „hart" und „weich" nicht das richtige Bild schaffen, was übrigens bei den Sachverständigen bekannt ist. Kein Kesselblech darf im eigentlichen, sonst üblichen Sinn des Wortes hart sein. Die Ergebnisse weisen aber auch darauf hin, daß die Kesselbleche selbst an dem Entstehen der Rißbildungen in vielen Fällen beteiligt sind. Der von Bach 1904 ausgesprochene Satz, daß es angezeigt sei, „gemeinsam mit den Vertretern des Eisenhüttenwesens darauf einzuwirken, daß für Dampfkessel u. dgl. Bleche zur Verwendung gelangen, die bei höherer Temperatur nicht mehr an Zähigkeit verlieren, als der Stand der Eisenhüttentechnik bedingt" (vgl. Nr. VIIIb, 6), behält daher seine volle Bedeutung.

Von Schiffskesseln rühren her:

Bleche mit weniger als 4100 kg/qcm Zugfestigkeit 6,
„ „ mehr als 4100 „ „ 3.

Zur Beanstandung bei der Hartbiegeprobe gaben Veranlassung:

Bleche mit weniger als 4100 kg/qcm Zugfestigkeit 8,
„ „ mehr „ 4100 „ „ 2.

Angaben oder Beobachtungen dahingehend, daß das Material bei der Herstellung der Bleche oder der Kessel weniger sorgfältige Behandlung — durch Stanzen der Löcher, Wärmebehandlung, starken Druck beim Nieten usw. — erfahren hat, liegen vor:

von 53 Blechen
Bleche mit weniger als 4100 kg/qcm Zugfestigkeit 16,
„ „ mehr „ 4100 „ „ 3.

Angaben über weniger sorgfältige Behandlung im Betriebe liegen vor:

Bleche mit weniger als 4100 kg/qcm Zugfestigkeit 5,
„ „ mehr „ 4100 „ „ 1.

Diese Zahlen zeigen deutlich die Empfindlichkeit der „weichen" Bleche, gegen unsachgemäße Behandlung, was übrigens in den Kreisen der Sachverständigen schon längst bekannt ist.

Schweißungen enthielten 7 Bleche,
von Wellflammrohren stammen[1]) 4 Bleche,
ausgesprochene Lunkerteile enthielten 4 Bleche.

Grobe und feine Schlackenteile waren bei einer sehr großen Anzahl der Bleche zu beobachten; auch sonst ermöglicht die metallographische Untersuchung in vielen Fällen weitgehenden Einblick.

Die in VDI. 1912, S. 1122, enthaltenen Schlüsse seien hier wiederholt:

1. Bleche mit Zugfestigkeit unter der zulässigen Grenze von 3400 kg/qcm kommen trotz der Abnahme häufiger zur Verwendung als man denken sollte.

[1]) Die in den deutschen Materialvorschriften enthaltene Bestimmung: „Für Flußeisenbleche von 34 bis 41 kg/qcm Festigkeit, die im ersten Feuerzuge liegen, mit Ausnahme von Wellrohren und ähnlichen Feuerrohren, ist durch Werksbescheinigung der Nachweis zu führen, daß jedes Blech geprüft ist", erfährt hierdurch eine gewisse, die Vorschrift nicht deckende Beleuchtung. Trotz der Verarbeitung des Materials sind z. T. durchaus mangelhafte Bleche verwendet worden, ohne daß Ausscheidung erfolgt wäre, derart, daß fast 10 % der Unfallbleche von Wellrohren stammen.

2. Unsachgemäße Behandlung von Flußeisenblechen führt auch bei dem „weichen" Material zur Schädigung.

3. Die hier untersuchten „harten" Bleche haben eine Behandlung erfahren, welche auch „weiche" Bleche geschädigt haben würde.

4. Mehrfach wurden Bleche als „hart" bezeichnet, ohne daß sie bei der Prüfung in der Anstalt Zugfestigkeiten über 4100 kg/qcm ergaben, also „hart" waren.

5. Dem Vorhandensein von groben und namentlich feinen Schlackenteilen, die das Material durchsetzen, dürfte weitgehende Beachtung zu schenken sein[1]).

6. Unsachgemäßes Verfahren beim Nieten kann zur Rißbildung führen.

7. Beim Abklopfen des Kesselsteins ist vorsichtig zu verfahren.

Hinsichtlich der aus vorstehenden Zahlen zu ziehenden Schlußfolgerungen darf auf Nr. XII, 6 „Eine bedenkliche Eigentümlichkeit unserer Material- und Bauvorschriften für Landdampfkessel", verwiesen werden.

14. R. Baumann: Bericht über die Untersuchung einer aufgerissenen Wasserkammer. (VDI. 1917, S. 953ff.)

Von den der Materialprüfungsanstalt gemachten Angaben sei erwähnt, daß der im Februar 1910 geneh-

[1]) Bei der Herstellung des Schweißeisens entstehen sehr viel Schlacken, die durch Ausschmieden und nachher auch beim Walzen beseitigt werden, d. h. die Oxydationsprodukte liegen außen, um den Eisenkern herum, und es verbleiben von diesen Oxydationsprodukten gewisse Reste — größere, dann ist das Blech schlecht, kleinere, dann ist es gut —, die die bekannte Schichtenbildung hervorrufen. —

Das Flußeisen wird hergestellt aus einem flüssigen Bade, es wird gegossen in Blockformen; dabei treten die als Seigerung gekennzeichneten Erscheinungen auf, d. h. die Verunreinigungen, insbesondere Phosphor und Schwefel, reichern sich in dem mittleren Teil und am oberen Ende des Blockes an, und beim Auswalzen entstehen die Seigerungsschichten. Der Unterschied bei beiden Eisenarten ist, daß diese Schichten beim Flußeisen von innen herauskommen und beim Schweißeisen von außen hereinkommen. Beim Flußeisen muß eine ziemlich hohe Verunreinigung da sein, damit die Seigerung bis zur Ausprägung einer Schichtenbildung genügt. Beim Schweißeisen genügt ein kleiner Rest, um diese Schichtenbildung noch zu erhalten. Beim Flußeisen muß ein größerer Komplex ganz gesättigt sein mit den Verunreinigungen, damit nachher sogar eine sichtbare Fehlstelle entsteht. Wenn wir beim Schweißeisen einen Oxydeinschluß haben, so ist dies der Rest von großen Mengen von Schlacken, die sonst im übrigen herausgespritzt sind: beim Flußeisen ganz umgekehrt muß eine Anreicherung bis zur Ausscheidung eines massiven Einschlusses ausreichen, damit dieser Einschluß gesehen werden kann. Wenn wir im Flußeisen einen solchen massiven Einschluß beobachten, dann heißt das nichts anderes als: in der Umgebung dieses Einschlusses muß eine noch nicht ganz zum Ausscheiden eines massiven Einschlusses genügende Menge von Verunreinigungen vorhanden sein, sie muß fast damit gesättigt sein. Beim Schweißeisen ist das Gegenteil zu beobachten; nur diese Stelle ist verunreinigt von außen her, der Rest ist das reine Eisen. Es ist notwendig, daß wir die Verunreinigungen in diesem Sinne beurteilen. Was bedeuten sie aber für das Kesselblech? Die vielen Untersuchungen von schadhaften Blechen, die wir gehabt haben, haben uns zu der Überzeugung geführt, daß namentlich die ganz kleinen, eben noch oder nicht mehr sichtbaren Verunreinigungen einen Zustand des Blechs kennzeichnen, der für den Kesselbau nicht wünschenswert ist. In den Mitt. über Forsch., H. 135 u. 136 finden sich in vielen Mikrophotographien punktförmige, kaum noch sichtbare Verunreinigungen in diesen Blechen.

migte Kessel im September desselben Jahres außer Betrieb zu nehmen war, weil das innere Mauerwerk verschiedene Risse zeigte. Einen Monat später fielen Steine aus den Feuertüren, nach weiteren zwei Monaten fiel das rechte Quergewölbe ein. Ein Vierteljahr darauf mußten 25 Rohre ausgewechselt werden usw. Diese Vorkommnisse wiederholten sich. Einsturz des Gewölbes erfolgte noch am Tage vor der Explosion, bei der das Umlaufblech auf große Länge herausgedrückt wurde. Zwei Heizer und ein Kohlenfahrer sind getötet worden.

Die Untersuchung ergab, daß die Schweißung zwar als nicht besonders gut, aber auch nicht als schlecht zu bezeichnen war, insbesondere bei Berücksichtigung der Größe des zu schweißenden Gegenstandes.

Auf die vielen Einzelheiten kann nicht eingegangen werden; erwähnt sei nur die Feststellung, daß das Aussehen von Brüchen an Schweißungen leicht zu irrigen Schlüssen führen kann. Die metallographische Untersuchung deutete nämlich an Teilen der Schweißung, auf denen das beim Hobeln entstandene Oberflächenbild noch zu erkennen war und woraus man von anderer Seite auf ganz schlechte Arbeit geschlossen hatte, auf ganz gute Verschweißung. Biegeproben bestätigten dieses Urteil.

XI. Unfälle und Explosionen.

1. C. Bach: Begriff der Dampfkesselexplosion. (VDI. 1894, S. 909.)

Der Bericht wendet sich gegen die auf Antrag des Direktors des Kaiserlichen Statistischen Amtes durch Erlaß des Reichskanzlers vom 24. Februar 1894 getroffene Bestimmung, daß als Dampfkesselexplosion in Zukunft angesehen werden soll:

jede durch den Dampfdruck herbeigeführte Trennung der Wände des Dampfkessels, durch die eine Unterbrechung des Dampfkesselbetriebs für längere oder kürzere Zeit unerläßlich wird.

Eingehend ist dargelegt, daß diese Begriffsbestimmung nicht bloß im Widerspruch mit der landläufigen und mit der vom wissenschaftlichen sowie vom praktischen Standpunkt aus gebotenen Auffassung steht, sondern daß sie sich auch sonst als außerordentlich bedenklich erweist.

Zahlreiche Beispiele zeigen, wohin die Bestimmung führen würde. Erwähnt sei hier nur die Wirkung auf das Ausland. Die neue Statistik würde zu der Auffassung verleiten, daß die Zahl der Explosionen sich vervielfacht habe, also ein Vielfaches der im Ausland auftretenden Unfälle sei.

Beantragt wird beim Württembergischen Ministerium, die Zurückziehung der Erklärung zu bewirken und dafür zu sorgen, daß in Zukunft derartige Anordnungen nicht getroffen werden, ohne vorher den betreffenden und sachverständigen Kreisen des Reiches Gelegenheit zur Äußerung zu geben.

Den Schluß bildet der Nachweis der verhältnismäßig geringen Gefährlichkeit des Dampfkesselbetriebes: Im Jahre 1892 sind z. B. durch den Fall von Leitern, Treppen, Luken in Vertiefungen usw. 11900 Unfälle eingetreten, an Dampfkesseln nur 141, d. i. weitaus die kleinste der in der amtlichen Statistik aufgeführten Zahlen.

Mitgeteilt wird ferner, daß die bayerische und sächsiche Regierung sich gegen die neue Bestimmung ausgesprochen haben soll.

2. C. Bach: Über die Wirksamkeit der Dampfkessel-Überwachung im deutschen Reiche. (VDI. 1900, S. 811.)

In Erweiterung der Darlegung unter Ziffer XI, 1 wird gelegentlich der Feier des 25jährigen Bestehens des Württembergischen Dampfkessel-Revisionsvereins nachgewiesen, daß die Zahl der Unfälle an Dampfkesselanlagen trotz der bedeutenden Steigerung der Anzahl derselben im Laufe der Zeit nicht zugenommen hat, so daß eine verhältnismäßige Abnahme festzustellen ist (von 0,40 auf 0,16 % in der Zeit von 1890 bis 1898). Dagegen hat die Gesamt- und Verhältniszahl anderer Unfälle ganz bedeutend zugenommen (von 7687 auf 22120 Fälle bzw. 18,29 auf 22,57 %). Ebenso weisen die Zahlen in anderen Gruppen der Statistik (z. B. Einsturz, Umfallen usw., Auf- und Abladen, Fuhrwerk, Tiere) darauf hin, daß durch die Entfaltung einer energischen und ausdauernden Tätigkeit Bedeutendes zur Verminderung der Unfälle geschehen könnte.

3. C. Bach: Eine lehrreiche Dampfkesselexplosion. (VDI. 1902, S. 74.)

Ein großer Batteriekessel (Abb. 164) (234 qm Heizfläche, 12 Atm. Überdruck, 16 Zylinderkessel) 1897 erbaut, explodierte nach etwa $1^1/_2$ Jahren Betriebszeit, wobei sechs Männer, die zusammen 25 Kinder hinterließen, getötet, drei schwer und zwei leicht verletzt wurden. Bei der genauen Feststellung der Sachlage ergab sich folgendes:

Nach verhältnismäßig kurzer Betriebszeit war in der Feuerplatte des ganz links gelegenen unteren Sieders, vgl. Abb. 164, eine Ausbeulung (etwa 40 cm

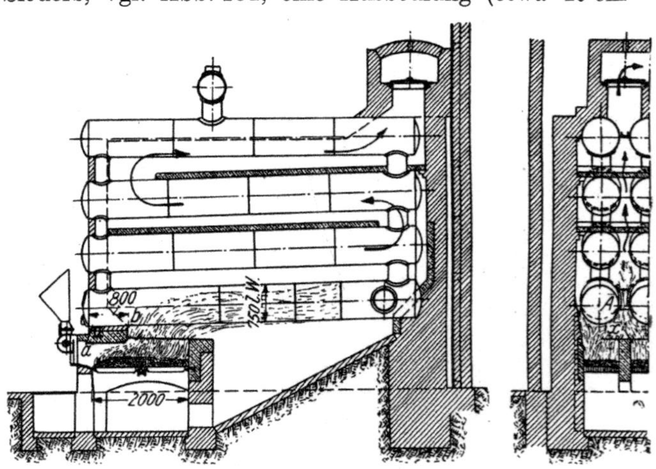

Abb. 164. Beanspruchung der Feuerplatte des explodierten Kessels.

Durchmesser, 12 cm Tiefe) entstanden. Sie wurde herausgekreuzt und das entstehende Loch durch eine aufgenietete Scheibe verschlossen. Infolge Undichtwerdens dieser im Feuer liegenden Nietverbindung erfolgte nochmaliges Auskreuzen und Aufsetzen eines neuen Flickens. Nun wurde beschlossen, die Feuerplatte zu erneuern und zwar auf den vorderen Teil derselben, auf eine Länge von etwa 2700 mm.

Die amtliche Druckprobe wurde nach Wiedereinbau des Schusses nicht vorgenommen.

Etwa $^1/_4$ Jahr nach Wiederinbetriebnahme trat die Explosion des Kessels ein und zwar durch Aufreißen der neuen Feuerplatte, als der Heizer die Tür zum Feuer des explodierten Sieders geöffnet und mit dem Schüreisen zu arbeiten begonnen hatte.

Wassermangel, zu hoher Dampfdruck, Schwächung des Bleches durch Abrosten kommen als mögliche Explosionsursachen nicht in Betracht.

Die Untersuchung der Feuerplatte in der Materialprüfungsanstalt Stuttgart ergab

	im Einlieferungszustand	nach dem Ausglühen
Zugfestigkeiten von kg/qcm	3182 bis 4025	3118 bis 3518
Bruchdehnungen „ %	2,7 „ 15	7,3 „ 17,8

Das Material der Feuerplatte kennzeichnet sich als Schweißeisen nicht bloß von geringer Güte, insbesondere hinsichtlich der Zähigkeit, sondern auch von bedeutender Ungleichartigkeit.

Darüber hinaus war das Blech quer zur Walzrichtung gebogen worden. Veranlassung hierzu bot die Verwendung eines Blechstückes, das von der Kesselschmiede zu einem anderen Zweck bestellt worden war und dessen Länge das Maß besaß, welches für die Breite der Feuerplatte erforderlich wurde.

Das Blechstück war zudem „als Blech dritter Güte" geliefert worden. Zu der Annahme, daß es ein „Feuerblech" sei, scheint man dadurch gekommen zu sein, daß sich unter der gleichen Lieferung zwei Feuerbleche ähnlicher Abmessung befunden hatten, von denen das eine noch nicht verwendet worden war.

Was die Bildung der oben erwähnten Ausbeulung anbetrifft, so erscheint sie dadurch zu erklären, daß zum Speisen ölhaltiges Kondenswasser verwendet worden ist. Der Kesselstein enthielt „teilweise verändertes mineralisches Öl (Schmieröl)". Überdies waren die Sieder gegen den Rost hin geneigt, so daß sich alle Verunreinigungen dort ablagern mußten.

Ursache der Explosion ist hiernach Wärmestauung in der unmittelbar über dem Roste gelegenen Kesselwand in Verbindung mit der Minderwertigkeit des Bleches, aus dem dieser Teil der Wand bei der Ausbesserung hergestellt wurde.

Seitens der Staatsanwaltschaft wurde Anklage gegen den Kesselfabrikanten und gegen den Betriebsleiter der Papierfabrik wegen fahrlässiger Tötung erhoben.

Der letztere machte geltend, daß der Kessel nicht stark beansprucht worden sei. Wenn dagegen die Angabe zu sprechen scheine, daß am Pyrometer Abgastemperaturen bis 480 ° C abgelesen worden seien, so stelle er fest, daß das Instrument falsch anzeige: Dies erwies sich als zutreffend. Der Angabe 482 ° C entsprach nur eine Temperatur von 300 ° C. Eine starke Inanspruchnahme werde seiner Ansicht nach durch die Zugverhältnisse nicht gestattet.

Die Ausbeulungen seien seines Erachtens dadurch entstanden, daß kalkhaltige Lauge aus den Zellulosekochern in das Speisewasser übergetreten sei; er habe diesen Übelstand erkannt und Abhilfe getroffen, um die Beulenbildung fern zu halten. Seither seien keine Beulen mehr entstanden.

Unter diesen Umständen erfolgte Freisprechung.

Der Kesselfabrikant wurde ebenfalls freigesprochen, im wesentlichen, weil er berechtigt gewesen sei, sich auf seinen Betriebsingenieur, der 26 Jahre in seinen Diensten gestanden hatte, zu verlassen. Inwieweit das Gericht gewisse Nebenumstände, so z. B. daß der Kesselschmiedemeister zu der fraglichen Zeit krank war, ohne daß der Angeklagte davon Kenntnis erhalten hatte, ferner daß der Angeklagte während jener Zeit leidend gewesen war, mit in Rücksicht gezogen hat, muß dahingestellt bleiben.

4. C. Bach: Einige Hauptlehren aus Dampfkesselexplosionen der jüngsten Zeit. (VDI. 1903, S. 160.)

I. Fall. Nach 15jähriger Betriebszeit explodierte ein Zweiflammrohrkessel von 8 m Länge, 6 Atm. Überdruck, mit geraden Flammrohren. Beide Kesselböden waren eben, 20 mm stark, oberhalb des Flammrohres durch vier Blechdreieckanker unterhalb durch zwei solche Anker mit dem Kesselmantel verbunden.

Zwei Personen wurden getötet, zwei schwer und zwei leicht verletzt.

Bei der letzten Revision hatten sich Anstände nicht ergeben.

Vermutliche Ursache der Explosion: Krempenbruch am hinteren Kesselboden.

Zum Zweck der Gewinnung eines Urteils wird sodann die Rückwirkung des Flammrohrs auf die Böden eingehend erörtert, hinsichtlich welcher Darlegung auf die Quelle verwiesen werden muß.

II. Fall. Ein vier Jahre alter Kessel (Konstruktion: zwei Unterkessel mit Wellflammrohr, ein Oberkessel mit Heizrohren), dessen hinterer Boden mit Wölbung nach innen eingenietet ist, wie Abb. 165

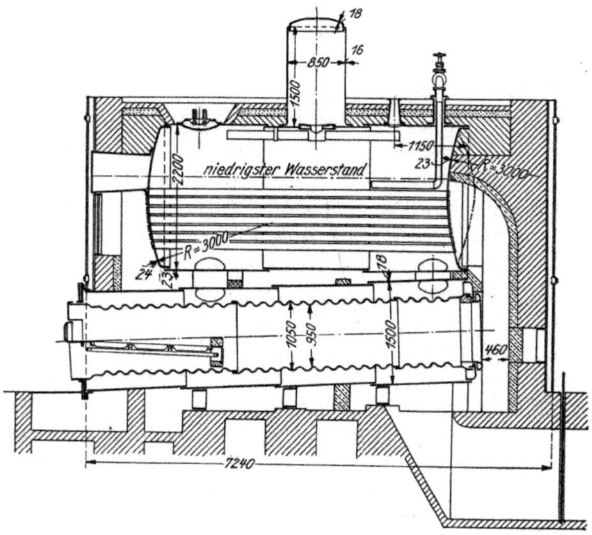

Abb. 165.

zeigt, explodierte nach vierjährigem Betriebe, was den Tod eines Mannes und die Verletzung von drei Personen zur Folge hatte (Abb. 165). Die Nachrechnung zeigt zunächst, daß der hintere Boden in dem von Rohren freien oberen Teil zu hoch beansprucht war, er ist durch äußeren Überdruck belastet; entweder wäre er zu verankern oder stärker auszuführen gewesen.

Aber auch abgesehen davon erscheint es fehlerhaft, den Boden mit Wölbung nach innen einzunieten (wenn dies auch erwünscht sein kann, damit die Nietmaschine verwendbar ist), weil die Rohre im Betrieb heißer, d. h. länger werden als der Kesselmantel, den Boden daher stark belasten.

Soll diese zusätzliche Belastung klein ausfallen, so kann das dadurch erreicht werden, daß man vor dem Einwalzen in das Heizrohr ein heißes Eisenstück einlegt, so daß das Rohr den Betriebsverhältnissen entsprechend heißer wird als der Kesselmantel, ein Verfahren, daß Verfasser schon VDI. 1879, S. 292, 293 beschrieben hat (vgl. auch dessen Buch „Die Konstruktion der Feuerspritzen", S. 109, 110).

III. Fall. (Abb. 166.) Ein stehender Feuerbüchsenkessel mit Fieldröhren explodierte nach 17jährigem Betrieb. Verletzt wurde niemand. Vermutliche Ursache der Explosion: „Infolge der starken Abrostung der Heizrohre oben im Rohrboden bis auf Papierstärke wurde der obere Rohrboden, der in keiner Weise, weder durch Umbördelung der Rohre noch durch Ankerrohre oder sonstige Verankerungen gestützt war, nach oben gedrückt."

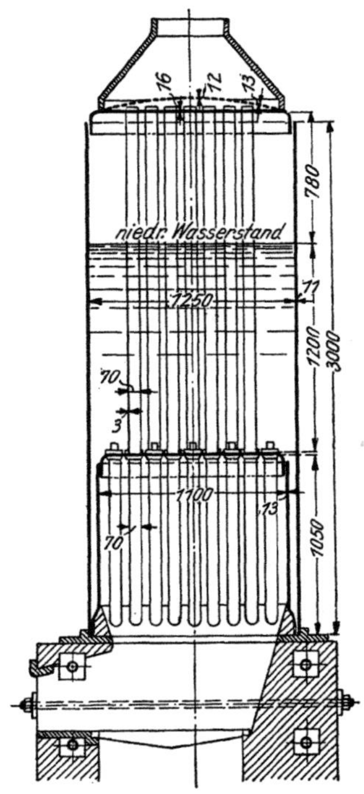

Abb. 166.

Diese Abrostung der Rohre wie des Bodens hätte durch die Revision rechtzeitig beobachtet werden müssen. Die Ausbildung einzelner Rohre als Ankerrohre hätte nichts genützt, weil diese ebenfalls durchgerostet sein würden. Dies ist festzustellen, weil der Preußische Minister für Handel und Gewerbe auf Grund dieses einen Falles gleich einen Erlaß ergehen ließ, in dem er aussprach, daß Bördelung oder Aufwalzen der Rohre nicht als ausreichend zu erachten sei.

Dem kann nicht beigetreten werden. In der Mehrzahl der Fälle genügt Einwalzen und Umbördeln der Rohre vollkommen. In dieser Hinsicht darf auf die Verhältnisse bei den Lokomotiven der preußischen Staatsbahn verwiesen werden. In der Tat ist auch, soweit bekannt, keiner der anderen deutschen Staaten dem Vorgange Preußens gefolgt.

Die maßgebende rechtzeitige Feststellung unzulässiger Verschwächung durch Abrosten ist Aufgabe der Revision.

5. C. Bach: Die verhältnismäßige Gefährlichkeit der Dampfkessel, Dampfleitungen und Dampfkochapparate. (Z. bayr. Rev.-V. 1904, Nr. 1.)

Die Arbeit stellt eine Erweiterung der Arbeit Nr. XI, 2 dar.

6. C. Bach: Vereinbarung des Vereines deutscher Ingenieure mit der Vereinigung der in Deutschland arbeitenden Privat-Feuerversicherungs-Gesellschaften hinsichtlich des Begriffes „Explosion". (VDI. 1911, S. 1663ff. Gewerbeblatt aus Württemberg 1912, S. 84.)

Wiederholt kamen Streitfälle vor, wenn Versicherung aus „Explosionsschäden aller Art mit Ausnahme der durch Sprengstoffe verursachten" eingegangen waren und dann ein Schaden durch die „Explosion" eines Schwungrades oder dergleichen erfolgte.

Unter Bezugnahme auf Nr. XI, 1 wird es hier genügen, die schließlich gelungene Vereinbarung wiederzugeben.

Unter „Explosion im Sinne der Versicherung wird in Übereinstimmung mit einem Beschlusse des Vereines deutscher Ingenieure eine auf dem Ausdehnungsbestreben von Gasen oder Dämpfen beruhende, plötzlich verlaufende Kraftäußerung verstanden, gleichgültig, ob die Gase oder Dämpfe bereits vor der Explosion vorhanden waren oder erst bei derselben gebildet worden sind.

Im Falle der Explosion von Behältern aller Art (Kessel, Apparate, Rohrleitungen, Maschinen usw.) wird noch vorausgesetzt, daß die Wandung eine Trennung in solchem Umfange erleidet, daß durch Ausströmung von Gas, Dampf oder von Flüssigkeit, falls solche noch vorhanden ist, ein plötzlicher Ausgleich der Spannungen innerhalb und außerhalb des Behälters stattfindet."

Unter die Definition fallen die Explosionen durch Sprengstoffe, durch Gasgemische, die Staubexplosionen, die Explosionen durch Verdampfung von Flüssigkeiten, die Explosionen, welche durch die Spannkraft von Gasen und Dämpfen verursacht werden. Nicht getroffen werden die Störungen, welche durch die Zentrifugalkraft rotierender Körper oder infolge von Materialspannungen herbeigeführt werden.

Der zweite Absatz der Begriffserklärung entspricht dem, was für Dampfkessel seinerzeit festgesetzt worden ist (vgl. VDI. 1896, S. 448). Hierbei ist zu beachten, daß diese Definition, indem sie plötzlichen Ausgleich der Spannungen innerhalb und außerhalb des Kessels verlangt, voraussetzt, daß es sich um ein in sich geschlossenes Gefäß handelt, also nicht um einen Kessel, der mit anderen Kesseln in Verbindung steht; denn in solchem Falle würde der Kessel explodieren können, ohne daß ein plötzlicher Ausgleich der Spannungen innerhalb und außerhalb einzutreten braucht. Der plötzliche Ausgleich würde eben dadurch verhindert werden können, daß fortgesetzt tropfbare oder gasförmige Flüssigkeit von anderer Stelle in den aufgerissenen Kessel oder Behälter abströmt. Das Bemerkte ist bei Auslegung des zweiten Absatzes der Begriffserklärung im Falle von Explosionen von Behältern aller Art im Auge zu behalten.

7. C. Bach und M. Ulrich: Untersuchung des Materials eines explodierten Kessels. (Jahresbericht 1913 des Württembg. Rev.-V. Stuttgart, S. 40ff.)

Bericht über die Ergebnisse der Materialuntersuchung, aus denen hervorgeht, daß das Blech bei der Herstellung des Kessels ziemlich schlecht behandelt worden ist. Die Nietlöcher sind gestanzt. Aufreiben hat nicht stattgefunden. Die Nietköpfe der Naht, durch welche der maßgebende Riß verläuft, enthalten fast alle tiefe Anrisse, die nicht erst bei der Explosion entstanden sind. Die Beschaffenheit der Bleche an sich ist nicht hervorragend, obwohl sich bei der Kerbschlagprobe ein Arbeitsverbrauch von 9,6 bis 13,1 mkg/qcm ergab und die vorgeschriebenen Proben bestanden wurden.

XII. Behördliche und andere Vorschriften.

1. C. Bach: Die Bestimmung der Wandstärken der Dampfkessel. (VDI. 1899, S. 187.)

Die Steigerung der Zähigkeit der Kesselbleche hatte den Internationalen Verband der Dampfkessel-Überwachungsvereine veranlaßt, die zulässige Beanspruchung etwas zu erhöhen. Dieser Vorschlag der maßgebenden Sachverständigen wurde allgemein anerkannt, nur Preußen blieb bei den alten Bestimmungen.

Die Darlegungen hatten eine Eingabe auf Vereinheitlichung der Bestimmungen in Deutschland zur Folge. Andere Länder kennen derartige behördliche Regeln nicht, die den Ingenieur abhalten, nach freiem Ermessen auf Grund reiflicher Überlegung zu entscheiden. Zu große Wandstärken seien wegen Erhitzung der Wandungen nicht erwünscht.

2. C. Bach: Vorschläge für Kupfer für die Hamburger Normen 1902. (Prot. d. 31. D.- u. I.-Vers. d. int. Verb. d. D.-Ü.-V. Zürich 1902, S. 62ff.)

Die Erkenntnisse betr. das Verhalten von Kupfer bei höherer Temperatur werden ausgewertet, insbesondere bemerkt, daß gegenüber stark überhitztem Wasserdampf (300 ^{0} C. und mehr) die Verwendung von Kupfer zu vermeiden ist. Bei Rohrleitungen wird innerhalb der bezeichneten Grenze Beanspruchung mit bis zu $^1/_{10}$ der Zugfestigkeit für zulässig erachtet.

3. C. Bach: Allgemeine polizeiliche Bestimmungen über die Anlegung von Dampfkesseln. (VDI. 1904, S. 718ff. VDI. 1905, S. 111.)

Die Arbeit bietet die Beratungsunterlage für die neuen Dampfkesselvorschriften. Sie führt für die wichtigsten Bestimmungen Begründungen an und hat zu der Eingabe des Vereines deutscher Ingenieure gehört, auf welche in der Arbeit Nr. XII, 4 näher eingegangen ist.

4. C. Bach: Die Würzburger und Hamburger Normen. (VDI. 1905, S. 1950. Prot. d. 34. D.- u. I.-Vers. d. int. Verb. d. D.-Ü.-V. Cassel 1905, S. 19ff.)

Die Arbeit stellt den Bericht des Vorstandes des Württembergischen Bezirksvereins des Vereines deutscher Ingenieure gemäß den Verhandlungen in der Sitzung vom 12. Oktober 1905 dar. Er enthält verschiedentlich den Gesichtspunkt, der durch den folgenden Satz zum Ausdruck gelangt. „Wir müssen uns ganz entschieden dagegen aussprechen, daß eine Festlegung auf die Vorschriften 1905 stattfindet, ganz abgesehen von dem Inhalt derselben. Eine solche Festlegung wäre das Gegenteil von dem, was bisher von dem Verein deutscher Ingenieure und von allen denen, welchen die Entwicklung der deutschen Industrie am Herzen liegt, gewollt worden ist."

Diese Auffassung findet eine Unterstützung von nicht zu unterschätzender Bedeutung, dadurch, daß die Dampfkessel-Überwachungsvereine der Schweiz, Österreichs und Schwedens, ferner von Frankreich, Württemberg und Baden mit voller Klarheit aussprachen, daß die vorliegenden Normen nicht diejenige Vollkommenheit besitzen, welche notwendig wäre, wenn sie auf einige Zeit als unabänderlich angesehen werden sollten.

5. C. Bach: Die für die deutsche Industrie wertvollste Bestimmung in den neuen behördlichen, die Dampfkessel betreffenden Festsetzungen vom 17. Dezember 1908. (VDI. 1911, S. 514ff.)

Gutachten über einen Erlaß des Preußischen Ministers für Handel und Gewerbe, dahingehend, daß dieser gegen die folgende Vereinbarung der verbündeten Regierungen verstößt.

„Erschwerende Bestimmungen für den Bau und die Ausrüstung von Dampfkesseln mit Anforderungen, die weitergehen als diejenigen der allgemeinen polizeilichen Bestimmungen über die Anlegung von Land- und Schiffsdampfkesseln, werden die verbündeten Regierungen ohne vorhergehende Verständigung nicht erlassen."

6. C. Bach: Eine bedenkliche Eigentümlichkeit unserer Material- und Bauvorschriften. (VDI. 1912, S. 360.)

Dadurch, daß für Bleche, für die eine höhere Zugfestigkeit als 41 kg/qmm in Anspruch genommen werden soll, besondere Bearbeitungsvorschriften erlassen worden sind, kann bewirkt werden, daß sich die Unfälle an Kesseln aus Blechen geringerer Zugfestigkeit, für welche diese Vorschriften nicht gelten, steigern. Eine Berechtigung für die unterschiedliche Behandlung liegt nicht vor; auch die „weicheren" Bleche müssen sorgfältig behandelt werden, weil sie verhältnismäßig am häufigsten von Kesselschäden betroffen werden (vgl. Nr. X, 13).

7. C. Bach: Bemerkungen zu den deutschen Material- und Bauvorschriften für Dampfkessel. (VDI. 1912, S. 1040ff.)

Die Darlegungen sind auf Wunsch und im Interesse der deutschen Industrie erfolgt und behandeln vor allem den überaus schädlichen Einfluß, welchen ins Einzelne gehende behördliche Vorschriften äußern können, indem sie zur gedankenlosen Verwendung der in solchen Vorschriften enthaltenen Formeln veranlassen und eine Verminderung der Selbständigkeit im Denken und der Stärke des Verantwortlichkeitsgefühls herbeiführen, auch den Anreiz zu hochwertiger Ausführung vermindern. Trotzdem die Bedeutung dieser Gesichtspunkte inzwischen allgemeine Anerkennung gefunden hat in dem Maße, daß gehofft werden konnte, sie werden bei der neuen Fassung der Vorschriften berücksichtigt werden, ist es doch nicht gelungen, dies zu erreichen. Der im Jahre 1923 erhoffte Fortschritt ließ sich 1925 nicht durchsetzen. Möge dies später gelingen. Erwähnt sei der Hinweis auf die bei Nr. XII, 5 erwähnte Vereinbarung der verbündeten Regierungen und auf die Notwendigkeit gleicher Handhabung der Vorschriften.

8. **R. Baumann: Die Grundlagen der deutschen Material- und Bauvorschriften.** (Berlin, Julius Springer 1912.)

Nachdem die freien Vereinbarungen der sachverständigen Ingenieure des internationalen Verbandes der Dampfkessel-Überwachungsvereine (Hamburger und Würzburger Normen) 1908 auf Drängen Preußens zu behördlichen Vorschriften geworden waren, erschien es geboten, den Fachgenossen die Begründung der einzelnen Vorschriften zusammenzustellen, um deren Tragweite zu kennzeichnen. Aus dem von C. Bach verfaßten Vorwort sei (Abb. 167) angeführt, die veranschaulicht, wie sorgfältig die Industrie, ohne behördliche Bevormundung auf die Sicherheit der Dampfkesselbetriebe hingearbeitet hatte (vgl. auch Anhang Nr. XII, 9).

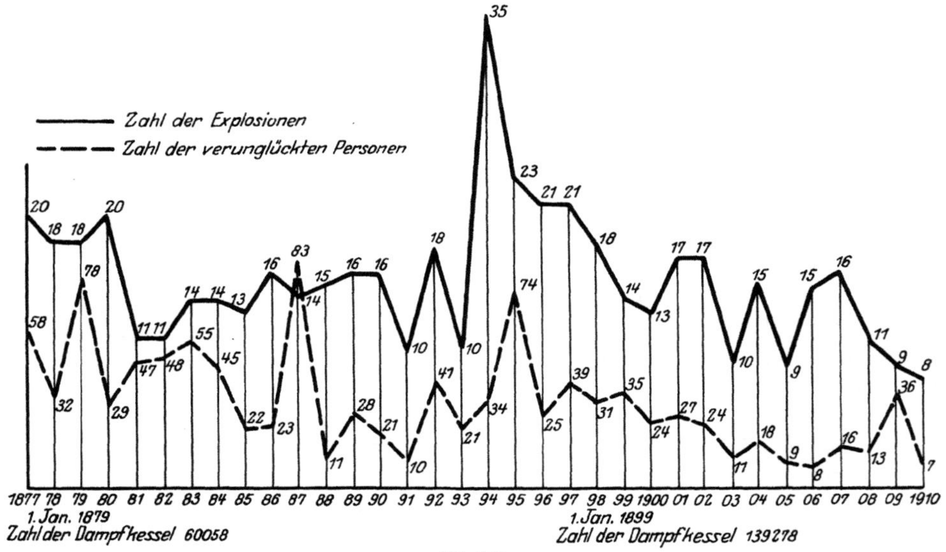

Abb. 167.

XIII. Rauchbelästigung und Heizerfrage[1]).

1. C. Bach: Die Heranbildung und Prüfung von Heizern. (Kommissionsberichte vom 13. April 1883, vom 20. April 1899, vom 20. Oktober 1920 und Mai 1921 [vgl. VDI. 1899, S. 1233, VDI. 1920, S. 1082, VDI. 1921, S. 652]).

Von Zeit zu Zeit tauchen erfahrungsgemäß Vorschläge auf, Heizerschulen und Heizerprüfungen einzurichten. So im Jahre 1883, im Jahre 1898 und im Jahre 1920.

Der Württembergische Ingenieurverein (Württembergischer Bezirksverein des Vereines deutscher Ingenieure) hat sich jedesmal eingehend mit der Frage beschäftigt und ist jedesmal zu dem Schluß gekommen, daß er sich für die Errichtung staatlicher oder staatlich überwachter Heizerschulen nicht aussprechen könne.

Bei der Bedeutung, welche diese Frage für die Industrie besitzt, sei aus dem dem Verein im Jahre 1899 erstatteten Bericht folgendes wörtlich angeführt.

Das Heizen ist ein Geschäft wie ein anderes Handwerk, und zwar kein leichtes, und muß deshalb gründlich erlernt werden.

Zu guten Heizern eignen sich nur Leute von ernstem, gewissenhaften Charakter und klarem Kopfe. Solche Leute werden sich dem Heizen mehr als bisher widmen, wenn ihnen auch entsprechend gute Bezahlung in Aussicht gestellt ist.

Lehrstätten finden sich überall da, wo ein geeigneter Mann unter den Augen eines erfahrenen Heizers und neben demselben verwendet werden kann, so daß Meister und Lehrling sich gegenseitig arbeiten sehen.

Die Lehrzeit sollte nicht zu kurz bemessen sein. Heizerschulen können eine solche Lehre nicht ersetzen.

Zur Vervollkommnung gelernter Heizer eignet sich ein sogenannter Lehrheizer, dessen Aufgabe darin besteht, daß er den zu unterweisenden Heizer vor der von diesem bedienten Anlage auf etwaige Fehler in der bisherigen Behandlung aufmerksam macht, durch eigenes Heizen zeigt, wie es besser zu machen ist und den Heizer solange unterweist, bis dieser die ihm gezeigten Vorteile richtig und dauernd anzuwenden gelernt hat.

Zu einer solchen gründlichen Belehrung sind wenigstens 8 bis 14 Tage, je nach Beschaffenheit des Betriebes und nach den Fähigkeiten des Lernenden erforderlich.

Eine spätere Wiederholung solcher Unterweisung, wenn auch von kürzerer Dauer, ist sehr anzuraten, damit einem Zurückfallen in altgewohnte Fehler vorgebeugt werde.

Das Herrichten ungelernter Heizer in kurzer Zeit darf nicht Sache eines solchen Lehrheizers sein.

Die Heizkurse, bei denen eine Anzahl gelernter Heizer vor einer besonderen Musteranlage durch einen Lehrheizer unterrichtet wird, können die oben geforderte Unterweisung des einzelnen Heizers vor seiner besonderen Anlage nicht ersetzen.

Wettheizen wird nur da von Nutzen sein, wo es sich darum handelt, bereits fertige und tüchtige Heizer zu noch größeren Leistungen anzuspornen. Für die Heranbildung von Heizern hat es wenig Wert.

Je besser die Feuerungseinrichtung in bezug auf rationelle Ausnutzung des Brennmaterials, also auch in bezug auf Rauchvermeidung konstruiert ist, desto besser und sicherer kann der Heizer seine Aufgabe erfüllen, denn wie bei jedem Handwerk hängt die Leistung nicht allein von der persönlichen Tätigkeit, sondern auch von der Güte des Werkzeuges ab. Die Einführung guter Feuerungseinrichtungen ist also, wo immer möglich, zu fördern.

Dem Vorstehenden gemäß kann sich die Kommission nicht für die Errichtung staatlich überwachter Heizerschulen und für die in Verbindung hiermit gedachte Einführung von Heizerprüfungen aussprechen. Durch Abstimmung wurde dies auch noch ausdrücklich festgestellt: von 18 Stimmen sprachen sich für die Einrichtung solcher Schulen und die Einführung von Prüfungen nur zwei aus.

Gegen Vorschriften, durch welche bestimmt wird, daß nur geprüfte Heizer zum Heizen von Dampfkesseln zugelassen werden dürfen, nahm die Kommission ganz entschieden Stellung. Es wurde hierbei darauf hingewiesen, daß es sich im vorliegenden Falle nicht bloß um gewisse, übrigens sehr einfache Kenntnisse und Fertigkeiten, sondern in erster Linie auch um unbedingte Zuverlässigkeit, unermüdliche Ausdauer und Gewissenhaftigkeit, also um Charaktereigenschaften handle, deren dauerndes Vorhandensein durch eine auf Kenntnisse und Fertigkeit sich erstreckende Prüfung nicht festgestellt werden kann. Ferner wurde der großen Erschwerung gedacht, welche dem Kesselbetriebe durch solche Vorschriften entstehen würde. Man verwies auf die Erfahrungen in Österreich, woselbst nur geprüfte Heizer verwendet werden dürfen. Die Behörden müßten sich nicht bloß mit der Erteilung von Heizerdiplomen, sondern auch mit der Entziehung von solchen befassen. Es wurde darauf hingewiesen, daß es in der Technik eine große Anzahl anderer Stel-

[1]) Weitere Arbeiten von C. Bach siehe:
VDI. 1896: Über den Stand der Frage der Rauchbelästigung durch Dampfkesselfeuerungen.
VDI. 1898: Zum Stand der Frage der Rauchbelästigung durch Dampfkesselfeuerungen in der Stadt Paris.
VDI. 1897: Dampfkesselfeuerungen mit den verschiedenartigsten Vorkehrungen zur Rauchverzehrung.

lungen gebe, in denen die Verantwortlichkeit noch weit größer sei; für solche Stellungen dürfe man dann auch nur behördlicherseits geprüfte Personen zulassen.

Das öffentliche Interesse, welches gegenüber dem Dampfkesselbetriebe in Betracht kommt, erscheine dadurch vollständig gewahrt, daß der Besitzer oder Inhaber des Kessels die Verantwortlichkeit für den Betrieb zu tragen hat, und daß die Revisionsbeamten bei der Abnahmeprüfung wie auch bei den jährlichen Untersuchungen der Dampfkessel sich jeweils zu vergewissern haben, daß der Heizer seine Obliegenheiten kennt.

Es erhob sich in der Kommission schließlich keine Stimme mehr für die Forderung, daß nur geprüfte Heizer zur Bedienung von Dampfkesseln zugelassen werden sollten.

Die Kommission schlägt vor:

1. das oben wiedergegebene Gutachten über die Ausbildung von Heizern anzunehmen,

2. hinsichtlich der Errichtung von Heizerschulen, der Einführung von Heizerprüfungen und der Erlassung von Vorschriften, durch welche bestimmt wird, daß nur geprüfte Heizer bei Dampfkesseln verwendet werden dürfen, sich dem Vorstehenden anzuschließen.

Demgemäß erfolgte auch der Beschluß.

Zu ganz demselben Ergebnis führten die Verhandlungen und Beratungen im Jahre 1920, bei denen auch zum Ausdruck gelangte, daß die vom Württembergischen Revisionsverein eingerichteten Heizerkurse das erforderliche Wissen in ausreichendem Maße vermitteln. Auch bei diesen Kursen wird von Zeit zu Zeit seitens einzelner Teilnehmer der Wunsch nach einer Prüfung geäußert. Diese lassen sich aber stets davon überzeugen, daß eine solche Prüfung und das zugehörige Zeugnis keinen dauernden Wert haben und begnügen sich stets mit einer Bescheinigung der Teilnahme am Kurs.

Nachdem in neuester Zeit in anderen Bundesstaaten des Deutschen Reiches die Errichtung von Heizerschulen beschlossen worden ist, sei hier festgestellt, daß dies gegen den Willen der berufenen Sachverständigen erfolgt ist. Welche Schwierigkeiten die Ausführung des aus politischen Gründen gefaßten Entschlusses bereitet, geht daraus hervor, daß das Reichswirtschaftsministerium, das Ministerium für Handel und Gewerbe, die preußische Landeskohlenstelle, der Reichskohlenrat und die Hauptstelle für Wärmewirtschaft besondere „pädagogische Kurse für Lehrer an Heizerschulen" einrichten müssen. In diesen wird z. B. an zwei Tagen behandelt: „Ein Bruchstück aus dem Materialprüfungswesen für den Kesselbau" (vier Stunden Vortrag, eine Stunde Vorführung, zwei Stunden Besichtigung einer Prüfungsanstalt). Bei solchem, durch die Verhältnisse bedingten „Bruchstück"-Unterricht kann unmöglich diejenige Beherrschung des Stoffes vermittelt werden, die von Lehrern verlangt werden muß, denen die Ausbildung und Prüfung der Heizer anvertraut wird. Das ganze Unternehmen erscheint dadurch für den erfahrenen Ingenieur in eine ganz eigenartige Beleuchtung gerückt: Der Staat darf Unterricht nur übernehmen, wenn er vollwertige Lehrer besitzt. Der Staat wenigstens soll in unserer, auf Oberflächlichkeit in fast allen Richtungen eingestellten Zeit, den Grundsatz der Gediegenheit, der uns vor dem Kriege groß gemacht hat, festhalten.

2. C. Bach: Bericht über die Gleichung

$$O + \frac{10}{9} \cdot CO_2 = 21.$$

(Wochenschrift des VDI. 1883, S. 68.)

Die von Hermanuz aufgestellte Gleichung, die ermöglicht, die Rauchgasanalysen nachzuprüfen, erweist sich nach Vergleich mit 30 Kohlenuntersuchungen als brauchbar.

3. C. Bach: Neuere Dampfkesselfeuerungen zur Lösung der Rauchfrage. (VDI. 1883, S. 177ff.)

Mit Rücksicht auf die starke inzwischen eingetretene Entwicklung sei hier nur angeführt, daß schon in dieser Arbeit ein bescheidener Druck der Behörden zur Verminderung des Rauchens der Industriefeuerungen für wohltätig erachtet, im übrigen aber bemerkt wurde, daß die Haushaltfeuerungen (und, wie ergänzend angeführt sei, auch manche Gewerbefeuerungen, z. B. bei Bäckereien) ebenfalls rauchen, so daß höchstens die Hälfte erreicht sei, wenn den Fabrikschornsteinen das Rauchen untersagt werde.

Von den besprochenen zehn Feuerungen hat diejenige nach Tenbrink in der Folgezeit große Verbreitung in den Gebieten erlangt, in denen hochwertige Brennstoffe möglichst vollkommen ausgenützt werden müssen, soll das Unternehmen wettbewerbsfähig bleiben (Süddeutschland, Schweiz). Daß in neuerer Zeit die Steigerung aller Anforderungen dazu geführt hat, daß häufig die Grenzen erreicht und überschritten wurden, innerhalb deren diese Feuerung ausführbar ist, darf als bekannt gelten, ändert aber nichts an ihrer grundsätzlichen Bedeutung. Es wäre zu bedauern, wenn diese in Vergessenheit geriete, denn an grundsätzlich wertvollen Konstruktionen kann der Konstrukteur stets viel lernen.

4. C. Bach: Rauch. Das Ergebnis der offiziellen Versuche mit den 1881/1882 in London angestellten Einrichtungen an Dampfkesselfeuerungen. (VDI. 1883, S. 469ff.)

Die Besprechung zeigt, daß namentlich Süddeutschland und die Schweiz mit ihren neueren Dampfkesselfeuerungen den englischen Einrichtungen um ein gutes Stück voraus waren, daß hier die höheren Kohlenpreise, die gründliche wissenschaftliche Behandlung der Aufgabe und die in den siebziger Jahren hereingebrochene industrielle Krisis mehr vermocht haben als die seit 1843 jenseits des Kanals in Anspruch genommene Gesetzgebung.

5. C. Bach: Preisausschreiben betreffend Dampfkesselfeuerungen. (VDI. 1896, S. 530.)

In Ausführung der von der 31. und 34. Hauptversammlung des Vereines deutscher Ingenieure gefaßten Beschlüsse war ein Preisausschreiben ergangen zur Erlangung einer Abhandlung über die bei Dampfkesseln angewandten Feuerungseinrichtungen zur Erzielung einer möglichst rauchfreien Verbrennung mit einer eingehenden Würdigung der damaligen Dampfkesselfeuerungen und ihrer Einzelheiten. Dabei sollten nach Möglichkeit gemachte Erfahrungen festgestellt werden, insbesondere hinsichtlich der Wirksamkeit der da und dort zum Zwecke der Rauchvermeidung erlassenen Vorschriften. Von den neun eingelieferten Arbeiten konnte keiner ein Preis zuerkannt werden.

XIV. Verschiedenes.

1. C. Bach: Die Kessel der Dampffeuerspritzen. (VDI. 1879, S. 242ff.)

Die Dampffeuerspritzen hatten auf dem Kontinent nicht die Beachtung erfahren, die ihnen in England und Amerika schon seit Jahrzehnten zuteil wurde. Deshalb erschien es angezeigt, die Grundsätze zu erörtern, die der Beurteilung der Dampffeuerspritzenkessel zugrunde zu legen sind, nämlich hinsichtlich der

A. Raschheit des Dampfmachens,

B. Kleinheit des Gewichtes.

Sodann wurden acht Kessel besprochen. Im Hinblick auf die inzwischen eingetretene Änderung aller Verhältnisse sei hier nur erwähnt,

1. daß auf S. 245 die Bedeutung lebhaften Wasserumlaufes für solche Kessel, die rasch angeheizt und stark angestrengt werden müssen — bis 80 kg Dampf auf 1 qm Heizfläche — hervorgehoben ist,

2. daß an derselben Stelle Ersatz der Nietnaht durch Schweißung empfohlen wird,

3. daß auf S. 292 ein Verfahren angegeben ist, durch welches die eine höhere Temperatur gegenüber der Feuerbüchsenwandung annehmenden Siederohre verhindert werden, sich von dieser zu lösen (Einlegen erhitzter Rundrohrstücke in die Rohre während des Einwalzens derselben).

4. daß auf S. 300 die Bedeutung der Wasserabscheider und der Einfluß der Wasserbewegung beim wallenden Verdampfen auf die Lage des Wasserstandes erörtert wird.

Alle diese Erörterungen haben bei den heutigen ortsfesten Hochleistungskesseln erneut Bedeutung gewonnen und verdienen daher die volle Beachtung der Konstrukteure.

2. C. Bach: Die Maschinenelemente. (Stuttgart: Alfred Kröner. I. Auflage [1880] bis XIII. Auflage [1922].)

Im ersten und zweiten Abschnitt sind die Gegenstände erörtert, die hier in Betracht kommen. Verschiedenes (z. B. die Widerstandsfähigkeit von Flammrohren vgl. Nr. III, 4) ist hier erstmals behandelt.

Die jüngeren Fachgenossen seien insbesondere auch auf die Vorworte verwiesen, die viel beherzigenswerte Weltweisheit enthalten.

3. C. Bach: Eine Stelle an manchen Maschinenteilen, deren Beanspruchung auf Grund der üblichen Berechnung stark unterschätzt wird. (VDI. 1901, S. 1567. Mitt. über Forsch., H. 4.)

Der Bruch eines Bajonettrahmens einer Dampfmaschine an der Ecke des Kurbellagers gab Anlaß zur Durchführung von Versuchen über die Widerstandsfähigkeit von Körpern mit mehr oder minder scharfen Ecken. Näheres vergleiche bei Nr. XIV, 11.

4. C. Bach und E. Roser: Die Prüfung der Indikatorfedern. (Mitt. über Forsch., H. 26 u. 27. VDI. 1902, S. 1575ff.)

Zur Anbahnung eines einheitlichen Prüfungsverfahrens für Indikatorfedern werden die bisher gebräuchlichen Prüfungsarten verglichen und dabei auch die Versuchseinrichtung besprochen, die nach den Angaben von C. Bach für das Ingenieurlaboratorium der Technischen Hochschule Stuttgart gebaut worden ist. (Ein Wassergefäß von solcher Größe, daß auf dem Deckel desselben gleichzeitig sechs Indikatoren angebracht werden können, wird zur kalten Prüfung der Federn unter den Druck der Wasserleitung oder einer Handpumpe gesetzt. Eine dieses Gefäß durchziehende Rohrschlange für Heizdampf bzw. Kühlwasser gibt die Möglichkeit, das Wasser in dem Gefäß in kürzester Zeit unter jeden beliebigen Dampfdruck zu setzen).

Eine Zusammenstellung von eigenen und fremden Versuchsergebnissen ergänzt die Abhandlung.

5. C. Bach: Die chemische Analyse als Mittel zur Bestimmung der Güte des Materials bei der Abnahme. (VDI. 1902, S. 1536; VDI. 1903, S. 134/5. Mitt. über Forsch., H. 9.)

Auf Anregung von C. Bach wurden bei der Physikalisch-Technischen Reichsanstalt an verschiedenen Eisensorten Versuche durchgeführt zur Ermittlung der Wärmeausdehnungszahlen bei höherer Temperatur, auch die chemische Zusammensetzung war zu bestimmen. An denselben Probestücken wurden von C. Bach die Elastizitäts- und Festigkeitseigenschaften bei Raumtemperatur festgestellt, worüber in VDI. 1902, S. 1536ff. berichtet ist. Um gleichzeitig ein Urteil zu erlangen, auf welche Übereinstimmung der Ergebnisse bei der chemischen Untersuchung verschiedener Eisensorten an verschiedenen Orten zu rechnen ist, wurde für dieselbe Material übersandt an die Physikalisch-Technische Reichsanstalt, an Prof. Dr. Wüst in Aachen und schließlich an die Herren Dr. Hundeshagen und Dr. Philipp in Stuttgart. Von den zum Teil ziemlich voneinander abweichenden Ergebnissen seien hier nur die folgenden angeführt:

	Schweißeis.		Flußeisen		Flußstahl		Gußeis. A	
	C	P	C	P	C	P	C	P
Phys.-Techn. Reichsanstalt	0,14	0,42	0,16	0,25	0,55	0,44	3,57	0,04
Prof. Dr. Wüst	0,04	0,165	0,09	0,092	0,48	0,082	3,50	0,294
Dr. Hundeshagen und Philipp . .	0,0615	0,170	0,07	0,090	0,489	0,086	3,49	0,307

Bei Wiederholung der Analysen verschwanden die Widersprüche zwischen den drei Analysen ausreichend.

6. C. Bach: Abhängigkeit der Wirksamkeit des Ölabscheiders von der Beschaffenheit des den Dampfzylindern zugeführten Öles. (VDI. 1903, S. 206. Mitt. über Forsch. H. 11, S. 72.)

Für einen Ölabscheider von Friesdorf ergab sich bei Versuchen die Wirksamkeit zu über 89 %, wenn ein Schmieröl verwendet wurde, das 0,01 % verseifbares Fett enthielt, während die Wirksamkeit nur 76 % betrug bei einem Öl mit 2,44 % verseifbarem Fett. Soll also der Ölabscheider zur wirksamen Abscheidung des Öls aus dem Abdampf befähigt sein, so ist ein Öl auszuwählen, das neben befriedigender Schmierfähigkeit arm an verseifbaren Fetten ist. Solche Fette begünstigen auch die Emulsionsbildung mit Wasser und die Bildung von Kalkseifen mit dessen Kalkgehalt.

Ob es Schmieröle gibt, die in dieser Hinsicht so günstig geartet sind, daß ihre Benützung das Speisen des Kondensats im Hinblick auf die Hinderung des Wärmedurchganges und die damit verbundene Wärmestauung zulässig erscheinen läßt, muß zunächst dahingestellt bleiben.

7. R. Baumann: Einfaches Verfahren zur Ermittlung der Formänderung eben gekrümmter stabförmiger Körper. (VDI. 1910, S. 1675ff. sowie S. 2188.)

Nachdem sich gezeigt hat, daß das einfache Verfahren sich für die Untersuchung von manchen Kesselteilen besonders gut eignet, sei es kurz besprochen.

Wird die Mittellinie eines Stabes (z. B. lyraförmiges Ausgleichsrohr mit dicker Wandung, vgl. Nr. III, 4) in eine Gerade abgewickelt, und in jedem Punkt als senkrechte Ordinate das daselbst herrschende biegende Moment aufgezeichnet, so entsteht eine Kurve, deren Flächeninhalt F ein Maß für die Winkeländerung $\varDelta\,\varphi$ am Stabende darstellt, derart, daß

$$\varDelta\varphi = \frac{\alpha}{\Theta}\cdot F\,,$$

α = Dehnungszahl, Θ = Trägheitsmoment des Stabes.

Wird dagegen jede solche Ordinate noch mit dem Abstand des beobachteten Punktes von dem Punkte multipliziert, dessen Formänderung gesucht ist, so entsteht eine Kurve, deren Flächeninhalt f ein Maß für die Formänderung $\varDelta\,s$ ist, derart, daß

$$\varDelta s = \frac{\alpha}{\Theta}\cdot f\,.$$

Besonders vorteilhaft lassen sich auch Hohlgefäße, z. B. Wasserkammern u. dgl., auf diese einfache Weise durchrechnen (VDI. 1913, S. 1911ff.). Vergleiche auch Elastizität und Festigkeit § 54.

8. C. Bach: Beobachtungen über die Undichtheit von Steuerungsventilen der Kolbendampfmaschine. (Prot. d. 42. D.- u. I.-Vers. d. int. Verb. d. D.-Ü.-V. München 1912, S. 79ff.)

Die Arbeit sei erwähnt, weil sie einen Fehler kennzeichnet, der bei Versuchen mit Ventildampfmaschinen häufig übersehen werden dürfte. Die genaue Verfolgung der Versuchseinzelheiten hat zu der Erkenntnis geführt, daß die Ventile auch nach sorgfältigem Aufschleifen sehr bald undicht werden, und hat die Bestimmung des Maßes dieser Undichtheit gestattet.

9. R. Baumann: Das Materialprüfungswesen und die Erweiterung der Erkenntnisse auf dem Gebiete der Elastizität und Festigkeit in Deutschland während der letzten vier Jahrzehnte. (Jahrb. d. VDI. 1912, 4. Band; herausgegeben von Conrad Matschoß.)

Das Dampfkesselwesen gehört neben dem Eisenbahnbetrieb zu den ersten Teilen der Technik, die regelmäßige Materialprüfungen veranlaßt und gemeinsame Regelung der Anforderungen gezeitigt haben (Würzburger Normen 1881). Kaum auf einem anderen Gebiet des Maschineningenieurwesens ist ferner soviel und gründlich in den Einzelheiten gearbeitet und geforscht worden. Deshalb ist der Versuch, eine Darstellung der Zusammenhänge, wie ihn die besprochene geschichtliche Studie zu bieten versucht, dem Leser der vorliegenden Arbeit zu erwähnen. Die Ingenieure des unter dem Dawes-Plan arbeitenden Deutschland werden gut tun, die Folgerungen zu berücksichtigen, die sich aus solchen geschichtlichen Betrachtungen ziehen lassen: für Gesetzmäßigkeit des Verlaufs der Entwicklung, für wissenschaftliche und wirtschaftliche Folgen aus getroffenen oder zu treffenden Maßnahmen. Deutschland wird aus seiner Notlage nicht durch Bodenschätze ans Licht gelangen, nicht durch Erfindungen, sondern durch Vertiefung der Grundlagen hinsichtlich Materialausnützung, Konstruktion und Fertigung im weitesten Sinne des Wortes.

Wer vorwärtsstrebt, muß die Grundlagen kennen, von denen er ausgeht, muß die Fortschritte kennen, die gemacht worden sind. Deshalb ist versucht worden, den Stand der Anschauungen und der Erkenntnisse zu Beginn des betrachteten Zeitabschnitts zu schildern und das Wesen der seither erlangten Förderung hervorzuheben. Dies erscheint in unserer rastlos vorwärtsdrängenden Zeit besonders wichtig. Anschaulich ist auch das Eindringen planmäßiger Materialprüfung in die ausführende Industrie zu verfolgen, ein Vorgang, der durch die Verhältnisse des Weltkrieges seither mächtige Beschleunigung erfahren hat. In gleicher Richtung hat seither der Übergang zur Massenfertigung gewirkt.

10. C. Bach: Anfressungen in Flammrohren an Stellen, die mit Ölfarbe gestrichen waren. (VDI. 1913, S. 1061.)

An den Flammrohren eines Dampfkessels von 105 qm Heizfläche hatten sich nach kaum vierjähriger Betriebsdauer an sechs Stellen tiefe Anfressungen gebildet, an denen die Abnahmestempel mit einem Ölfarbenring umrändert worden waren.

Das Material war stark verunreinigt, doch dürfte die Anfressung auf das Anbringen des Farbringes zurückzuführen sein. (Wärmestauung, chemische Einflüsse der Farbe und des Speisewassers.)

11. C. Bach: Zur Beanspruchung von Maschinenteilen mit scharfen oder ausgerundeten Ecken. (VDI. 1913, S. 1594ff.)

Unter Bezugnahme auf Nr. XIV., 3 wird angegeben, daß die üblichen Gleichungen für gekrümmte Stäbe bei scharfen Ausrundungen dadurch zu befriedigender Übereinstimmung mit dem Versuch gebracht werden können, daß der in die Rechnung einzuführende Ausrundungshalbmesser ϱ etwas größer gewählt wird, als die Ausführung zeigt. Diese Berichtigung beträgt für rechteckige Querschnitte von der Höhe h etwa $\frac{h}{15}$ bis $\frac{h}{20}$, so daß statt dem tatsächlich ausgeführten Ausrundungshalbmesser ϱ zu rechnen ist mit

$$\varrho' = \varrho + \frac{h}{15} \quad \text{bis} \quad \varrho + \frac{h}{20}.$$

Für scharfe Ecken (d. h. $\varrho = 0$) wird dann gerechnet mit

$$\varrho' = \frac{h}{15} \quad \text{bis} \quad \frac{h}{20}.$$

Die üblichen Gleichungen liefern dann nicht mehr die Spannung „Unendlich", sondern endliche Werte, die allerdings ziemlich hoch zu sein pflegen, was den Konstrukteur veranlassen muß, möglichst sanfte Rundungen anzuordnen.

Zugehörige Versuche sind in Elastizität und Festigkeit § 56 unter 3. besprochen.

12. R. Baumann: Vorbericht über die Versuche betr. Einwirkung von Lauge auf das Flußeisenblech von Laugenkesseln. (Prot. d. 44. D.- u. I.-Vers. d. int. Verb. d. D.-Ü.-V. Chemnitz 1914, S. 66ff.)

Mitteilungen über Zerstörungen an flußeisernen Gefäßen, die zum Eindampfen von Lauge und ähnlicher Flüssigkeit dienten, insbesondere Rißbildungen, die den Korngrenzen entlang durch die ganze Blechdicke verlaufen und den Eindruck großer Sprödigkeit wachrufen, sind der Materialprüfungsanstalt Stuttgart seit Anfang des Jahrhunderts zugegangen. Über einzelne Fälle wird berichtet. Im Anschluß daran wird das Verhalten kaltgezogenen Messings bei Berührung mit Quecksilber und Atmosphärilien genau beschrieben und auf das ähnliche Verhalten in anderen Legierungen, auch Glas, hingewiesen. Bei den Laugenkesseln ist auffällig, daß die Risse fast immer an den Stellen auftreten, die kalt gebogen worden oder sonst kräftiger Formänderung und Beanspruchung ausgesetzt gewesen sind, wie das z. B. bei den Nieten und an den Nietlöchern der Fall ist, auch an Verdampferschlangen u. dgl. Insbesondere scheint die Druckseite zu Rißbildung geneigt. Soweit bisher bekannt, ist für die Rißbildung hohe Konzentration erforderlich. Die verschiedenen Möglichkeiten beim Zustandekommen der Risse werden erörtert, auch andere Stoffe angeführt, die solche Rißbildung bewirken (vgl. auch Anhang Nr. XIV, 20).

B. Anhang neuerer Stuttgarter Arbeiten.

Zu I. Nietverbindungen und Nieten.

12. R. Baumann: Beanspruchung der Bleche beim Nieten. (Versuche zur Ermittlung der in den Blechen beim Nieten bewirkten Formänderungen. Forsch.-Arb. Ing. 1922, H. 252. In englischer Sprache erschienen: Stresses in plates caused by riveting.)

Der Bericht stellt Fortsetzung und Schluß der unter Nr. I, 7 besprochenen Mitteilungen dar, die infolge der andauernden Steigerung der Dampfdrücke und Betriebsbeanspruchungen eine beim Beginn der Arbeit nicht vorauszusehende Bedeutung erlangt haben.

Da an dieser Stelle Kürze geboten ist, so sei nur folgendes erwähnt. Gemessen wurde unter Verwendung eines neugeschaffenen Meßgerätes, das vielseitiger Verwendung fähig erscheint (Scherenmikroskop), die Formänderungen infolge des Druckes, den der Nietschaft beim Pressen des Kopfes gegen die Lochwand ausübt. Um Wärmespannungen auszuschalten, fanden Nietschäfte aus Blei Verwendung, dessen Druckfestigkeit mit der von glühendem Nietmaterial zu vergleichen war. Sodann wurde die Wirkung des Druckes verfolgt, den die Unterfläche des Nietkopfes auf das Blech beim Nieten überträgt und schließlich die Wirkung der beim Nieten auftretenden Kräfte unter Ausschaltung der Wärmewirkung. Die gewonnenen Erkenntnisse geben Aufschluß über manchen Kesselschaden, wie kurz durch Abb. 168 u. 169 angedeutet sei; sie bereiteten auch die Auswertung der weiteren Versuche vor, welche sich mit

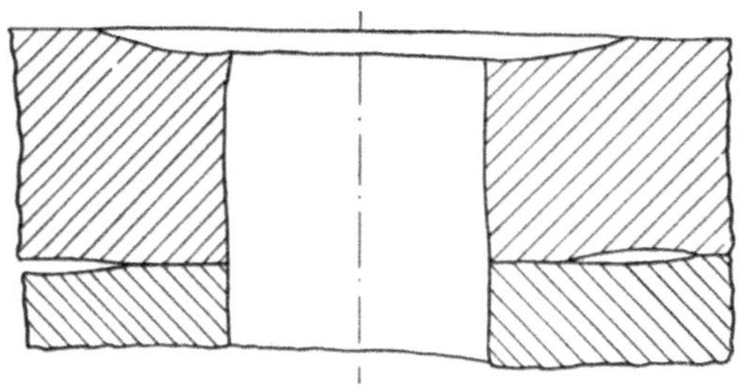

Abb. 168. Querschnitt durch ein Nietloch. Einprägung des Nietkopfes.

den Wärmeeinflüssen zu beschäftigen hatten. Besonders wertvoll war es, daß es gelang, die Formänderungen auch auf denjenigen Blechoberflächen zu messen, die beim Nieten aufeinander liegen. Dort tritt die weitaus größte Beanspruchung durch den Nietdruck auf.

Abb. 170 zeigt in ausgezogener Linie die gemessenen Formänderungen, während gestrichelt die Dehnungen eingezeichnet sind, die sich an einem Hohlzylinder ergeben würden, dessen Wandstärke dem Lochabstand vom Rande entspricht.

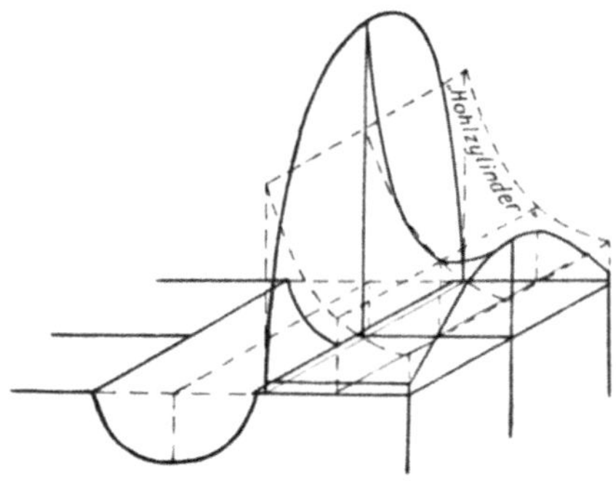

Abb. 170. Gesamte Formänderung zwischen Nietloch und Blechrand bei Bleinietung.

Auch den Streckfiguren wurde volle Beachtung geschenkt: sie traten auf den polierten Oberflächen scharf zutage.

Der nächste Abschnitt ist der Wärmeverteilung gewidmet, wobei als Veränderliche sowohl die Zeit als auch der Abstand der betrachteten Stelle vom erhitzten Nietloch zu gelten haben. Um wenigstens ein Beispiel anzuführen, sei Abb. 171 wiedergegeben. Deutlich

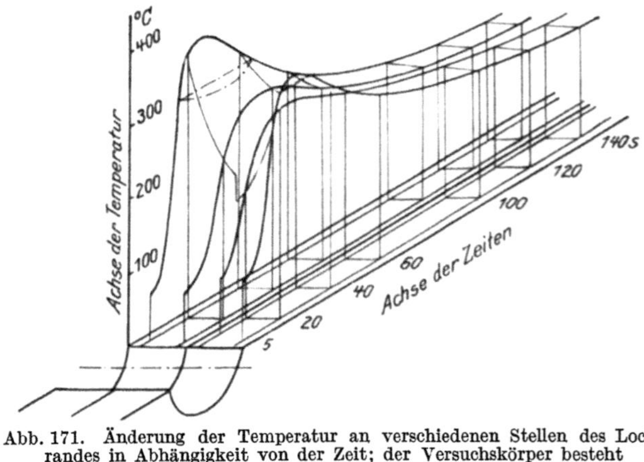

Abb. 171. Änderung der Temperatur an verschiedenen Stellen des Lochrandes in Abhängigkeit von der Zeit; der Versuchskörper besteht aus 2 Blechen.

zeigt sich, daß — wie natürlich — das Blech unter den Köpfen am heißesten wird, sich also sehr stark ausdehnt, so daß in den kälteren Blechteilen, d. h. dort, wo sich

Abb. 169. Schnitt durch die Nietnaht eines Kesselbleches; Formänderung durch zu hohen Nietdruck.

die Bleche berühren, sehr hohe Beanspruchungen auftreten, und zwar in Wärmegraden, bei denen das Flußeisen durch Beanspruchung dauernd spröde wird. Daß dieselbe Stelle unter dem Nietdruck auch am stärksten leidet, ist oben erwähnt. Auch die Höhe der gemessenen Temperaturen ist von Belang.

Der letzte Teil behandelt die Formänderungen beim Einziehen warmer Eisennieten, bei dem sich alle bisher erwähnten Einflüsse übereinanderlagern.

Die Zusammenfassung enthält alle wesentlichen Ergebnisse, die für die Praxis Bedeutung haben, sie sei deshalb angeführt.

Zusammenfassung.

1. Die Versuche zeigen, daß bei Anwendung hohen Nietdruckes an sich das Blech über die Streckgrenze beansprucht wird,

a) infolge des Druckes, den der Nietschaft auf die Lochwand ausübt,

b) infolge des Druckes, den der Rand des Nietkopfes auf die Bleche äußert,

c) infolge der Wölbung, die die Bleche erfahren und die beim Einziehen der Nachbarnieten sowie beim Verstemmen zum Teil beseitigt wird.

Bei der früher üblichen Handnietung waren solche Beanspruchungen nicht in nennenswertem Maße vorhanden.

2. Der Vergleich von kalt (mit Bleinieten) und warm (mit Eisennieten) hergestellten Nietverbindungen ergibt, daß die Formänderungen der Bleche an letzteren weit größer sind, was auf die entstehenden Wärmespannungen zurückzuführen ist[1]).

3. Diese Wärmespannungen sind so bedeutend, daß sogar bei Verwendung von Nietkräften, die nur so stark sind, daß eben gut verstemmbare Nietköpfe entstehen, die Bleche über die Streckgrenze beansprucht werden.

4. Anwendung stärkerer Nietkräfte hat zur Folge:

a) weitergehende Formänderungen, wie unter 1. bezeichnet,

b) stärkere Erwärmung der Bleche (infolge des scharfen Anlegens des Nietschaftes und der Nietköpfe an das Blech) und daher Erhöhung der unter 2. beleuchteten Wärmespannungen, d. h. Steigerung der Beanspruchung und Schädigung der Zähigkeit der Bleche. Bei der früher üblichen Handnietung fiel die Erwärmung und Beanspruchung der Bleche weit geringer aus.

5. Verwendung schwach angewärmter Nieten vermindert die Wärmespannungen, sehr heiße Nieten erhöhen sie; bei ersteren ist auch die unter 1. besprochene Beanspruchung kleiner, bei letzteren größer im Vergleich mit Nieten, die wie üblich hellrot erwärmt werden, weil die Widerstandsfähigkeit der Nieten von der Temperatur abhängt. Teilweise Erwärmung der Nieten kann jedoch, wie in VDI. 1912, S. 1890ff. nachgewiesen, nicht empfohlen werden.

6. Die ungünstigste Beanspruchung tritt in den Blechoberflächen ein, die sich berühren und dort besonders am Rande der Nietlöcher sowie zwischen Nieten und Blechrand. Diese Stellen sind an der fertigen Naht der Besichtigung nicht zugänglich, worauf besonders zu achten ist.

7. Beim Einziehen einer Niete wird das Blech auf weite Erstreckung, bis zum nächsten Nietloch, beeinflußt. Bei Herstellung von Nähten, wenn diese mehrreihig sind, erfährt das Blech daher an jedem Nietloch wiederholte, in ihrer Richtung wechselnde Beanspruchung, wodurch seine Zähigkeit besonders stark geschädigt wird. Eine weitere Schädigung kann eintreten, wenn die Bleche sich infolge Anwendung zu hohen Nietdruckes wölben, daher beim Einziehen der jeweils nächsten Niete heruntergebogen und beim Verstemmen am Rande zusammengeholt werden müssen.

Daß Vergewaltigung des Bleches beim Anrichten durch unzweckmäßige Verwendung des ,,Blechhalters" durch Erzeugung mehr oder weniger tiefer Eindrücke des ,,Nietstempels" usw. unzulässig ist, liegt auf der Hand. Überhaupt ist durch sorgfältige Arbeit (Abgraten, Entfernen der Bohrspäne zwischen den Blechen, Herstellung richtig sitzender Nietköpfe, gut aufeinanderpassender Löcher usw.) auf möglichste Schonung der Bleche und Fernhaltung zusätzlicher Spannungen hinzuwirken, wenn es sich um Nietverbindungen an hochbeanspruchten Teilen, insbesondere solchen, die im Betrieb höhere Temperatur annehmen und Temperaturschwankungen unterliegen, handelt.

8. Die Temperatur der Bleche erreicht schon beim Einziehen einer einzigen Niete am Rande des Nietloches eine Höhe von 500 °C und mehr. Werden zahlreiche Nieten rasch hintereinander eingezogen, so ist, namentlich bei mehrreihiger Nietung, das Auftreten noch höherer Erwärmung und damit Beanspruchung zu erwarten.

9. Die oben erwähnten weitgehenden Formänderungen treten daher auf, solange erhebliche Blechteile die als Gelb- bis Blauwärme bezeichnete Temperatur besitzen, was auf ihre Zähigkeit nachteilig wirken muß und um so mehr zu beachten sein wird, als auch im Betrieb Erwärmungen und Beanspruchung der Bleche der Nietverbindungen stattfindet, die nur von zähem Blech auf die Dauer ertragen werden können.

10. Es ist gezeigt worden, daß es Flußeisen gibt, das gegen solche Erwärmungen, wenn sie nach stattgehabter starker Formänderung (Quetschung) erfolgt, besonders empfindlich ist. Da ein solches Aufeinanderfolgen von Quetschung und Erwärmung bei gewaltsamem Nieten, aber auch bei anderen Konstruktionsteilen häufig stattfinden kann, sei auf den Inhalt des Anhangs zum Forschungsheft 252 besonders verwiesen. Anzeichen dafür, daß das kalte Biegen und Rollen der Bleche im Verein mit der im Betrieb stattfindenden Erwärmung zu einer weitergehenden Schädigung der Zähigkeit führen würde, sind jedoch nicht beobachtet worden.

11. Werden die Nieten dem Rande näher gesetzt als üblich, so entsteht außerordentlich hohe Beanspruchung und Erwärmung des Bleches. Bei breiterer Ausführung des Stemmrandes nehmen die Formänderungen ab, aber die Verstemmbarkeit wird leiden.

12. Es ist daher alle Ursache vorhanden, beim Nieten keine unnötig hohen Kräfte zu verwenden und auf sachgemäßes Anwärmen der Nieten zu achten. Hohe

[1]) Die rechnerische Verfolgung dieser Spannungen erscheint bei der Gestalt der Probekörper aussichtslos, namentlich, wenn der Verlauf der Temperaturkurven in Betracht gezogen wird. Doch wird ausgesprochen werden dürfen, daß in der Nähe hocherwärmter Stellen die Zugbeanspruchung an den Stellen geringerer Erwärmung stärker ausfällt.

Nietkräfte führen nicht zur Erhöhung des Gleitwiderstandes (vgl. VDI. 1912, S. 1890); sie können aber die Zähigkeit der Bleche außerordentlich beeinträchtigen, wie aus den im Vorwort zum Forschungsheft 252 angeführten Zahlen hervorgeht[1]).

Passen die zu vernietenden Bleche gut aufeinander, d. h. legen sie sich dicht gegeneinander, ist das Werkzeug gut im Stande und haben die Nieten sowie die Löcher die richtigen Abmessungen, so reicht nach den eben erwähnten früheren Versuchen zur Erzeugung gut verstemmbarer Nietköpfe eine Kraft aus, die 6500 bis 8000 kg auf 1 qm des Nietschaftquerschnittes beträgt.

Der Anhang des Heftes enthält den ausführlichen Bericht über die Versuche, die unter Nr. VIII a, 16 gewürdigt werden.

13. **R. Baumann: Die Beanspruchung der Bleche beim Nieten und die Sprödigkeit von Flußeisen als Folge der Erwärmung gequetschten Baustoffes.** (Stahleisen 1922, S. 1865ff.)

Der Inhalt der Arbeit ist durch die Mitteilungen im Anhang Nr. I, 12 gekennzeichnet.

14. **R. Baumann: Mitteilungen aus der Materialprüfungsanstalt Stuttgart über Nietversuche, Materialbehandlung und diesbezügliche Einwirkungen auf die Werkstatt an den Allgemeinen Verband der deutschen Dampfkessel-Überwachungsvereine.** (Z. bayr. Rev.-V. 1922, S. 177ff.)

Bericht über die Entwicklungsgeschichte der Versuche über die unter Anhang Nr. I, 12 berichtet ist, sowie deren Auswirkungen (vgl. auch Anhang Nr. XIV, 13). (Gedanken zur Geschichte des Maschinenbaus.)

15. **R. Baumann: Beanspruchung der Bleche beim Nieten.** (Wärme 1923, S. 188ff.)

Unter Hinweis auf Nr. I, 6 und Anhang Nr. I, 12 kann eine Besprechung des Inhaltes unterbleiben.

16. **R. Baumann: Die Zähigkeit der Flußeisensorten als Sicherheitsfaktor bei Brückenbauten.** (Stahleisen 1923, S. 467ff.)

Berichte aus dem Kreis des Bauingenieurwesens ließen es geboten erscheinen, die Erkenntnisse auf dem Gebiet der Nietung, die der Maschinenbau gesammelt hatte, dem Eisenbau näher zu bringen. Auch der Eisenbau muß sich immer mehr der Frage der sachgemäßen Behandlung des Flußeisens widmen.

17. **R. Baumann: Das Wesen der Nietverbindung.** (Bauing. 1925, S. 60 u. 61.)

In Bauingenieurkreisen herrscht immer noch die Auffassung, daß die maßgebende Beanspruchung der Nieten die auf Schub im Nietenschaft oder auf Lochleibungsdruck sei.

Da diese Auffassung irrige Entwicklung der Ausführung und mangelhafte Arbeit begünstigt, war sie wieder einmal zu beleuchten und an die schon so oft von Bach vertretenen Gedanken zu erinnern.

Sodann war auf die Gefahren hinzuweisen, die durch die unrichtige Wärmebehandlung hochwertigen „Hochbaustahls" entstehen können.

18. **R. Baumann: Nietteilung und Dichtigkeit.** (Z. bayr. Rev.-V. 1925, Nr. 13.)

Beobachtungen an Dampfkesseln ließen darauf schließen, daß die bestehenden Vorschriften über Nietverbindungen (und zwar auch im amerikanischen

Abb. 172.

Boiler Code) die wesentliche Forderung außer acht lassen, daß die Verbindungen nicht nur fest, sondern auch dicht sein müssen. Die Folgen der Undichtigkeit werden erörtert und Beispiele für die zerstörende Wirkung eines austretenden Dampfstrahls angeführt, von denen hier nur Abb. 172 u. 173 mitgeteilt seien. Auch die neueren Erörterungen über die möglichen Folgen des Eintretens von Kesselwasser zwischen die Bleche führen zu der Forderung: Jede Nietnaht ist so anzuordnen und auszuführen, daß jede ihrer Reihen für sich allein dicht hält.

Abb. 173.

Zu II. Schweißung.

11. **R. Baumann: Was ist Schweißen?** (Wärme 1924, S. 223ff.)

Die Erörterung, die auf den deutschen Sprachgebrauch seit alten Zeiten einzugehen hatte, kommt zu dem Schluß, daß sich der Ingenieur weit mehr als bisher um seine Sprache kümmern sollte und führt zu dem Vorschlag, den Begriff der „Verschmelzung" für die Fälle einzuführen, in denen die Verbindung durch flüssig gemachtes Metall gleicher Art erfolgt (bisher „autogene" und „elektrische" Schweißung genannt). Da-

[1]) Prüfung eines Kesselblechs ergab 11,2 mkg/qcm, an den Nietlöchern dagegen nur 1,3 mkg/qcm.

neben werden die Begriffe des Lötens, Kittens, Leimens gekennzeichnet.

12. R. Baumann: Schweißen und Schneiden. (Beton Eisen 1925, S. 62.)

Die Arbeit ist vorwiegend für die Bedürfnisse des Eisenbetonbaus bestimmt. Hier erscheint hauptsächlich das über das Schneiden Gesagte der Erwähnung wert. An Hand von Gefügebildern wird gezeigt, daß die Beeinflussung durch den Brennerschnitt von der Gewandtheit des Arbeiters, der Güte und Instandhaltung der Werkzeuge und des Sauerstoffs abhängen und unter Umständen viel tiefer reichen kann als angenommen werden dürfte. Auf die Bedeutung der damit verbundenen Wärmespannungen wird hingewiesen. Erhöhte Bedeutung kommt dem allem bei Verwendung von Material größerer Festigkeit, d. h. größeren Kohlenstoffgehalts (gegebenenfalls auch Nickelgehalts) zu, bei dem weitergehende Härtung und damit Zähigkeitsverminderung möglich wird.

Zu V. Widerstandsfähigkeit der flachen und gewölbten Böden bei innerem und äußerem Überdruck.

11. C. Bach: Kurze Mitteilung über Versuche mit gewölbten Böden gegenüber innerem Überdruck aus neuester Zeit. (VDI. 1923, S. 1113.)

Die Hoffnung, daß die Ausführungen, auf die unter Nr. II, 2 einzugehen war, zur Wahl größerer Krempenhalbmesser führen werde, war lange Zeit vergeblich. Erst in letzter Zeit ist die Firma Julius Pintsch A.-G. unter Leitung von Dr.-Ing. Diegel auf diesem Wege vorgegangen durch Einführung der Böden mit elliptischer Meridianlinie und der Wasserrohrkesselverband hat in der Materialprüfungsanstalt Stuttgart die Durchführung von Versuchen über die Widerstandsfähigkeit gewölbter Böden beantragt. Dabei war unter anderem auch zu prüfen, wie sich die von Dr.-Ing. Klöpper eingeführten Böden, bei denen der Krempenhalbmesser r ein Zehntel des Durchmessers D beträgt im Vergleich zu den Böden mit elliptischem Meridianquerschnitt verhalten.

Von den Ergebnissen sei nur angeführt, daß die elliptischen Böden bei etwa vierfach höherem Druck die Streckgrenze erreichten als Böden der bisherigen Form. Bisher liegen die Werte für das Verhalten gegenüber innerem Überdruck vor; die Versuche mit äußerem Überdruck sind noch im Gange.

12. C. Bach: Versuche über die Widerstandsfähigkeit und die Formänderung gewölbter Kesselböden, nach dem Versuchsbericht der Materialprüfungsanstalt an der Technischen Hochschule Stuttgart. (Mitt. über Forsch. 1925, H. 270. VDI. 1925, S. 35.)

Die unter Nr. II, 7 und 8 besprochenen Einrichtungen werden zu Versuchen mit Kesselböden von 1300 und 2000 mm Durchmesser verwendet, bei denen die Krempenhalbmesser sehr verschiedene Werte aufweisen. Die unter Nr. V, 1 und 2 gezogenen Folgerungen sind bestätigt. Im übrigen vgl. Anhang Nr. V, 11.

Zu VI. Rohre und ihre Verbindungen.

5. R. Baumann: Schrauben für Dampfrohrleitungen. (Z. bayr. Rev.-V. 1925, Nr. 3.)

Die Abmessungen, die die Ingenieure der neunziger Jahre erfahrungsgemäß festgesetzt hatten (Hamburger Normen) finden nach eingehender Zerlegung des Problems unter Würdigung der neueren Versuchsergebnisse und Materialkenntnisse volle Bestätigung für Temperaturen bis 300 °C, d. h. die höchsten damals auftretenden Temperaturen.

Darüber hinaus erscheint Ermäßigung angezeigt, etwa 7 % für je 20 °C Dampftemperatur.

Die in Betracht kommenden Einflüsse werden zahlenmäßig erörtert und bewertet, so daß nun ohne Schwierigkeit sichere Erweiterung nach allen Seiten (Material, Konstruktion, Betrieb) möglich ist.

Immerhin scheint die treffsichere Bewertung, die 1895 erfolgt war, kennzeichnend für das damals noch vorhandene konstruktive Empfinden und seine Bedeutung für die Bewältigung technischer Aufgaben. Heute fehlt es unseren jungen Ingenieuren in hohem Maße, ein Zeichen dafür, daß auf ihre Ausbildung im handwerklichen und allgemein praktischen Können erhöhter Wert zu legen ist. Wir werden uns sonst nicht ohne Sorge der vorwiegenden Betonung der Fertigung widmen dürfen.

Zu VIIIa. Baustoffeigenschaften und deren Ermittlung bei gewöhnlicher Temperatur.

22. R. Baumann: Bemerkenswerte Brucherscheinungen. (VDI. 1923, S. 945ff.)

Nach dem Aufreißen von Siederohren wird nicht selten die Frage aufgeworfen, ob das Material zum Glühen gekommen sei oder nicht. Ähnliche Fragen treten nach der Zerstörung von Gasflaschen auf. Im allgemeinen wird angenommen, daß als Zeichen für stattgehabtes Erglühen anzusehen ist, wenn die Körner, aus denen sich das Gefüge aufbaut, nach allen Seiten ungefähr gleiche Abmessungen aufweisen, ausgesprochene Streckung also nicht zu beobachten ist. Ausglühen würde ja etwa entstandene Streckungen beseitigen. Besondere Versuche zeigten nun, daß diese Annahme nicht zutrifft, wenn das Zerreißen in Rotglut ausreichend schnell erfolgt (vgl. die langgestreckten Körner in Abb. 174). Außerdem zeigte sich, daß beim Zerreißen dann eine so weitgehende Temperatursteigerung auftrat, daß die Anzeichen des Verbrennens im Gefüge sichtbar zu werden begannen. Ferner wurden einige im Betrieb aufgerissene Beulen an Wasserrohren untersucht, auch der Beginn der Wasserzersetzung an solchen Stellen erörtert.

Abb. 174. Deutliche Kornstreckung.

Nach häufiger starker Überanstrengung waren kennzeichnende Bilder zu beobachten, wofür Abb. 175 als Beispiel diene. Es handelt sich hier um ein Unterlagblech, in dem Risse unter 45° zur Fahrrichtung eintraten.

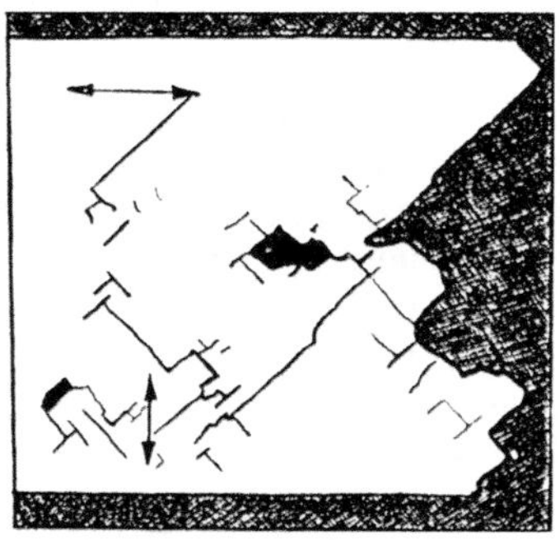
Abb. 175. Blechtafel, die in den durch die Pfeile bezeichneten Richtungen als Fahrbahn gedient hat. Risse unter 45°.

Der letzte Teil der Arbeit ist dem Einfluß der Geschwindigkeit auf den Bruchvorgang gewidmet, wobei auf die Verhältnisse bei der Zerstörung von Gasbehältern hinzuweisen war.

Werden die bei durch Explosivstoffe bewirkten Sprengstücken gefundenen Bilder mit den an im Betrieb zerstörten Gasflaschen beobachteten verglichen, so fällt der große Unterschied in der Zahl und Gestalt der Sprengstücke auf. Bei letzteren ist die Zahl der Sprengstücke vergleichsweise gering, im Höchstfall mehrere Dutzende, was darauf hindeutet, daß die Geschwindigkeit der Drucksteigerung bei den Flaschen noch nicht ausreichte, um gleichzeitig an sehr zahlreichen Stellen Bruch eintreten zu lassen. Bei sehr großer Geschwindigkeit der Drucksteigerung erfolgt die Aufweitung des Gefäßes an allen Stellen gewissermaßen schlagartig unter so großem Kraftüberschuß, daß die Beanspruchung und Dehnung an den dicken und dünnen, schwächeren und stärkeren Stellen gleichmäßig zustande kommt; zur Auswahl der schwächsten Stelle, die bei langsamer Drucksteigerung reißen würde, bleibt gewissermaßen keine Zeit. Damit wäre dann gleichzeitig eine entsprechend weitgehende Beeinflussung des Materials auch außerhalb der eigentlichen Bruchstellen verbunden, weil an allen Stellen ausreichend weitgehende Streckung und Beanspruchung stattgefunden hat. Bei dem Versuch einer zahlenmäßigen Bewertung dieser Erscheinungen wird der oben erwähnte Umstand im Auge zu behalten sein, daß bei den untersuchten im Betriebe zerstörten Gasflaschen die Zahl der Bruchstücke, verglichen mit den Folgen der Einwirkung von Explosivstoffen verhältnismäßig klein war. Dies wird zu der Auffassung führen, daß die Untersuchung der Sprengstücke explodierter Flaschen usf. sehr wohl Aufschluß über die Eigenschaften des vor der Explosion vorhandenen Materials und seiner Beschaffenheit zu geben vermag; ein gewisser Einfluß des Zerstörungsvorgangs wird freilich nicht von der Hand zu weisen sein.

23. R. Baumann: Die Dehnung dicker Kesselbleche. (Z. bayr. Rev.-V. 1925, Nr. 6, 7 u. 8. VDI. 1925, Nr. 22. Wärme. 1925, S. 377. IV. Tag. d. allg. Verb. d. d. D.-Ü.-V. 1925, S. 11 nebst Erörterung.)

Im Anschluß an Nr. VIIIa, 18 werden 24 Blechtafeln mit Dicken von 10 bis 60 mm untersucht und daraus Vorschläge abgeleitet, welche Anforderungen für die Dehnung in den Materialvorschriften für Landdampfkessel zu stellen sind, wenn der Querschnitt der Probestäbe wesentlich von 314 qmm abweicht.

Abb. 176 kennzeichnet diesen Vorschlag. Die ausgezogene Linie stellt die Dehnungen dar, die auf 200 mm Meßlänge sich ergeben würden, wenn die Dehnung des Proportionalstabes gleich 1 gesetzt wird. Der Abstand zwischen der oberen Linie und der Wagrechten durch 1 wurde in drei Teile geteilt. Die Dehnung der dickeren Bleche soll nach dem Vorschlag des Verfassers im oberen Drittel liegen.

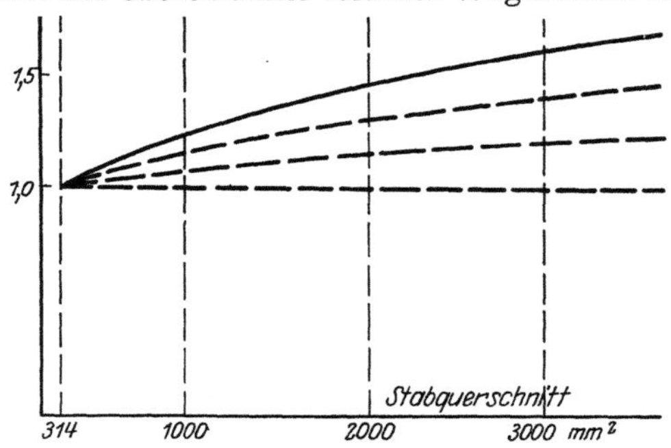

Abb. 176. Bruchdehnung dicker Kesselbleche auf 200 mm Meßlänge.

Dabei ist es wesentlich, daß die Bezugsgröße 1 durch den Wert der Bruchdehnung dargestellt wird, die in den Materialvorschriften von 1908 für die an dem Stab jeweils ermittelte Zugfestigkeit verlangt wird.

Gegen den angeführten Vorschlag ist seitens der Vertreter der Eisenhüttenleute eingewendet worden, daß die in Abb. 176 ausgezogene Linie nicht durch die Schwerpunkte der durch die Versuche ermittelten Einzelpunkte gehe. In der Tat fallen diese Punkte bei Einzeichnung in Abb. 176 für die kleineren Querschnitte fast ohne Ausnahme hoch über die bezeichnete Kurve. Dies rührt aber, wie schon angeführt, daher, daß die Bezugsgröße (s. o.) weit kleiner ist als den guten Eigenschaften des deutschen Kesselblechs entspricht oder anders ausgedrückt, daher, daß die Anforderungen, die nach den Materialvorschriften von 1908 an die Dehnung gestellt werden, weit kleiner sind als die Dehnungen, welche leicht zu erreichen sind. Deshalb erschien es geboten, das zu Verlangende nicht an das heute Erreichbare anzuschließen bzw. von ihm abzuleiten, sondern an das seit alters an den dünneren Kesselblechen Verlangte. Was die Ergebnisse anlangt, die mit großen Querschnitten erreicht worden waren und welche z. T. unterhalb der ausgezogenen Kurve liegen, so wurde gezeigt, daß sie zum großen Teil keine Unterlage gewähren, weil Mängel im Material zu beobachten gewesen waren.

Da somit die Einwände widerlegt erscheinen, kann es auch heute bei dem erwähnten Vorschlag verbleiben. Zu erwähnen ist noch, daß der Gegenvorschlag im großen und ganzen mit der unteren gestrichelten Kurve zusammenfällt, die jedoch durch einen abgesetzten Linienzug ersetzt ist. Dieser Gegenvorschlag war bereits zur Aufnahme in die neuen Vorschriften beschlossen, ist aber wieder zurückgezogen worden. Er hätte die deutschen Vorschriften den ausländischen Bestimmungen überlegen werden lassen.

Zu VIIIb. Baustoffeigenschaften und deren Ermittlung bei höherer Temperatur.

10. **R. Baumann: Versuche mit Weicheisen.** (VDI. 1922, S. 825ff.)

Weicheisen ist im Krieg an so vielen Stellen statt Kupfer verwendet worden, daß die Versuchung nahe zu liegen scheint, es auch nachher für Teile zu verwenden, die bisher aus Kupfer hergestellt worden waren, wie z. B. Stehbolzen. Daher war zu prüfen, wie sich Weicheisen in höheren Wärmegraden verhalten werde.

Bei gewöhnlicher Temperatur ergibt sich die Dehnungszahl 1 : 2173000 = 0,46 Milliontel, die Streckgrenze zu 2260/2058 kg/qcm, die Zugfestigkeit zu 3277 kg/qcm, Bruchdehnung zu 36,0 %, die Querschnittverminderung zu 77 %. Zwischen 100 und 200 °C betrug die Bruchdehnung nur noch etwa 14 %; die Zugfestigkeit ermittelt bei 200 °C den Höchstwert von 4402 kg/qcm. Die Streckgrenze sank bis 200 °C stetig.

Bei der Kerbschlagprobe ist bemerkenswert, daß die Zähigkeit in der Kälte rasch zu sinken scheint (bei 18 °C etwa = 10 mkg/qcm, bei —3 °C nur 2,8 mkg/qcm. Zahlreiche Diagramme veranschaulichen das Gesagte.

Zu XI. Unfälle und Explosionen.

8. **C. Bach: Zur Klarstellung der Gefährlichkeit des Dampfkesselbetriebes in der letzten Zeit.** (Z. bayr. Rev.-V. 1925, Nr. 1.)

Im Anschluß an Nr. XI, 5 wird gezeigt, daß die Gefährlichkeit des Dampfkesselbetriebes trotz der gewaltigen ununterbrochenen Steigerung von Temperatur, Druck- und Kesselgröße stetig abnimmt, eine Folge der Bemühungen der Männer, die ihre Lebensaufgabe in der Erhöhung der Betriebssicherheit der Dampfkessel erblicken.

Zu XII. Behördliche und andere Vorschriften.

9. **R. Baumann: Amerikanische Dampfkesselvorschriften.** (VDI. 1924, S. 1219ff.)

Vergleich der deutschen und amerikanischen Normen insbesondere auch hinsichtlich der Art ihres Werdeganges. In Amerika machen die Ingenieure die Vorschriften und laden die Behörden zur Teilnahme ein, bei uns werden sie von der Regierung erlassen. Die vielen Einzelheiten, die insbesondere die Bauvorschriften in Amerika enthalten, deuten darauf hin, daß unsere Ingenieure bessere Ausbildung erhalten haben und im Durchschnitt gewöhnt sind, selbständiger zu denken als die amerikanischen Fachgenossen.

10. **R. Baumann: Über die neuen Material- und Bauvorschriften.** (III. Tagung d. allg. Verb. d. d. D.-Ü.-V. zu Nürnberg 1924, S. 7ff.)

Unter Hinweis auf die sprungweise Entwicklung des Kesselbaus wird die Notwendigkeit gezeigt, dem Konstrukteur an Stelle der bisherigen im ganzen seit 1881 unveränderten Vorschriften schmiegsamere Unterlagen zu seiner größeren Freiheit zu gewähren, andererseits die ihn treffende Verantwortung zum Bewußtsein zu bringen. Entsprechendes gelte für alle Sachverständigen. Deshalb seien anstatt der „Vorschriften“ nunmehr „Leitsätze“ vorgeschlagen worden.

Für viele Kessel, die Marktware, könne das Bisherige bestehen bleiben. Es frage sich, wo die Grenze liege, nach deren Überschreitung etwas Neues als notwendig erscheine. Der Druck allein sei kein Kennzeichen, es müsse die Leistung mit bewertet werden, die sich durch die Temperatur der Wandung geltend mache. Aus einer aufgestellten Schadenstatistik ergebe sich, daß die Zahl der Kesselschäden nach Überschreiten eines Druckes von 15 Atm. bedeutend steige, nämlich von 2 bis 3 % bei 12 bis 15 Atm., auf über 6 % bei 16 Atm. und mehr, was noch eingehender erörtert wird. Die Zahl von 15 Atm. sei nicht zufällig, sondern 15 Atm. entspreche der Dampftemperatur von 200 °C, d. h. bei einem Zuschlag von 100 °C für stärkere Erhitzung der Wand, einer Höchsttemperatur von 300 °C, bei der, wie an Beispielen gezeigt wird, die höchste Festigkeit des Flußeisens liege. Auf die Eigenschaften der Bleche in höheren Wärmegraden, insbesondere die Abnahme der Zähigkeit wird nun eingegangen (vgl. Nr. VIIIb, 6 und das dort Gesagte). Damit ergebe sich für die Sonderkessel die Notwendigkeit, den Baustoff in höherer Temperatur zu prüfen. Nachdem so zwei Grenzen gegeben seien, wird vorgeschlagen, etwa folgenden Einleitungssatz den Materialvorschriften voranzustellen.

„Die folgenden Bestimmungen sind Leitsätze für die Anforderungen, die an das Material für Landdampfkessel zu stellen sind, deren Bauart, Größe und Beanspruchung den Durchschnitt nicht überschreiten. Andernfalls, d. h. bei den heutigen Verhältnissen insbesondere wenn der Überdruck 15 kg/qcm und die Erwärmung der Wandungen 300° C wesentlich überschreitet, sind von den Beteiligten, zu denen auch der maßgebende Revisionsverein gehört, besondere Vereinbarungen zu treffen, wie z. B. Ermittlung der Festigkeitseigenschaften bei den in Betracht kommenden höheren Temperaturen, Bestimmung der Kerbzähigkeit, Entnahme von Probestäben über das im folgenden angegebene Maß hinaus."

(Die Verhandlungen des nächsten Jahres [1925] haben ergeben, daß sich eine so bewegliche Fassung der Vorschriften gegen den Willen der Material- und Kesselhersteller nicht durchsetzen ließ. Es ist im großen und ganzen eben beim alten geblieben; der geplante, und bei Aufnahme der Neubearbeitung von allen Sachverständigen für wünschenswert erachtete Fortschritt hat sich unter Einwirkung der schweren wirtschaftlichen Zeitverhältnisse nicht durchsetzen lassen, so daß der Zukunft die Aufgabe überlassen bleiben muß, dieses Ziel zu erreichen.)

Ein kurzer Abschnitt ist dem Nachweis gewidmet, daß für den von mehreren Seiten gefaßten Beschluß, die Bezeichnung „Stahl" statt Eisen auf alles, ohne Behandlung, schmiedbare Material zu übertragen, kein sachlich stichhaltiger Grund angeführt werden kann. (Der Verband beschloß denn auch einstimmig, auf die Bezeichnung „Flußeisen" für das Material von Zugfestigkeiten bis 5000 kg/qcm im ausgeglühten Zustand nicht zu verzichten; auch andere Sachverständige hielten den neuen Plan für nicht unbedenklich, namentlich auch im Hinblick auf die Werkstatt.)

Für die untere Grenze der Zugfestigkeit werden 35 kg/qmm vorgeschlagen (statt bisher 34), nachdem sich 36 nicht haben durchführen lassen. Als Grund ist das Auftreten der feinverteilten Schlacken und die Empfindlichkeit gegen ungeeignete Wärmebehandlung angeführt.

Die Frage der Querschnittsgröße bei den Zugstäben wird erörtert. Beim Flußeisen ist angestrebt worden, die bisherige Bevorzugung der weichen Bleche zu beseitigen, was der auf allen Gebieten der Eisenverarbeitung im Gang befindlichen Bewegung entspricht.

Der Einführung von aus dem Vollen geschmiedeten Trommeln, sowie von Sonderstahl ist durch Einfügung eines besonderen Abschnitts Rechnung getragen worden.

Auf die Bauvorschriften konnte noch nicht eingegangen werden. Hervorzuheben war, daß alle beteiligten Kreise die Notwendigkeit der Abhilfe der bestehenden Unvollkommenheiten und die Bereitwilligkeit zur Mitarbeit zum Ausdruck gebracht hatten, daß insbesondere die Industrie sich um die Bereitstellung der hierfür erforderlichen Mittel bemüht.

Die zum Vortrag gebrachten Vorschläge sind einstimmig angenommen worden.

Zu XIV. Verschiedenes.

13. R. Baumann: Gedanken zur Geschichte des Maschinenbaues. (VDI. 1921, S. 237ff.)

Nach Begründung der Notwendigkeit der Beschäftigung mit der geschichtlichen Entwicklung der einzelnen Konstruktionen durch den Ingenieur wird gezeigt, daß öfter als wir zunächst glauben möchten, die Entwicklungsmöglichkeiten der einzelnen Konstruktionsgedanken an ihrer Grenze angelangt sind, so daß es gilt, neue Wege aufzusuchen oder einzuschlagen, um nicht Flickwerk, sondern organischen Aufbau zu leisten. Eingehend wird dieser Gedanke für das Nieten erörtert und auf die Gesichtspunkte hingewiesen, die zu den Arbeiten unter Nr. VI, 7 geführt haben. Das Nieten war eine Schmiedearbeit, es ist zur Preßarbeit geworden, die nur wegen der gleichen Form der Nietköpfe noch die Berechtigung hat, sich Nieten zu nennen. Alle anderen Verhältnisse haben sich geändert. Hieran hat der Ingenieur nicht rechtzeitig gedacht, so daß höchst unerwünschte Folgen entstanden. Mögen die Fachgenossen ihre Sondergebiete rechtzeitig durchforschen, damit ähnliche unliebsame Erfahrungen ihnen erspart bleiben, denn überall stehen wir heute an den Grenzen des Zulässigen; um den Anforderungen der neuen Zeit mit Sicherheit entsprechen zu können, müssen neue Wege eingeschlagen, neue Gedanken für neue Konstruktionen gefaßt werden.

Die Form der Mitteilung ist, wie nebenbei gesagt sei, gewählt worden, um möglichst weite Kreise in unauffälliger Weise auf die Gefahren aufmerksam zu machen, die durch unsachgemäßes Vorgehen beim Nieten und anderen Bearbeitungsmethoden entstehen können, obwohl sie sich leicht vermeiden lassen, wenn die nötige Materialkenntnis beim Betriebsingenieur vorliegt.

14. R. Baumann: Entwicklungsgrenzen im Maschinenbau. (Stuttgarter Neues Tagblatt, 29. März 1921.)

Von den nach kurzer Erörterung über die Entwicklung eines bewußten Stils im Maschinenbau — man denke auch heute noch an Nähmaschinen und an die Farbgebung im landwirtschaftlichen Maschinenbau — besprochenen Gedanken kommt hier nur in Betracht, was schon durch Nr. XIV, 12 erledigt ist.

15. R. Baumann: Kesselschäden. (VDI. 1923, S. 1109ff.)

Von Zeit zu Zeit ist eine solche Darstellung des jeweiligen Standes unserer Erkenntnis nützlich. Der Vergleich mit dem kurzen Auszug unter Nr. X, 6 zeigt, daß diese Erkenntnisse wesentlich älter sein können, als ihre Beherzigung, wenn auch im allgemeinen die Praxis des Konstrukteurs und Betriebsmanns der gedruckten Darlegung weit vorauseilt.

Die verschiedenen Ursachen, die zu Kesselschäden führen können, werden erörtert (Materialfehler, Einfluß höherer Temperatur auf das Verhalten des Materials, Seigerungen, Schlackeneinschlüsse, Wärmebehandlung, Überhitzen, Verbrennen, Behandlung in der Blauwärme, Vorbereitung zum Nieten, Biegen der Bleche, Anwärmen, Nieten, Zusammenpressen, Verstemmen, Betriebseinflüsse, Konstruktion, Steifigkeit derselben, Undichtheiten).

16. R. Baumann: Pflege des Deutschen durch den Ingenieur. (Z. bayr. Rev.-V. 1924, Nr. 8.)

Die Bezeichnung „Ermüdung" wird als Übersetzungsfehler gekennzeichnet. „Altern" wird meist unrichtig angewendet, weil der notwendige Begriff der vorausgegangenen Überanstrengung in der Regel fehlt. „Rekristallisation" ist ebenfalls ein ungeeignetes Wort, weil es falsch verstanden wird; es heißt nicht Neukristallisation, sondern Grobkörnigkeit. Die Neueinführung von „Stahl" für alle schmiedbaren Eisensorten erscheint unverständlich (ein Stück heißt Eisen solange es auf die chemische Zusammensetzung ankommt; dasselbe Stück heißt „Stahl" als Baustoff. Wird es in Profilform gewalzt, so heißt es Winkeleisen usf.) Das, was die ärmeren und romanischen Sprachen mit acier oder steel als Gemeinsames kennzeichnen, bringt bei uns die Vorsilbe „Fluß" zum Ausdruck. Im Ausland bieten wir weder „Stahl" noch „Eisen" an, sondern acier oder steel. Die Worte Bauart — Konstruktion — Gestaltung werden als ungleichwertig gekennzeichnet, über Schweißen vgl. Nr. VII, 9.

17. R. Baumann: Über Versuche an gußeisernen Vorwärmern. (Bericht der Hauptversammlung der Vereinigung der Großkesselbesitzer September 1924 zu Kiel, S. 45. Z. bayr. Rev.-V. 1925, Nr. 5.)

Die Versuche erstrecken sich auf das Festsitzen der gußeisernen Rohre und die Widerstandsfähigkeit des Aufbaus. Sie führen zu der Forderung, daß neben dem Reibungsschluß der gußeisernen Rohre noch eine zuverlässige Sicherung gegen das Herausziehen bestehen solle. Die beim Einpressen der Rohre auftretenden Kräfte werden erörtert und gemessen.

18. R. Baumann: Schweißen und Schneiden. (Beton Eisen 1925, S. 62.)

Der kleine Aufsatz ist zwar für die Bedürfnisse des Bauingenieurs geschrieben, kennzeichnet aber die Unbestimmtheit der Wertigkeit von Schweißung und Verschmelzung durch die Beispiele ganz allgemein. Hinsichtlich des Schneidens kennzeichnen die angeführten Bilder die Tiefe und Art der Einwirkung, worüber vielfach Unklarheit herrscht, insbesondere über den Einfluß, den in dieser Beziehung die Schulung des Arbeiters und die Beschaffenheit der Geräte und des Sauerstoffes zu äußern vermögen.

19. R. Baumann: Die chemische Analyse als Abnahmeprüfung. (VDI. 1925, S. 446.)

In neuerer Zeit tritt das Bestreben zutage, die chemische Analyse in Abnahmebedingungen aufzunehmen. Das gilt auch für Kesselbleche. Um einen Beitrag dafür zu liefern, wieweit Chargenanalysen mit den Analysen zusammenstimmen, die von einzelnen Blechteilen stammen, sind vier Bleche höherer Festigkeit untersucht worden.

		Chargenanalyse	Späne in Prüfungsanstalt analysiert I	Späne in Werksanstalt analysiert II
Blech A	Phosphor %	0,021	0,037	0,026
	Schwefel %	0,034	0,029	0,025
Blech B	Phosphor %	0,021	0,044	0,032
	Schwefel %	0,034	0,033	0,033
Blech C	Phosphor %	0,016	0,029	0,020
	Schwefel %	0,034	0,023	0,020
Blech D	Phosphor %	0,022	0,043	0,037
	Schwefel %	0,036	0,032	0,028

Für Phosphor in Blech A liefert z. B. die Chargenanalyse 0,021 %, die Anstaltanalyse I 0,037 % und die Werkanalyse II 0,026 %. Der Unterschied beträgt insgesamt 0,016 %. Hiernach schwanken die Angaben bei gleichem Spanmaterial in weiten Grenzen.

Demgemäß ist bei der Festsetzung von Grenzwerten mit der äußersten Vorsicht zu verfahren.

Die Werte zeigen, daß die deutschen Hüttenwerke Bleche mit recht geringen Verunreinigungen erzeugen können.

20. R. Baumann: Über eine neue Auffassung hinsichtlich der Wirkung des Speisewassers auf die Entstehung von Kesselschäden. (Z. bayr. Rev.-V. 1925, S. 15.)

Über die von Amerika ausgehende Anschauung, daß die von der Wasserreinigung her im Speisewasser befindliche Natronlauge zur Rißbildung führen könne, hinsichtlich welcher Möglichkeit auf die Darlegungen unter Nr. XIV, 12 verwiesen werden darf, wird berichtet. Daran schließt sich Erörterung ähnlicher Rißbildungen sowie Erwägung, welche Folgerungen nun zu ziehen sind, wobei auf sorgfältiges Vorgehen bei der Herstellung der Kessel einzugehen war. Zunächst empfiehlt es sich zu tun, was geschehen kann, nämlich auf Vermeidung der Mißhandlung des Materials, wie Undichtheit der Naht zu achten. Sodann wird auf die Bachschen Darlegungen vom Jahr 1904 zurückgegriffen, die zu dem einstimmigen Beschluß des Internationalen Verbandes der Dampfkessel-Überwachungsvereine geführt hatten: „Es ist darauf hinzuwirken, daß bei Dampfkesseln, Dampfgefäßen u. dgl., solche Bleche zur Verwendung gelangen, die bei höherer Temperatur nicht mehr an Zähigkeit verlieren als es der Stand der Eisenhüttentechnik bedingt." Schließlich wird die schon alte Frage geprüft, ob die „weichen" Bleche das richtige Material für hochbeanspruchte Dampfkessel sind[1]). Der Schlußsatz lautet: „Hiernach erscheint es dringend geboten, daß nunmehr alle beteiligten Kreise der Frage nähertreten, ob es nicht das Richtigste ist, für unsere, neuen Verhältnissen unterliegende, neuzeitlichen Kessel vorwiegend ein neues Baumaterial zu wählen, nämlich Flußeisen mit 4500 und mehr kg/qcm Zugfestigkeit. Daß legierter Sonderstahl in solchen Fällen Überlegenes zu leisten vermöchte, kann kaum bezweifelt werden und verdient besondere Beachtung."

[1]) Ihre bisherige bevorzugte Behandlung ist auf wirtschaftliche Erwägungen zurückzuführen, vgl. das unter Nr. XII, 8, behandelte Buch, S. 90ff.

GPSR Compliance

The European Union's (EU) General Product Safety Regulation (GPSR) is a set of rules that requires consumer products to be safe and our obligations to ensure this.

If you have any concerns about our products, you can contact us on ProductSafety@springernature.com

In case Publisher is established outside the EU, the EU authorized representative is:

Springer Nature Customer Service Center GmbH
Europaplatz 3
69115 Heidelberg, Germany

Batch number: 10684220

Printed by Printforce, the Netherlands